高等医药院校改革创新教材

供基础、临床、预防、医学技术、口腔等医学类专业用

生物化学与分子生物学实验教程

Experimental Courses of Biochemistry and Molecular Biology

第 3 版

主　编　常晓彤　张效云

副主编　侯丽娟　闫智宏　宋桂芹

编　委（按姓氏笔画排序）

王文栋　兰金苹　朱晓波　刘　洁　闫智宏　宋桂芹　张晓磊　张效云

郝　敏　侯丽娟　贾晓晖　徐志伟　黄　勇　常晓彤　韩　瑞

人民卫生出版社
·北 京·

图书在版编目（CIP）数据

生物化学与分子生物学实验教程 / 常晓彤, 张效云
主编 . —3 版 . —北京 : 人民卫生出版社, 2022.1
ISBN 978-7-117-32766-4

Ⅰ.①生… Ⅱ.①常… ②张… Ⅲ.①生物化学- 实
验- 医学院校- 教材 ②分子生物学- 实验- 医学院校- 教
材 Ⅳ.①Q5-33 ②Q7-33

中国版本图书馆 CIP 数据核字（2021）第 279667 号

人卫智网	www.ipmph.com	医学教育、学术、考试、健康， 购书智慧智能综合服务平台
人卫官网	www.pmph.com	人卫官方资讯发布平台

生物化学与分子生物学实验教程
Shengwuhuaxue yu Fenzishengwuxue Shiyan Jiaocheng
第 3 版

主　　编：常晓彤　张效云
出版发行：人民卫生出版社（中继线 010-59780011）
地　　址：北京市朝阳区潘家园南里 19 号
邮　　编：100021
E - mail：pmph @ pmph.com
购书热线：010-59787592　010-59787584　010-65264830
印　　刷：中农印务有限公司
经　　销：新华书店
开　　本：787 × 1092　1/16　印张：12
字　　数：292 千字
版　　次：2007 年 9 月第 1 版　2022 年 1 月第 3 版
印　　次：2022 年 2 月第 1 次印刷
标准书号：ISBN 978-7-117-32766-4
定　　价：39.00 元

打击盗版举报电话：010-59787491　E-mail：WQ @ pmph.com
质量问题联系电话：010-59787234　E-mail：zhiliang @ pmph.com

前　言

　　生物化学与分子生物学是生命科学的重要组成部分,由于其理论的日臻完善及技术的迅猛发展,使其越来越成为医学领域的共同语言和现代医学诊疗技术发展的重要载体,极大地推动了现代医学的进步。这本《生物化学与分子生物学实验教程》自 2007 年第 1 版、2015 年第 2 版出版应用以来,受到普遍关注和好评。为了适应医学教育发展的新要求、贯彻"以人为本"的教育理念,我们在认真研讨和广泛征求意见的基础上,对实验内容进行了更新和补充,重点增加了设计与创新性实验内容。

　　该教程遵循医学生的培养目标,坚持立德树人,注重基本理论、基本知识和基本技能的培养,强调综合素质和创新能力的提高。全书共 14 章,分上、下两篇。上篇为生物化学与分子生物学基本理论,阐释了生物化学实验室基本知识、光谱分析技术、电泳技术、层析技术、离心技术和分子生物学基本技术;下篇为生物化学与分子生物学实验部分,共计 48 个实验,其中包括 6 个综合性实验与 5 个设计和创新性实验,内容涵盖蛋白质、酶、糖、脂、维生素和核酸的分离、制备、性质、功能及定性与定量分析。为了便于教和学,书末附有常用单位换算方法、实验室常用酸碱的密度和浓度、常用蛋白质分子量标准参照物、常用 DNA 分子量标准参照物、常用贮存液的配制、核酸和蛋白质常用数据换算、不同 pH Tris 缓冲液的配制、0.1mol/L 不同 pH 磷酸钾缓冲液配制方法、0.1mol/L 不同 pH 磷酸钠缓冲液配制方法及常用抗生素溶液等,增添了该书的可读性和实用性。

　　本教程的实验方法严谨可靠、可操作性强,教材编写考虑了多层次教学的要求,既适合于高等医学院校各专业本、专科学生作为实验指导教材使用,又可作为学生医院见习、实习及医学科研工作者的重要参考书籍。

　　本教程是在河北北方学院生物化学教研室全体老师的精诚合作下完成的,并得到了学校各级领导的大力支持,在此致以诚挚的谢意。在编写过程中,我们参考了已出版的国内外生物化学和分子生物学实验技术方面的书籍,谨向这些专家和学者表示衷心的感谢。

　　限于编者水平,本书难免有错误和不妥之处,敬请同行专家和读者批评指正。

常晓彤　张效云

2021 年 12 月

目　录

下篇　生物化学与分子生物学实验

◇ 上 篇 ◇

生物化学与分子生物学基本理论

第一章 实验室基本知识

实验室是进行实验教学和实验操作的重要场所。对实验室基本知识的熟悉和掌握是做好实验的重要基础。本章涉及的实验室基本知识包括：实验室规则、实验室安全及防护、实验记录与实验报告的书写、实验用纯水的制备、实验样品的制备、实验试剂及配制和实验室基本操作技术。

第一节 实验室规则

1. 实验前，学生必须预习实验内容及相关理论，明确实验目的与要求，掌握实验的基本原理，熟悉实验操作的步骤和注意事项，分析预期实验结果。预习实验操作步骤时，应认真仔细，必要时应明白每一步骤的意义，了解所用仪器的使用方法及注意事项。

2. 学生进入实验室应穿实验服并自觉遵守实验室纪律，保持室内安静，禁止在室内大声喧哗和随意走动，禁止将与实验无关的物品带入实验室，保持良好的课堂秩序，不迟到、不早退。

3. 使用药品和试剂时，应先辨明标签，明确所需药品和试剂的浓度和用量。吸取试剂和样品时，应使用洁净的吸量管或微量移液器吸头，以避免对试剂和样品造成污染。取完试剂后，应及时将瓶盖盖好，切勿错盖，公用试剂用完后放回原处，以便其他同学取用。注意节约使用试剂、药品、水、电和其他材料，避免不必要的人为浪费。

4. 保护实验台，不得将高温物品放在实验台面上，勿使试剂和药品倾洒于实验台面和地面上。器材损坏时，需及时向老师报告，并填写器材损坏登记表，学期结束时按有关规定进行处理。

5. 加热，用电，使用有毒、有害或腐蚀性试剂时应注意安全操作，避免事故发生。

6. 实验过程中，听从老师指导，严格按照操作规程进行操作，认真对待实验过程中的每一项基本技能训练。注意观察实验现象，真实记录实验结果。

7. 实验完毕，及时清洗并整理自己所用的实验器材，清理实验台面。固体废弃物（如用过的滤纸、电泳用凝胶条、纱布等）切勿倒入水槽内，以免堵塞下水管道。值日生负责实验室的卫生打扫和水、电、门、窗等的安全检查工作。值日完毕，经带教老师检查许可后方可离开。

8. 对实验结果和数据及时整理、分析和计算，认真并按时完成实验报告。在实验操作和实验报告书写的过程中，应注重培养科学的思维方法，善于总结实验中的经验和教训。

第二节 实验室安全及防护

实验中,实验操作者会接触生物材料、化学试剂和药品,常使用水、电、易碎的玻璃器材和仪器,因此必须重视实验室的安全及防护。

一、生物安全及防护

实验操作者会接触来自生物体的材料,这些生物材料构成了潜在的生物安全隐患,因此,加强和普及实验室生物安全的基本知识至关重要。

(一)实验室生物安全的相关概念

1. 生物危害　是指各种生物因子对人、环境和社会造成的危害或潜在的危害。

2. 实验室生物安全　是为了避免实验室中有害或有潜在危害的生物因子对人、环境和社会造成的危害或潜在的危害,而采取的防护措施(硬件)和管理措施(软件),以达到对人、环境和社会安全防护的目的。

实验室生物安全贯穿于实验的整个过程,从取样开始到所有潜在危险材料的处理结束。

(二)生物安全防护

生物安全防护是指在实验室环境下处理和保存感染性物质的过程中采用的一系列防护措施。根据生物因子的危害程度和采取的防护措施,通常将生物安全防护划分为四个等级。生物化学与分子生物学实验涉及的生物安全等级多为一级,这类实验的实验人员经过基本的实验室知识培训和指导即可在实验室进行实验,不需要有特殊需求的安全防护措施。

生物化学与分子生物学实验中用到的生物材料有人的血浆或血清、动物的组织,如肝脏等。这些材料是潜在生物传染源,在实验操作过程中应加以防范,做好防护。防范和防护的一般要求和措施主要包括以下几个方面。

1. 进入实验室应穿实验服,实验服应干净、整洁。

2. 不得在实验室内穿露脚趾的鞋子,应穿舒适、防滑并能保护整个脚面的鞋。

3. 不得披散头发,留长发的人员应将头发盘在脑后或用一次性发套保护头发,以防止头发接触到污染物和避免人体脱屑影响实验结果。

4. 实验过程中应使用指定的容器存放标本,严防污染。如有传染性物质不慎污染皮肤、衣物或台面应及时清洗并消毒。

5. 在进行可能直接或意外接触具有潜在感染性的材料或感染性动物的操作时,应戴上合适的手套。手套用完后,应先消毒再摘除,随后必须洗手。

6. 实验室内绝对禁止吸烟,吸烟过程有可能传染疾病和接触毒物,点燃的香烟也是易燃品的潜在火种。

7. 实验室内不允许进食、喝水、喝饮料。

8. 实验完毕,剩余的标本及使用过的一次性器材由专人负责,按规定程序消毒和处理。

9. 离开实验室前,必须洗手;严禁穿着实验服去餐厅、图书馆等非实验场所。

二、化学安全及防护

实验室内的部分化学试剂具有易燃、刺激性、腐蚀性或毒性等特点,应用这些化学试剂时应注意以下几点。

1. 使用强酸、强碱试剂时，必须戴防酸、防碱手套，小心操作，防止溅出。量取这些试剂时，若不慎溅在实验台上或地面，必须及时用湿抹布擦洗干净。强碱触及皮肤而引起灼伤时，首先用大量自来水冲洗，再用 2% 或 5% 乙酸溶液涂洗。强酸、溴等试剂触及皮肤而致灼伤时，立即用大量自来水冲洗，再以 5% 碳酸氢钠溶液或 5% 氢氧化铵溶液洗涤。酚类试剂触及皮肤引起灼伤，首先用大量自来水冲洗，然后用肥皂和水洗涤，忌用乙醇冲洗和洗涤。

2. 使用易燃物，如乙醇、乙醚、丙酮等时，应避免靠近火源。低沸点的有机溶剂禁止在火上直接加热。

3. 实验产生的废液应倒入指定容器内，尤其是强酸和强碱不能直接倒入水槽中，应由专人负责处理。

4. 有毒药品或试剂应按实验室的规定办理审批手续后领取，使用时严格操作，用后妥善处理。

5. 易燃和易爆物质的残渣，如金属钠、白磷、火柴头等不得倒入污物桶或水槽中，应收集在指定的容器内。

6. 所有化学危险品的容器都应有清晰标记，应有材料安全数据表显示每一种化学危险品的特性。

三、其他安全及防护

1. 首次进入实验室开始实验前，应了解电闸、水阀所在处。离开实验室时要认真进行安全检查。应做到人走关水、断电、关窗、关门。

2. 实验中出现任何不正常现象，必须立即切断电源，待查明原因，排除故障后再恢复实验，非工作需要不得使用明火。严禁拆、接带电线路，任何人不得进行危及他人人身和设备安全的操作。

3. 使用电器设备，如烘箱、恒温水浴箱、离心机、电炉等时，严防触电。绝不可用湿手开关电闸和电器开关。如果不慎倾出了相当量的易燃液体，则应立即关闭室内所有的火源和电加热器，开启窗户通风，用毛巾或抹布擦拭洒出的液体，并将毛巾或抹布中的液体拧到大的容器中，然后再倒入带塞的玻璃瓶中。

4. 实验中一旦发生火灾应保持镇静，不可惊慌失措。首先立即切断室内一切火源和电源，然后根据具体情况正确地进行抢救和灭火。

第三节　实验记录与实验报告

一、实验记录

实验记录是指在实验过程中对实验名称、目的、原理、操作步骤、实验现象和数据等的原始记录，是撰写实验报告的依据，也是培养学生的科学思维和严谨的科学作风的一个重要方面。

1. 每个学生均应准备一个实验记录本，实验课前在记录本上写好实验预习报告，重点是详细的实验操作步骤和数据记录表格。

2. 实验过程中的记录应遵循以下原则：

（1）记录的及时性：实验过程中，应对所发生的实验现象和测得的实验数据立即进行记录，不可过后凭回忆作记录，以免发生漏记和错记。

（2）记录的原始性：实验内容一旦记录，不允许再作改动。若要修改须请示老师，并在原始记录上注明修改的原因。对重复实验所获得的新数据应重新记录，不得对上次实验的结果进行修改。

（3）记录的完整性：进行实验记录时，要求把实验的条件、实验的过程、观察到的现象、测量到的数据等，完整地记录下来。有时还要把各种可能的干扰、相关的影响因素等记录下来。一些同学在做实验时，往往不能做到实验记录的完整性，只注意记录测量的数据，而不记录现象、实验条件和过程等内容，以至到最后进行实验分析时存在困难。

（4）记录的客观性：实验过程中对观察和测量的结果进行客观公正的记录，杜绝主观臆测和假造数据，对实验现象和数据不作任何解释和评论，解释和评论是实验报告的内容。

（5）记录的系统性：对于持续时间较长的实验，要坚持连续观察和连续记录。有时经过长时间的连续观察和记录可以获得仅通过一两次实验记录而看不出的结论。

二、实验报告

一个实验的全过程应包括：明确实验目的，进行实验操作，观察和分析实验现象及数据，得出实验结论。所以学生在经过动手操作、观察现象、分析思考之后将实验的目的、方法、过程、结果等记录下来，对整个实验过程进行全面总结，提炼出一个客观的、概括的、能反映全过程及其结果的书面材料，这个书面材料就是实验报告。实验报告的书写是一项重要的基本技能训练。它不仅是对每次实验的总结，还可以使学生熟悉撰写科研论文的基本格式，学会绘图、制表的方法，更为重要的是通过书写实验报告还可以初步培养和训练学生的逻辑归纳能力、综合分析能力和文字表达能力，培养学生独立思考、严谨求实的科学作风，为今后进行科学研究和撰写科研论文奠定良好的基础。因此，参加实验的每位学生，均应及时认真地书写实验报告。实验报告的书写应注意内容真实准确，文字简练、通顺，书写整洁，标点符号、外文缩写、单位度量等书写准确、规范。

（一）实验报告书写的一般格式

1. 姓名、系别、班级、实验日期。

2. 实验名称。

3. 实验目的与要求。

4. 实验原理。

5. 实验试剂与器材。

6. 操作步骤。

7. 实验结果。

8. 讨论与分析。

9. 结论。

（二）实验报告书写的内容与基本要求

1. 实验目的与要求　每个实验都有一个明确的目的与要求，如学会哪些操作、得到哪些训练、掌握哪些知识等。

2. 实验原理 应简明扼要地描述本实验的理论和技术依据。可用精练的语言进行归纳,也可采用化学反应式表达,不要简单地照抄教材。

3. 实验试剂与器材 列出主要或关键的实验仪器、实验试剂及其成分与作用。主要试剂是指直接与原理有关的或直接影响实验成败的试剂。

4. 实验操作步骤 应按实际的操作进行叙述,方式可采用实验流程图或自行设计的表格,要简明扼要,不要照抄实验指导。

5. 实验结果 实验结果是指对实验现象的描述、实验数据的准确记录及根据实验数据和公式进行计算得出的最终结果。用文字描述实验结果时,应使用科学而精练的语言,不要口语化;以图形表示实验结果时,要求具有高度的科学性,图形比例适当,绘图的线条光滑、匀称、精细、美观,图注要完善;实验数据较多时,可用表格的形式给出实验结果。

6. 讨论与分析 实验的讨论与分析是学生回顾、反思、总结、归纳所学知识的过程,也是最能体现学生专业理论知识水平、实验观察能力、分析问题和解决问题能力的一个环节,因此,学生应对实验结果进行详细地说明和认真地分析与总结。但实验讨论不是对实验结果进行简单的重述,而是对实验方法、实验结果和异常现象进行深入探讨和评论,以及对于实验设计的认识、体会和建议。学生还应围绕实验相关问题进行自由式讨论,包括实验结果是否理想? 如果实验结果不理想或实验失败,可能是什么原因造成的? 在今后的实验中如何进行改进? 找出影响实验成败的关键原因和解决办法。此外,还可就操作的关键环节及实验结果中的难点和关键问题等进行分析和讨论。在分析和讨论中,学生应勇于提出自己独到的见解。

7. 结论 一般实验要有结论。结论是从实验结果和讨论中归纳出概括性的判断,即是本次实验所能验证理论的简明总结。实验结论不是实验结果的简单重复,不应罗列具体的结果,也不能随意推断和引申。如果实验结果未能说明问题,就不应勉强下结论。结论要求简练、中肯和准确。

书写报告时,字迹应清楚、工整,杜绝抄袭他人实验报告。

第四节 实验用纯水的制备

实验室内使用最多的溶剂是水,但是无论是天然水,还是自来水均含有多种杂质。生物化学和分子生物学实验对水中的多种杂质,尤其是重金属和可溶性有机物十分敏感,因此对水的要求较高,即所用的水通常是将自来水经物理、化学方法处理,除去杂质后所制备的实验用纯水。实验用纯水并非不含任何杂质,但杂质去除得越彻底,水的纯度越高,质量就越好,实验结果越真实可靠。因此,必须保证实验用水的质量。

一、实验用纯水的制备方法

(一)蒸馏法

蒸馏法制备纯水的原理是利用水与杂质的沸点不同,用蒸馏器蒸馏而得。制备蒸馏水时,最好用去离子水作为水源,因为以自来水作为水源可产生水垢。蒸馏水是实验室中最常用的洗涤用水和溶剂,但蒸馏水并非绝对的纯水,因为蒸馏法只能除去水中非挥发性的物质,并不能除去溶解于水中的气体,而且在蒸馏的过程中,一些杂质会不可避免地进入蒸气中。蒸馏水的纯度标准是 $1 \times 10^5 \Omega \cdot cm$ 左右。为了提高水的纯度,可进行二次或多次蒸馏,故蒸馏水按蒸馏次数可分为一蒸水、二(双)蒸水和三蒸水等。从经济角度讲,该法存在耗水量大,用电成本高等弊端。

(二)离子交换法

离子交换法是将自来水通过离子交换柱以除去水中阴、阳离子的方法。该法制备的纯水称为去离子水。离子交换柱内装有离子交换树脂,根据树脂可交换基团的不同,离子交换树脂可分为阳离子交换树脂和阴离子交换树脂。当水通过阳离子交换树脂时,水中的阳离子可与树脂中的酸性基团进行交换;当水通过阴离子交换树脂时,水中的阴离子可与树脂中的碱性基团进行交换。本法一般采用阴、阳离子交换树脂的混合床装置。该法去离子能力强,制备的纯水阴、阳离子浓度可以很低,25℃时的电阻率可达 $5 \times 10^6 \Omega \cdot cm$ 以上,但该法不能除去有机物等非电解质杂质。有机物杂质可能干扰生化实验中的某些反应,也会使水的紫外吸收值增加,所以该法制备的纯水不适于通过紫外吸收法进行测定的实验。

(三)电渗析法

电渗析法也称电渗透法,是在外电场的作用下,利用阴、阳离子交换膜对溶液中的离子选择性透过而使杂质离子从水中分离出来。该法除去杂质的效率比较低,制备纯水的电阻率一般在 $1 \times 10^4 \sim 1 \times 10^5 \Omega \cdot cm$,常作为一种预处理手段。

(四)超滤膜法

该法是采用超滤膜以除去水中悬浮物的方法,此法制备的水须进一步纯化。

(五)活性炭吸附法

活性炭是广谱吸附剂,可吸附水中的气体成分、细菌、有机物和某些金属等。活性炭吸附法可作为各种制备纯水配套的一种预处理方法。

(六)混合纯化系统制备法

目前大多采用本法制备纯水,其基本方法是采用滤膜预处理天然水或自来水、结合活性炭吸附和离子交换剂处理,最后以孔径 0.45μm 的滤膜除去微生物。该方法可获得高纯度的纯水。

二、实验室用水等级划分

1995 年,国际标准化组织(International Organization for Standardization, ISO)将纯水分为三个级别:一级水、二级水和三级水,并制定了不同级别纯水的标准(表 1-1)。2008 年根据我国国情,国家质量监督检验检疫总局修订《分析实验室用水规格和试验方法》GB/T 6682—2008。该标准对我国分析实验室用水进行了规范,并将其分为三个等级(表 1-2)。

表 1-1 国际标准化组织纯水标准(ISO3696:1995)

特性指标	一级	二级	三级
pH(25℃)	—	—	5.0~7.5
电导率(25℃)/(μs/cm)	≤ 0.1	≤ 1.0	≤ 5.0
蒸发残渣(110℃)/(mg/kg)	—	≤ 1.0	≤ 2.0
SiO₂ 最大量/(mg/L)	0.01	0.02	—
最大耗氧量/(mg/L)	—	0.08	0.4
吸光度(254nm,1cm 光程)	0.001	0.01	—

表1-2　国家质量监督检验检疫总局 GB/T 6682—2008 分析用纯水标准

特性指标	一级	二级	三级
外观	无色透明	无色透明	无色透明
pH（25℃）	—	—	5.0~7.5
电导率（25℃）/(ms/m)	≤ 0.01	≤ 0.1	≤ 0.50
蒸发残渣（105℃ ± 2℃）/(mg/L)	—	≤ 1.0	≤ 2.0
可溶性硅（以 SiO_2 计）/(mg/L)	≤ 0.01	≤ 0.02	—
可氧化物质（以 O 计）/(mg/L)	—	≤ 0.08	≤ 0.4
最大吸光度（254nm，1cm 光程）	≤ 0.001	≤ 0.01	

注：1. 由于在一级水、二级水的纯度下，难以测定其真实的 pH，因此，对于一级水、二级水的 pH 范围不做规定。

　　2. 由于在一级水的纯度下，难以测定可氧化物质和蒸发残渣，对其限量不做规定，可用其他条件和制备方法来保证一级水的质量。

三、实验用纯水的使用与用途

（一）一级水

适用于有严格要求的分析实验，包括对颗粒有要求的实验，如高效液相色谱用水。一级水可用二级水经过石英玻璃蒸馏水器或离子交换混合床处理后，再经 0.2μm 孔径的滤膜过滤来制取。

（二）二级水

适合于灵敏的分析，原子吸收光谱技术用水、临床实验室大部分检测，如免疫和生化分析等均应用二级水。二级水可用多次蒸馏、离子交换或反渗透方法后连接蒸馏制取。

（三）三级水

用于一般的化学分析试验、自动化仪器的冲洗、普通洗涤等。三级水可用简单蒸馏、离子交换或反渗透的方法制取。

实验中不应盲目追求水的纯度，水的纯度越高，价格也就越高，应根据实际需要选用相应级别的纯水。另外，在实际工作中，除应注意纯水制备时的质量外，还应注意纯水在运输、储存和使用过程中的污染问题：塑料容器可产生有紫外吸收的有机物质；玻璃和金属容器会产生金属离子的污染；长时间放置会滋生细菌。一般采用聚乙烯或聚丙烯容器储存蒸馏水，但储存时间不宜过长，使用时应避免一切可能的污染。

第五节　实验样品的制备

生物化学与分子生物学实验采用的样品种类较多，有生物组织、细胞、血液、尿液、脑脊液、羊水等。实验样品的采集与处理是影响实验结果准确与否的一个重要环节，也是最容易被忽视的一个环节。本节重点介绍组织样品、血液样品和尿液样品的采集、处理与制备。

一、组织样品的制备

生物化学与分子生物学实验中，经常以离体组织为对象来研究各种物质代谢途径或从离体组织中提取核酸、酶、蛋白质及某些有意义的代谢物进行研究。

一般采用断头法处死动物,放出血液,然后立即取出所需组织或脏器,除去脂肪和结缔组织后,用冷生理盐水洗去血液,再用滤纸吸干,称重后,按实验要求制成组织匀浆、组织糜、组织浸出液等。

(一)组织匀浆

取一定量新鲜组织剪碎,加入适量匀浆制备液,用匀浆器磨碎组织。常用的匀浆制备液有生理盐水、缓冲液和0.25mol/L的蔗糖液等,应根据实验要求进行选择。

(二)组织糜

将新鲜组织迅速剪碎,用捣碎机绞成糜状,或加入少许净砂在研钵中研磨成糊状。

(三)组织浸出液

组织匀浆经过离心后得到的上清液即为组织浸出液。

在生物组织中,因含有大量的具有催化活性的物质,采集离体组织时须在冰冻条件下进行,并且应尽快完成测定,否则其所含物质的量及生物活性将发生改变。

二、血液样品的制备

(一)全血

将采集的人或动物的新鲜血液,立即放入含有适量抗凝剂的试管或其他容器中,充分混匀后得到的抗凝血即为全血。常用的抗凝剂有草酸钾、草酸钠、EDTA、枸橼酸钠、肝素等。加入抗凝剂的种类依实验而定。

(二)血浆

抗凝全血离心后得到的上清液即为血浆。

(三)血清

将采集的新鲜血液,放入干燥、洁净的试管或其他容器中,室温放置,血液自然凝固后析出的上清液即为血清。为使血清尽快析出,用离心的方法可缩短分离时间,且可得到较多的血清。

制备血浆和血清时务必注意不能溶血,因为某些成分,如钾、乳酸脱氢酶、酸性磷酸酶、天冬氨酸氨基转移酶等在红细胞中的含量明显高于血浆或血清中的含量,使用溶血的血浆或血清测定这些指标可造成结果的假性升高。

(四)无蛋白血滤液

血液中丰富的蛋白质有时会干扰测定的结果,所以通常须将蛋白质除去,制成无蛋白血滤液后再分析测定。常用的蛋白质沉淀剂有钨酸、三氯乙酸等。血液加入蛋白质沉淀剂后,立即混匀,离心得到的上清液即为无蛋白血滤液。

三、尿液样品的制备

机体内的多种代谢产物可从尿液中排泄,所以通过对尿液中某些成分的测定也可以了解体内的代谢情况。尿液标本有随机新鲜尿、定时尿(如晨尿)、24h尿。根据实验项目选择标本的采集类型。一般定性实验,可用随机新鲜尿;常规定性实验多采用晨尿;定量的生物化学分析常采用24h尿。收集尿液的容器应清洁、干燥。留取24h尿液时,应注意防腐。常用的防腐剂有浓盐酸(0.5~0.7ml浓盐酸/100ml尿液)、甲苯(1.0~2.0ml甲苯/100ml尿液)、冰醋酸(5~10ml冰醋酸/24h尿液)和麝香草酚(0.1g麝香草酚/100ml尿液)。

第六节　实验试剂及配制

试剂是生物化学与分子生物学实验的一大基本要素。合理选用试剂和正确进行试剂配制是保证实验结果准确的重要环节。实验人员应熟悉化学试剂的品级规格、用途及配制方法。

一、化学试剂的品级

化学试剂的门类很多,世界各国对化学试剂的分类和分级的标准不尽一致。国际标准化组织(ISO)近年来已陆续建立了多种化学试剂的国际标准。我国一般化学药品的等级是按杂质含量的多少来划分的。如表 1-3 所示。

表 1-3　一般化学试剂的品级、纯度与用途

品级	中文名称	英文及缩写	瓶签颜色	纯度和用途
一级	优级纯 (保证试剂)	guaranteed reagent (GR)	绿色	纯度高,杂质含量低,适用于精密的研究和配制标准液
二级	分析纯 (分析试剂)	analytical reagent (AR)	红色	纯度较高,杂质含量较低,用于一般科学研究和分析实验
三级	化学纯	chemical pure (CP)	蓝色	质量略低于二级试剂,用于一般定量、定性分析
四级	实验试剂	laboratory reagent (LR)	棕色或其他色	纯度较低,用于一般定性实验

此外,还有许多特殊规格的试剂,这些试剂不分等级,属于专用试剂,如生物试剂(biological reagent, BR),瓶签黄褐色;生物染色剂(biological stain, BS),瓶签褐色;指示剂(indicator, Ind),瓶签红色;层析用(for chromatography purpose, FCP)试剂;气相色谱(gas chromatography, GC)用试剂;工业用(technical grade, Tech)。另有光谱纯(spectrum pure, SP)、超纯(ultra pure, UP)、高纯(high purity, HP)、特纯(extra pure, EP)等特殊纯度标准的试剂。

二、选用试剂的原则

主要根据实验的具体要求选择试剂的规格和品级,凡精密度、准确度和灵敏度要求高的实验,应选择高品级的试剂,有的实验还需要选用特殊规格的试剂。一般说来,试剂的品级越高,由试剂引起的误差越小,但对要求不高的实验,选用高品级的试剂则是一种浪费。

三、试剂的配制

试剂配制的正确与否直接关系到实验结果的准确性,实验人员均应具备熟练、准确配制试剂的能力。

(一)常用浓度表示法

溶液浓度是指一定量的溶剂(或溶液)中含有的溶质的量。根据量的表示方法不同,溶

液浓度可以有不同的表示方法。

1. 质量浓度 即单位体积溶液中所含溶质的质量,符号为 ρ,用下角标写明具体物质的符号。如物质 B 的质量浓度表示为 ρ_B,常用单位为 g/L。

此种浓度表示法仅适用于物质的相对分子质量还未精确测得者,如配制蛋白质标准溶液、淀粉溶液等,而对于已知相对分子质量者,均应以物质的量浓度表示。

2. 物质的量浓度 即单位体积溶液中所含溶质的量(摩尔数),符号为 c,用下角标写明具体物质的符号。如物质 B 的量浓度表示为 c_B,常用单位是 mol/L。

物质的量浓度是应用最为广泛的浓度表示法。根据国家法规规定,"浓度"与"物质的量浓度"是同一意思,WHO 称为物质浓度。

3. 质量摩尔浓度 即 1kg 溶剂中所含溶质的量,符号为 m,用下角标写明具体物质的符号。如物质 B 的质量摩尔浓度表示为 m_B,常用单位为 mol/kg。

质量摩尔浓度的优点是不受温度的影响。对于极稀的水溶液来说,其物质的量浓度与质量摩尔浓度的数值几乎相等。

4. 质量分数 即某物质的质量与混合物的质量之比,符号为 ω,用下角标写明具体物质的符号。如物质 B 的质量分数表示为 ω_B,此量是无量纲量。用质量分数表示溶液浓度时必须有量符号 ω_B,如表示 100g 的 HCl 溶液含 10g 的 HCl 时,则其浓度表示为:$\omega_{(HCl)}=10\%$。质量分数在试剂的配制中使用极少。

5. 体积分数 即物质 B 的体积与混合物体积之比。符号为 ϕ_B。是无量纲量。单独使用的溶液用体积分数表示浓度时,必须加量符号 ϕ_B,如:每 100ml 中含 75ml 乙醇的溶液表示为:$\phi_{(C_2H_5OH)}=75\%$ 乙醇。

6. 体积比浓度 即以 V1+V2 形式表示浓度。这种浓度的表示方法是表示两种或两种以上溶液或液体相混合成为另一溶液的浓度表示法,被混合者均以体积表示。例如 1 体积浓盐酸与 2 体积水混合成的溶液表示为:HCl(1+2);苯 + 醋酸乙酯(3+7)表示 3 倍体积的苯与 7 倍体积的醋酸乙酯相混合。

当一种溶液与 H_2O 相混时,可不必注明水,而当两种或两种以上的特定溶液与 H_2O 相混时,则必须注明水。

7. ppm、ppb 浓度 对于一些极稀的溶液,常用 ppm 或 ppb 来表示浓度。ppm 是百万分之一浓度,即溶质的质量占溶液质量的百万分之一就是 1ppm。ppb 是十亿分之一浓度,即溶质的质量占溶液质量的十亿分之一就是 1ppb。污水中有害物质的含量常用 ppm 表示,食物中有害物质,如农药的残留量则常用 ppb 表示。

(二)试剂的配制方法

溶液的配制方法主要分为直接配制法和间接配制法两种。

1. 直接配制法

(1)标准溶液:配制标准溶液的试剂应选用 GR 或 AR 品级,否则需提纯处理,且试剂应干燥至恒重后备用。使用的量器须经校准,玻璃容器须经清洗干燥。配制时直接用万分之一分析天平准确称取所需量的标准物,以少量溶剂溶解后,移入容量瓶中,然后再加溶剂至刻度。通常标准液配成浓的贮存液保存,使用时再稀释成应用液。

(2)一般溶液:凡不是标准液,且对浓度要求不严格的试剂,均可直接配制,可以使用普通天平称量,用容量瓶或量筒配制,吸量管和容量瓶不需校准。

2. 间接配制法　间接配制法是指在配制时先配成大致浓度的溶液,再用合适的标准物标定而配制出准确浓度的溶液,前者称为粗配,后者称为精配。

某些易吸水潮解难以称重的固体试剂和含量不准的液体试剂应采用间接配制法,如酸碱溶液,高锰酸钾溶液等配制应采用间接配制法。

粗配溶液的标定很关键,不同的试剂有不同的标定方法,标定所用的标准溶液应准确,量器也应先行校正。

(三)酸碱试剂的配制

酸碱试剂是实验室常用的基本试剂。由于浓酸易于吸水、挥发,碱易于吸收空气中的 CO_2 且也能吸水,故它们的含量是不固定的。因此,要配成含量准确的酸碱溶液时、必须采用间接法配制,即先配成近似需要浓度的溶液,再用合适的基准物质标定。

1. 常用酸碱溶液的粗配　粗配方法见表1-4。

表1-4　常用酸碱溶液的粗配

名称	分子式	比重	含量/% (w/w)	近似摩尔浓度/ (mol/L)	欲配制 1mol/L 的溶液 1L 时需 加入的毫升(或克)数
浓盐酸	HCl	1.19	36~38	12	85ml
浓硝酸	HNO_3	1.40	65~68	16	64ml
浓硫酸	H_2SO_4	1.84	95~98	18	56ml
冰醋酸	CH_3COOH	1.06	99.8	18	56ml
浓磷酸	H_3PO_4	1.71	85	15	67ml
氨水	$NH_3 \cdot H_2O$	0.9	28	15	67ml
氢氧化钠	NaOH	—	—	—	40g
氢氧化钾	KOH	—	—	—	56.5g

2. 常用酸碱溶液的标定

(1)酸溶液的标定:标准酸溶液一般用分析纯盐酸配制,有时也用分析纯硫酸和分析纯硝酸等配制。盐酸标准溶液比较稳定,是实验室常用的标准酸溶液。标定酸的基准物常用无水碳酸钠或硼砂。以无水碳酸钠为基准标定时,应采用甲基橙为指示剂,溶液由黄色刚好变为红色即为终点。然后根据消耗酸液的体积和无水碳酸钠的量计算酸的准确浓度。

以硼砂 $Na_2B_4O_7 \cdot 10H_2O$ 为基准物时,反应产物是硼酸,溶液呈微酸性,因此选用甲基红为指示剂。

(2)NaOH 溶液的标定:标定碱的基准物质最常用的是邻苯二甲酸氢钾,选用酚酞为指示剂,用待标定的 NaOH 溶液滴定,直到溶液刚好出现粉红色,并在摇动下保持半分钟不褪色即为终点。然后根据消耗 NaOH 溶液的体积和邻苯二甲酸氢钾的量计算 NaOH 溶液的准确浓度。

(四)配制及保存试剂时遵循的原则

1. 经常并大量应用的试剂,可先配制浓度大约 10 倍的贮备液,使用时取贮备液稀释 10 倍即可。

2. 易侵蚀或腐蚀玻璃的试剂,不能盛放在玻璃瓶内,如含氟的盐类(如 NaF、NH_4F)、苛性碱等应保存在聚乙烯塑料瓶中。

3. 易挥发、易分解的试剂,如 I_2、$KMnO_4$、H_2O_2、$AgNO_3$、$H_2C_2O_4$、$Na_2S_2O_3$、$TiCl_3$、氨水、Br_2 水、CCl_4、$CHCl_3$、丙酮、乙醚、乙醇等溶液及有机溶剂等均应存放在棕色瓶中,密封置于暗处,避免光的照射。

4. 配制试剂时,要合理选择试剂的级别,不许超规格使用试剂,以免造成不必要的浪费。

5. 配好的试剂盛装在试剂瓶中,应贴好标签,注明溶液的浓度、名称以及配制日期。

第七节　实验室基本操作技术

实验室基本操作是提高实验技能的重要环节。严格而规范的基本操作,是得到鲜明实验现象和准确实验结果的前提,也是避免一切意外事故发生的保证。因此,学生要努力训练好实验操作的基本功。

一、常用玻璃器皿的洗涤

生物化学与分子生物学实验中常使用各种玻璃器皿,玻璃器皿清洁与否,直接影响实验结果的准确,实验中往往由于器皿的不清洁或被污染而导致较大的误差,甚至会出现相反的实验结果。因此,玻璃器皿洗涤清洁工作是十分重要的基本操作,也是做好实验的前提及实验成败的关键之一。

(一)洗涤液的种类及配制

1. 肥皂水、洗衣粉溶液和去污粉　是最常用的洗涤剂,一般玻璃器皿均可选用。

2. 铬酸洗液　是实验室中常用的强氧化洗液之一。洗液中的重铬酸钾为氧化剂,它与洗液中的硫酸组成铬酸洗液。洗液的配方有数种,常用配制方法如下:

(1)取 100ml 工业用浓硫酸置于烧杯内,小心加热,然后缓慢加入 5g 重铬酸钾粉末,边加边搅拌,待全部溶解并缓慢冷却后,储存于磨口玻璃瓶内备用。

(2)称取 5g 重铬酸钾粉末,置于 250ml 烧杯中,加热水 5ml 使其溶解,然后缓慢加入 100ml 浓硫酸,待其冷却后储存于磨口玻璃瓶内备用。

由于铬酸洗液具有强氧化性和强酸性,因而具有很强的清洁能力,被广泛应用于玻璃仪器的洗涤。新配制的洗液为红褐色,洗液用久后变为黑绿色,即说明洗液已变质,不宜再用。另外该洗液具有很强的腐蚀性,因此配制和使用时要极为小心。

铬酸洗液适用于事先清洗过但未能洗净的玻璃器皿,但需在器皿干燥后浸泡。未清洗或未消毒的器皿不要直接浸泡于清洁液中,否则会使清洁液迅速失效,降低洗涤能力。

3. 5%~10% 乙二胺四乙酸二钠($EDTA-2Na$)溶液　加热煮沸可洗脱玻璃仪器内壁的钙、镁盐类和不易溶解的重金属盐类所产生的白色沉淀物。

4. 45% 尿素洗液　为蛋白质的良好溶剂,适用于洗涤盛放过蛋白质制剂及血样的容器。

5. 5% 草酸溶液　用数滴硫酸酸化,可洗去高锰酸钾的痕迹。

6. 硝酸 - 过氧化氢洗液　15%~20% 硝酸和 5% 过氧化氢混合。可用于洗涤特别顽固的化学污物。储于棕色瓶中,现用现配,久存易分解。

7. 强碱洗液　5%~10% 的 NaOH 溶液(或 Na_2CO_3、Na_3PO_4 溶液),常用于浸洗除去普通油污,通常需要用热的溶液。

8. 有机溶剂 带有脂类污物的器皿,可以用汽油、甲苯、二甲苯、丙酮、酒精、三氯甲烷、乙醚等有机溶剂擦洗或浸泡,但此类洗液成本高,一般不宜使用。

9. 盐酸 浓盐酸可洗去水垢和某些无机盐沉淀;稀盐酸浸洗可除去碱性物质、铁锈、二氧化锰、碳酸钙等。

洗涤器皿时,应根据需要选用不同的洗液。

(二)新购玻璃仪器的清洗

新购玻璃仪器,其表面附有碱质,可先用肥皂水刷洗,再用流水冲净,然后浸泡于1%~2%盐酸中过夜,再用流水冲洗,最后用蒸馏水冲洗2~3次,干燥备用。

(三)使用过的玻璃仪器的清洗

1. 一般玻璃仪器 试管、烧杯、锥形瓶等,先用自来水洗刷后,用肥皂水或洗衣粉水刷洗,再用自来水反复冲洗,最后用蒸馏水淋洗2~3次。

2. 容量分析仪器 吸量管、滴定管、容量瓶等,先用自来水冲洗,待晾干后,再用铬酸洗液浸泡数小时,然后用自来水充分冲洗,最后用蒸馏水淋洗2~3次。

3. 比色杯 用毕立即用自来水反复冲洗。洗不净时,用盐酸或适当溶剂冲洗,再用自来水冲洗。避免用碱液或强氧化剂清洗,切忌用试管刷或粗糙布(纸)擦拭,以保护比色杯的透光性,冲洗后倒置晾干备用。

上述所有玻璃器材以倒置后器壁不挂水珠为洁净的标准。

二、量器类器材、仪器的使用方法

量器是指对液体体积进行计量的器皿,如:量筒、容量瓶、滴定管、移液管、刻度吸量管及微量加样器等。

(一)量筒

量筒是实验室中常用的度量液体的量器,用于不太精密的液体计量。应根据需要选用各种不同容量规格的量筒。例如量取9.0ml液体时,应选用10ml量筒(测量误差为±0.1ml);如果选用100ml量筒量取9.0ml液体体积,则至少有±1ml的误差。量筒不能用作反应容器,不能装热的液体,更不可对其加热。读取量筒的刻度值,一定要使视线与量筒内液面的最低点(半月形弯曲面)处于同一水平线上,否则会增加体积的测量误差。

(二)容量瓶

容量瓶是一种细颈梨形的平底瓶,瓶颈上有环形标线,表示在所指温度下(一般为20℃)液体充满至标线时的容积。容量瓶主要用于把精密称量的物质配制成准确浓度的溶液,或是将准确容积及浓度的浓溶液稀释成准确浓度及容积的稀溶液。容量瓶与瓶塞要配套使用,使用前应检查是否漏水。另外,容量瓶不能在烘箱中烘烤,不能以任何形式对其加热。

(三)吸量管

吸量管是用于准确量取一定体积液体的玻璃量器,是生物化学和分子生物学实验中常用的仪器,测定的准确度与吸量管是否规范使用密切相关。

1. 吸量管的种类

(1)奥氏吸管:供准确量取0.5ml、1ml、2ml、3ml、4ml、5ml、10ml等固定量的溶液。该种吸量管中间膨大部分呈球形或橄榄形,只有一个总量标线,放液时必须吹出残留在吸量管尖端的液体。

（2）移液管：供准确量取 5ml、10ml、25ml、50ml 等固定量的溶液。与奥氏吸管一样，此吸量管上也只有一个总量标线，但放液后，将吸量管尖在容器内壁上继续停留 15s，注意不要吹出尖端最后的部分。它的造型类似于奥氏吸量管，但中间膨大部分呈长圆柱形，也是一种准确度较高的吸量管。

（3）刻度吸管：刻度吸管是由上而下（或由下而上）刻有容量数字，下端拉尖的圆形玻璃管，为实验室常用的玻璃量器，准确度较奥氏吸管和移液管略低。常用的有 20ml、10ml、5.0ml、2.0ml、1.0ml、0.5ml 等几种规格。刻度吸管可分为带"吹"字和不带"吹"字两类。使用标有"吹"字的刻度吸管，溶液停止流出后，应将管内剩余的溶液吹出；使用不带"吹"字的刻度吸管，待溶液停止流出后，管尖贴壁等待几秒钟拿出，不吹出管尖内残留的液体。

2. 吸量管的使用

（1）选择：使用前先根据需要选择适当规格的吸量管，刻度吸量管的总容量最好等于或稍大于取液量。临用前要看清容量和刻度。

（2）执管：用拇指和中指（辅以无名指）持吸量管上部，用示指堵住上口并控制液体流速，刻度数字要对准自己。

（3）取液：用另一只手捏压橡皮球，将吸量管插入液体内（不得悬空，以免液体吸入球内），用橡皮球将液体吸至最高刻度上端 1~2cm 处，然后迅速用示指按紧管上口，使液体不至于从管下口流出。

（4）调准刻度：将吸量管提出液面，吸粘性较大的液体（如：全血、血清、血浆）时，先用滤纸擦干管尖外壁，然后用示指控制液体缓慢下降至所需刻度（此时液体凹面、视线和刻度应在同一水平面上），并立即按紧吸量管上口。

（5）放液：放松示指，使液体自然流入容器内，放液时管尖最好接触容器内壁，但不要插入容器内原有的液体中，以免污染吸量管和试剂。

（6）洗涤：吸血液、血清等黏稠液体的吸量管，使用后要及时用自来水冲洗干净，最后用蒸馏水冲洗，晾干备用。

（四）微量加样器

微量加样器（移液器）是一种用于定量转移液体的器具，具有使用灵活、维护简便、体积小巧、携带便利等优点，被广泛用于实验室。其吸入量是否准确和使用方法是否得当，可直接影响测定结果的准确性。

1. 微量加样器的使用方法

（1）容量设定：微量加样器有固定式和可调式两种。对于可调式微量加样器，需要用选择旋钮将容量调至所需容量刻度上。该过程中，千万不要将旋钮旋出量程，否则会卡住内部机械装置而损坏移液器。

（2）安装吸头：将移液器下端垂直插入吸头，稍微用力左右微微转动即可。

注意安装吸头时用力不可过猛，否则会导致内部零部件松散，甚至会导致调节刻度的旋钮卡死或造成移液器套柄弯曲。

（3）润洗吸头（预洗吸头）：安装了新吸头或增大了容量值以后，应该把需要转移的液体吸取、排放 2~3 次，这样做是为了让吸头内壁形成一道同质液膜，确保移液工作的精度和准度，使整个移液过程具有极高的重现性。其次，在吸取有机溶剂或高挥发液体时，挥发性气体会在套筒室内形成负压,从而产生漏液的情况,这时需要预洗 4~6 次,让套筒室内的气体达到饱和,负压就会自动消失,可有效防止漏液。

(4)吸液:吸液有正向吸液和反向吸液两种方式。

正向吸液是正常的吸液方式,操作时将按钮按到第 1 档,再将吸头垂直浸入液面下 1~6mm 深度(视吸入容量大小而定,0.1~10μl:1~2mm;2~200μl:2~3mm;0.2~5ml:3~6mm),缓慢释放按钮。放液时先按下第 1 档,打出大部分液体,再按下第 2 档,将余液排出。

反向吸液是指吸液时将按钮直接按到第 2 档再释放,这样会多吸入一些液体,打出液体时只要按到第 2 档即可。多吸入的液体可以补偿吸头内部的表面吸附,反向吸液一般适用于黏稠液体、易挥发液体和小体积的移液。

(5)排液:有 3 种排液方式:沿内壁排液、在液面上方排液、在液面下方排液,以下为通常的“沿内壁排液”的操作步骤:①将吸头口贴到容器内壁并保持 10°~40° 倾斜,平稳地将按钮压到 1 档,略停后,压到 2 档排出剩余液体;排放致密或黏稠液体时,停留时间稍长些。②压住按钮,同时提起移液器,使吸头贴容器壁拿出。③松开按钮。

(6)卸去吸头:稍用力按下吸头推出器,即可卸掉吸头。如吸头安装过紧,可用手卸除。将吸头丢弃到合适的废物收集器中。

2. 微量加样器使用时的注意事项

(1)微量加样器是精密量器,不允许将微量加样器直接与液体接触,不使用时,也应插上洁净的塑料吸液嘴,以免流体或杂质吸入管内,导致阻塞。吸液嘴与吸液杆的连接必须密合,以免液体漏出或取液不准。

(2)吸液嘴在使用前须经湿化,即在正式吸液前将所吸溶液吸放 2~3 次。湿化前后实际容量和排出量均有显著差异。另外,有些新购的吸液嘴是经过硅化的,这有利于减少液体的吸附。对使用时间较长、外观有明显“花纹”或透明度降低者应弃掉不用。

(3)要保证在整个吸液过程中,吸头尖端要一直处于液面之下,以防止吸空造成吸样不准确。

(4)吸取液体完成后排出液体之前,一定要擦去吸头四周的液体,特别是在取液量较少时尤其要注意这一点,但要防止接触吸头尖端。

(5)吸取液体和排出液体的动作一定要慢,因为动作过快时,液体因表面张力吸附在吸头壁上,造成移液不准。所取液体的黏度越高,越应注意这个问题。

(6)排出液体时,在液体将排尽时,要轻轻让吸头尖端接触容器壁,以免在加样的容器中形成气泡,影响后续反应。

(7)加样完成后,应在弃去使用过的吸头后,方才松开按钮至起始位置,以免吸头内的残留液体回吸到枪头,造成交叉污染。特别是进行分子生物学的有关实验,如进行 PCR 的加样操作时,由于 PCR 具有极强的放大能力,如果操作不当使含有 DNA 的液体标本产生气溶胶吸附在枪头上,则很容易造成实验中的假阳性。

(8)使用完毕,应把量程调至最大值的刻度,使弹簧处于松弛状态保护弹簧以延长微量加样器的使用寿命。

3. 加样器的校正　目前,许多实验室都已经使用国产或进口的加样器,尽管进口加样器在准确度、精密度、性能和使用寿命等方面优于国产加样器,但在这类量器的使用中,每年至少也应检验校正 2~3 次。其校正方法如下:校正时要求室温 20℃,按正规操作吸取蒸馏水,并称其蒸馏水重量,同时记下蒸馏水重量及水温。计算出容积及校正值,如果相对百分误差大于 ±2% 时,应进行调整。调整后,必须再进行检测,直至合格。

三、分光光度计的使用方法

分光光度计是生物化学实验中最常用的仪器之一,关于分光光度计的结构和原理见"光谱分析技术"一章,下面以 722 型分光光度计为例介绍其使用方法。

(一)722 型分光光度计的使用方法

1. 接通电源,打开开关(电源指示灯亮),开启比色皿暗箱盖,预热约 20min。

2. 转动波长选择旋钮,根据测定溶液选择所需的波长。

3. 调节功能选择键使光标移动至"T"。

4. 将待测溶液加入比色皿中,高度至比色皿 2/3 处。用擦镜纸擦干外部存留液体,使透光面对着光路,将比色皿放入比色架中。

5. 拉动比色架,使空白管或调零管对向光路,按功能键"0%"至"T"等于 0。

6. 盖好暗箱盖,按功能键"100%"至"T"等于 100。

7. 按功能选择键使光标移动到"A",此时应显示为"0"。如不在"0",重复步骤 5、6。

8. 拉动比色架,分别使标准管和测定管对向光路,分别记录吸光度值。

9. 比色完毕,比色皿取出,关闭电源,将干燥剂放入暗箱内,合上暗箱盖。

10. 将比色皿内液体倒入废液缸,以自来水冲洗比色皿两遍,再用蒸馏水冲洗两遍,倒置滤纸上以备再用。

(二)注意事项

1. 为防止光电管疲劳,测定间隙必须将比色皿暗箱盖打开,使光路切断,以延长光电管的使用寿命。连续使用仪器的时间不应超过 2h,最好是间歇 0.5h 后,再继续使用。

2. 每台仪器所配套的比色皿,不能与其他仪器上的比色皿单个调换。

3. 普通玻璃比色皿由两个面组成,即透光面和毛玻璃面,使用时要将透光面对准光路,勿用手触摸比色皿透光面。比色皿盛液约 2/3 左右。

4. 比色皿每次使用完毕后,要及时蒸馏水洗净并倒置晾干,然后存放在比色皿盒内。在日常使用中应注意保护比色皿的透光面,使其不受损坏或产生划痕,以免影响透光率。

5. 在测定一系列溶液的吸光度时,通常都按由稀到浓的顺序测定,以减小测量误差。

6. 在实际分析工作中,通常根据溶液浓度的不同,选用规格不同的比色皿,使溶液的吸光度控制在 0.2~0.7。

7. 分光光度计属精密仪器,应精心爱护使用,要防震、防潮、防腐蚀。

四、离心机的使用

离心机是利用离心力将比重不同的固体或液体分离的一种仪器。根据离心机转速的不同常将离心机分为低速离心机、高速离心机和超速离心机。生物化学实验室经常使用的是低速离心机,其最高转速为 4 000r/min。下面以低速离心机为例,说明离心机的使用方法。

(一)离心前检查

取出所有套管,启动空载的离心机,观察是否转动平稳;检查套管有无软垫,是否完好,内部有无异物;离心管与套管是否匹配。

(二)离心原则

1. 平衡　将一对离心管放入一对套管中,置于天平两侧,用滴管向较轻一侧的离心管与套管之间滴水至两侧平衡。

2. 对称　将已平衡好的一对管置于离心机中的对称位置。

(三)离心操作

对称放置配平后的一对管后,取出多余的套管,盖严离心机盖。调节转速调节钮,逐渐增加至所需转速,计时。离心完毕后,缓慢将转速调回零。待离心机停稳后取出离心管,并将套管中的水倒净,所有套管放回离心机中。

(四)注意事项

1. 离心机的启动、停止都要缓慢,否则离心管易破碎或液体从离心管溅出。

2. 离心过程中,若听到特殊响声,应立即停止离心,检查离心管。若离心管已碎,应清除并更换新管;若管未碎,应重新平衡。

3. 所盛液体不能超过离心管或套管的2/3,否则,离心时液体会从管中溅出。

五、水浴箱的使用

目前,实验室用水浴箱多为电热恒温水浴箱,加热方式多为"U"型浸入式电热管加热,温度控温采用数字式电子控温,读数直观准确,在使用范围内可任意调节。

(一)使用方法

1. 使用电热恒温水浴箱时必须先加水于水箱内,再接通电源。打开电源开关,电源指示灯亮表示电源接通。

2. 将温度选择开关拨向设置端,调节温度选择旋钮,同时观察数显读数,设定所需的温度值(精确到0.1℃)。

3. 当设置温度值超过水温时,加热指示灯亮,表明加热器已开始工作。

4. 在水温达到设置水温时,恒温指示灯亮,加热指示灯熄灭,此时加热器停止工作。

(二)注意事项

1. 箱外壳必须有效接地。

2. 在未加水前,切勿开电源,以防止电热管内的电热丝烧坏。

(侯丽娟)

第二章 光谱分析技术

光谱分析（spectral analysis）技术是指利用各种化学物质（包括原子、基团、分子及高分子化合物）具有吸收、发射或散射光谱谱系的特点，对物质进行定性或定量分析的技术。它具有灵敏、准确、快速、简便等特点，是生物化学分析中最常用的分析技术。

根据光谱谱系特征的不同，把光谱分析技术分为吸收光谱分析、发射光谱分析和散射光谱分析三大类。基于吸收光谱分析的方法有可见 - 紫外分光光度法、原子吸收分光光度法和红外光谱法；基于发射光谱分析的方法有原子发射光谱法、火焰光度法和荧光光度法；基于散射光谱分析的方法有比浊法等。

第一节 吸收光谱分析技术

当电磁辐射通过某些物质时，物质的原子或分子吸收与其能级跃迁相对应的能量，由基态或低能态跃迁到较高的能态，这种由物质对辐射能的选择性吸收而得到的原子或分子光谱称为吸收光谱。

一、光的选择性吸收

由于各种物质的内部结构不同和分子或原子发生能级跃迁时吸收光能具有量子化的特征，因此物质对光的吸收具有选择性。例如：当一束白光通过硫酸铜溶液时，水合铜离子中的电子发生跃迁，选择性地吸收复合光中的黄色光，其他颜色的光不被吸收而透过溶液，故溶液呈现出黄色的互补色——蓝色。我们通常见到的有色物质，都是由于它们吸收了可见光中的部分光，显现出吸收光颜色的互补色。物质颜色和吸收光颜色的关系见表 2-1。

如果将各种波长的单色光依次通过一定浓度的溶液，测定该溶液对光的吸收程度，以波长为横坐标，对应的吸光度为纵坐标绘制曲线，即得到该物质溶液的吸收光谱曲线。每种物质都具有特异的吸收光谱，因此可利用各种物质不同的吸收光谱及其强度，对不同物质进行定性和定量的分析。分光光度技术是利用物质对光的吸收作用，对物质进行定性或定量分析的技术，是光谱分析技术中常用的一种，应用较多的是紫外 - 可见分光光度法（ultraviolet and visible spectrophotometry）。

表 2-1 物质颜色和吸收光颜色的关系

物质颜色	吸收光	
	颜色	波长范围 /nm
黄、绿	紫	400~450
黄	蓝	450~480
橙	青、蓝	480~490
红	青	490~500
紫、红	绿	500~560
紫	黄、绿	560~580
蓝	黄	580~600
青、蓝	橙	600~650
青	红	650~760

二、朗伯 - 比尔定律(Lambert-Beer law)

(一)透光率和吸光度

当一束平行的单色光通过任何均质物质如溶液时,光的一部分被吸收,一部分透过溶液,一部分被器皿的表面所反射。设入射光强度为 I_o,被吸收的光强度为 I_a,透过光的强度为 I_t,反射光的强度为 I_r,则

$$I_o = I_a + I_t + I_r$$

在吸收光谱分析中,通常将被测溶液和空白溶液分别置于同样材料和厚度的比色皿中,那么强度为 I_o 的单色光分别通过这两个比色皿,所产生的反射光强度是基本相同的,其影响可相互抵消,所以上式可简化为

$$I_o = I_a + I_t$$

透过光的强度(I_t)与入射光的强度(I_o)之比称为透光率或透光度(transmittance),常用 T 表示,即

$$T = I_t/I_o$$

溶液的透光率 T 愈大,表示它对光的吸收愈小;反之,透光率愈小,它对光的吸收愈大。

为了表示物质对光的吸收程度,常采用吸光度的概念,其定义为:透光率的负对数称为吸光度(absorbance),用 A 表示:

$$A = -\lg T = -\lg I_t/I_o = \lg I_o/I_t$$

A 值愈大,表明物质对光的吸收愈大。透光率和吸光度都是表示物质对光的吸收程度的一种量度,透光率以百分数表示,二者可相互换算。

(二)朗伯 - 比尔定律

朗伯 - 比尔定律是光吸收的基本定律,它的数学表达式为

$$A = kcl$$

式中,A 为吸光度;k 为比例常数,又称为吸光系数;c 为溶液的浓度;l 为液层厚度。朗伯 - 比尔定律叙述为一束平行的单色光通过稀溶液时,溶液的吸光度与溶液浓度及液层厚度的乘积成正比。

根据朗伯 - 比尔定律,当液层厚度为1cm,浓度单位为1mol/L时,吸光系数k称为摩尔吸光系数,用 ε 表示,单位是 L/(mol·cm)。ε 的意义是:浓度为1mol/L 的有色溶液,置于1cm 的比色皿中在一定波长下测定的吸光度值。在温度、入射光波长等固定的条件下,ε 是物质的特征性常数,特定物质 ε 不变,这是分光光度法对物质进行定性的基础。

三、分光光度技术的定性和定量方法

(一)分光光度技术的定性方法

对待测物质进行定性分析的依据是最大吸收波长 λ_{max} 和摩尔吸光系数 ε。

1. 最大吸收波长 λ_{max} 法　将不同波长的光透过待测溶液测定其吸光度,以吸光度对波长作图可找出最大吸收峰,其相应的波长为最大吸收波长 λ_{max},和标准品 λ_{max} 相比较,可对待测物质进行定性分析。

2. 摩尔吸光系数 ε 法　准确配制待测物质的溶液,在最大吸收波长处测定其吸光度值,根据朗伯 - 比尔定律:$\varepsilon = A/(l \cdot c)$,可计算出待测物的 ε,和已知 ε 的标准液相比较,可对待测物质进行定性分析。

(二)分光光度技术的定量方法

分光光度技术主要用于定量分析,其定量依据是朗伯 - 比尔定律,定量方法主要分为两类,即单组分定量方法和多组分定量方法。

1. 单组分的定量方法

(1)标准曲线法:配制一系列(5~10 个)不同浓度的标准溶液,在溶液的最大吸收波长条件下,以适当的空白溶液作参比,逐一测定各个标准溶液的吸光度。然后以吸光度为纵坐标,以溶液浓度为横坐标,绘制标准曲线。再按同样方法配制待测溶液,在相同条件下测定其吸光度,就可以从标准曲线上查出与吸光度相对应的待测溶液浓度。

(2)对照法(对比法):将标准样品与待测样品在相同条件下显色并测定各自的吸光度,根据朗伯 - 比尔定律:$A_{标}/A_{测} = C_{标}/C_{测}$,求出:$C_{测} = A_{测} \times C_{标}/A_{标}$。

(3)摩尔吸光系数法:从朗伯 - 比尔定律的数学表达式:$A = \varepsilon cl$,可推出:$c = A/(\varepsilon \times l)$。

2. 多组分定量方法　当试样中有两种或两种以上的组分共存,可根据各组分的吸收光谱的重叠程度,选用不同的定量方法。

(1)如果混合物各组分的吸收峰互不干扰,这时可按单组分的测定方法,分别测定各组分的含量。

(2)如果混合物各组分的吸收峰相互重叠,可采用解联立方程、双波长法等解决定量中的干扰问题。

四、分光光度计的基本结构

分光光度计的种类很多,但各种类型的分光光度计的结构和原理基本相同。最常用的是可见光分光光度计和紫外光分光光度计。一般包括光源、单色器、比色杯、检测器和显示器五大部件。

(一)光源

光源是提供入射光的装置,对光源的基本要求是在所适用的波长范围内发射连续光谱,并有足够的辐射强度和良好的稳定性。

可见光分光光度计常用光源是钨灯,能发射出 350~2 500nm 波长范围的连续光谱,适用范围是 360~900nm。现在常用光源是卤钨灯,其特点是发光效率高,灯的使用寿命长。

紫外光分光光度计常用光源是氢灯,其发射波长范围为 150~400nm。因玻璃吸收紫外光而石英不吸收紫外光,因此氢灯灯壳要用石英制作。

为了使光源稳定,分光光度计均配有稳压装置。

(二)单色器

它是将来自光源的复合光按波长的长短顺序分散为单色光并能随意改变波长的装置,是分光光度计的心脏。其主要组成为入射狭缝、出射狭缝、色散元件和准直镜等。

1. 入射狭缝　它的作用是限制杂散光的进入。光源发出的光经反射镜投向入射狭缝后成为一条细光束,再投射到准直镜上变成平行光。

2. 准直镜　是以狭缝为焦点的聚光镜,作用是把来自入射狭缝的细光束变成平行光,然后投射到色散元件,并将色散后的平行光聚焦于出射狭缝上。

3. 出射狭缝　它的作用是将特定波长的光射出单色器。狭缝越窄,射出光波的谱带也越窄,但同时光的强度也越小。综合考虑,狭缝宽度要适当。

4. 色散元件　在单色器的装置中色散元件最重要。最常用的色散元件有棱镜、滤光片或光栅。棱镜是用玻璃或石英材料制成的一种分光装置,其原理是利用光从一种介质进入另一种介质时,光的波长不同在棱镜内传播的速度不同,其折射率不同而将不同波长的光分开。玻璃棱镜色散能力大,分光性能好,能吸收紫外光而用于可见光分光光度计,石英棱镜可用于可见光和紫外光分光光度计。滤光片能让某一波长的光透过,而其他波长的光被吸收。光栅是分光光度计常用的一种分光装置,其特点是波长范围宽、分光能力强、光谱中各谱线的宽度均匀一致,可用于可见光、紫外和近红外光区。

(三)比色杯

比色杯又称比色皿或吸收池,是分光光度计中用于盛装溶液的容器。比色杯的材料有玻璃和石英两种,玻璃比色杯适用于可见光区,而石英比色杯适用于紫外光区和可见光区。比色杯的光径在 0.1~10cm 之间,其中 1cm 的最为常用。

(四)检测器

检测器又称受光器,它的作用是检测透过溶液的光信号,将光信号转换为电信号,并把光信号放大。常用的检测器是光电管和光电倍增管。

(五)显示器

显示器的作用是将检测器放大的电信号通过仪表显示出来。常用的显示器有检流器、记录器、微安表和数字显示器。

第二节　发射光谱分析技术

生物化学中常用的是荧光光度分析法和火焰光度分析法。

一、荧光光度分析法

某些物质的分子吸收能量后,能发生荧光。根据所发生荧光的特性及强度,对物质进行定性或定量分析的方法称为荧光光度分析法(fluorescence spectroscopy),简称荧光法。

（一）基本原理

在荧光分析中，待测物质分子跃迁为激发态时所吸收的光称为激发光，处于激发态的分子回到基态时所产生的荧光称为发射光。任何荧光分子都具有两个特征性光谱，即激发光谱和荧光光谱。

1. 激发光谱　用单色器将激发光源分光，测定每一波长照射下所发射的荧光强度，以荧光强度为纵坐标，激发光波长为横坐标作图，就可以得到荧光物质的激发光谱。实质上激发光谱相当于荧光物质的吸收光谱。

2. 荧光光谱　固定激发光的波长，用单色器将发射的荧光分光，记录每一波长下的荧光强度，以荧光强度为纵坐标，荧光波长为横坐标作图，就可得到物质的荧光光谱。

荧光物质的最大激发波长和最大荧光波长是鉴定物质的根据，也是定量测定时灵敏的光谱条件。

（二）荧光强度

荧光强度（F）是表示荧光发射的相对强弱的物理量。

荧光效率（fluorescence efficiency）表示物质产生荧光的能力，是指激发态分子发射荧光的光子数与基态分子吸收激发光的光子数之比，用 Φ 表示。即

$$荧光效率（\Phi）=发射荧光的光子数/吸收激发光的光子数$$

通常 Φ 在 0~1 之间。

1. 荧光强度与溶液浓度的关系　由前面的讨论可知，溶液的荧光强度与该溶液中荧光物质的吸光程度和荧光物质的荧光效率有关。

$$F=\Phi I_0 \varepsilon lc$$

I_0：入射光强度；ε：摩尔吸光系数；l：液层厚度；c：溶液浓度。

当 I_0 一定，且浓度很稀时，荧光强度与荧光物质浓度成正比，即

$$F=kc$$

这是荧光光度法定量分析的依据。使用时要注意该关系式只适用于稀溶液，且其吸光度不超过 0.05（$\varepsilon lc \leqslant 0.05$）。

2. 影响荧光强度的因素

（1）溶剂：增大溶剂的极性，将使电子跃迁的能量降低，荧光增强。乙醇、环己烷、水等溶剂中常含有荧光杂质，影响测定，必须在使用前做净化处理。

（2）溶液的 pH：当荧光物质本身为弱酸或弱碱时，溶液 pH 的改变将对溶液的荧光强度产生较大影响，因为有些物质在离子状态时有荧光，而有些则相反，也有二者均有荧光，但荧光光谱有所不同。

（3）温度：大多数情况温度升高时，荧光强度降低。因为温度升高使分子间碰撞次数增加，消耗分子的内部能量。

（三）荧光光度分析法的应用

在临床分析中，主要用于糖类、胺类、DNA、RNA、酶、辅酶、维生素及无机离子 Ca^{2+}、Fe^{3+}、Zn^{2+} 等的测定。

二、火焰光度分析法

火焰光度分析法（flame photometry）又称为火焰发射光谱法，是待测元素利用火焰作为

激发光进行分析的方法,属于原子发射光谱分析的一种。

(一)基本原理

待测样品中的原子是基态原子,当待测溶液与助燃气混合雾化并燃烧时,样品中的原子获得能量,其原子的外层电子发生跃迁,从基态跃迁到激发态,处于激发态的原子不稳定,跃迁到高层能级的电子回到基态,此时能量以光的形式释放。不同的原子,其电子发生跃迁后释放的能量不同,所发射光的波长也不同,此波长线称为原子的特征性光谱线。在一定条件下,溶液的浓度和发射光的强度成正比,这是火焰光度分析法定量分析的依据。

(二)火焰光度计

火焰光度计主要由光源、单色器和检测系统三部分组成。

1. 光源 主要由供气系统、喷雾器和燃烧器组成。

2. 单色器 可采用滤光片、棱镜或光栅。

3. 检测系统 可采用光电管或光电倍增管。

(三)火焰光度分析法的应用

临床检验中,火焰光度分析法主要用于体液中金属阳离子如:钠、钾、锂的测定。

第三节 散射光谱分析技术

散射光谱分析法是主要测定光线通过溶液混悬颗粒后的光吸收或光散射程度的一类定量方法。在生物化学中常用方法为比浊法,测定过程与比色法类似。但混悬液的稳定性、温度、测定时间、颗粒的大小和形状等对比浊结果有较大的影响,因此不能完全按比色法的规律进行比浊测定,否则引起的误差会很大。

(闫智宏)

第三章　电　泳　技　术

在直流电场中,带电粒子向与其电性相反的电极移动的现象称为电泳(electrophoresis)。例如:蛋白质具有两性解离的性质,当溶液 pH 大于蛋白质等电点时,蛋白质带负电荷,在电场中向正极移动,反之则带正电荷,向负极移动。当蛋白质溶液 pH 与蛋白质的等电点相等,净电荷为零时则不移动。利用各种带电粒子电泳速度不同,对物质进行分离,然后对物质进行定性和定量的分析方法称为电泳分析法,也叫电泳技术。

第一节　电泳的基本原理

在单位电场强度下,带电粒子的移动速度称为电泳迁移率(electrophoresis mobility)。用 μ 表示电泳迁移率,v 表示电泳速度(cm/s),E 表示电场强度(V/cm),则:

$$\mu=v/E=cm^2/(V \cdot s)$$

在电场中,推动带电粒子运动的力(F:电场力)等于带电粒子荷电量(Q)与电场强度(E)的乘积,即:

$$F=QE$$

带电粒子的前移同样要受到阻力(F':摩擦力)的影响,对于一个球形质点,服从 Stokes 定律,即:

$$F'=6\pi r\eta v$$

式中 r 为质点半径,η 为介质黏度系数,v 为质点移动速度,当质点在电场中作稳定运动时:$F=F'$,即 $QE=6\pi r\eta v$,由此得出:

$$v=QE/(6\pi \cdot r \cdot \eta)$$

将 $\mu=v/E$ 代入,得:

$$\mu=Q/(6\pi \cdot r \cdot \eta) \tag{1}$$

从上式可见,球形质点的迁移率,首先取决于自身状态,即与所带电荷成正比,与其半径及介质黏度系数成反比。所以电泳迁移率是物质的特征常数。血清总蛋白电泳迁移率见表 3-1。

混合物各组分的电泳迁移率不同时,即可以在电场中彼此分离。

前已述及,式(1)仅适用于球形质点。许多生物大分子,如蛋白质多肽链上带有可解离的基团,在溶液中解离后生成的离子并非球形,因而实际测得的电泳迁移率比由式(1)算得的数值要小一些。一般来说,粒子所带的净电荷愈多,粒子的直径愈小、愈接近球形,在电场中的电泳速度则愈快。

表 3-1 血清总蛋白等电点与电泳迁移率

血清总蛋白	等电点	电泳迁移率 /[cm²/(V·s)]	相对分子质量
白蛋白	4.84	5.9×10^{-5}	69 000
α_1-球蛋白	5.06	5.1×10^{-5}	200 000
α_2-球蛋白	5.06	4.1×10^{-5}	300 000
β-球蛋白	5.12	2.8×10^{-5}	90 000~150 000
γ-球蛋白	6.85~7.30	1.0×10^{-5}	156 000~300 000

第二节 影响电泳的因素

一、电场强度

电场强度也称电势梯度,是指单位长度(每 1cm)的电压降。

电场强度对电泳速度起重要作用。电场强度愈大,则带电粒子移动愈快。当然不是电场强度越大越好,电场强度增大,同时电流强度也增大,产热增多。支持介质温度增高可使水分蒸发加速,甚至使蛋白质变性。所以高压电泳槽必须具有冷却降温装置。电场强度降低,产热减小,但是电泳速度减慢。电泳速度过慢,不仅电泳时间增长,而且增加了标本的扩散,导致区带模糊,分辨率下降,所以要选择合适的电场强度。

常压电泳的电场强度一般为 2~10V/cm,高压电泳的电场强度一般为 20~200V/cm。常压电泳多用于分离蛋白质等大分子物质,高压电泳则用来分离氨基酸、小肽、核苷等小分子物质。

二、电泳缓冲液

电泳缓冲液起着决定粒子电荷性质和电荷量的作用,同时起导电作用,电泳时对缓冲液的化学组成、pH 和离子强度都有一定的要求。

(一)缓冲液的化学组成(缓冲溶质)

缓冲体系的组成常选用弱酸/弱酸盐、酸式盐/次级盐。对缓冲液的要求是化学性质稳定、电导率低、缓冲容量大、粒子移动性好。按此要求,缓冲液的 pH 确定后,第一,选择缓冲液时要尽量选择 pKa 接近缓冲液 pH 的弱酸成分,此时缓冲容量最大。第二,优先选用离子价数为 1 价的电解质,目的是保持离子的活度。第三,优先选择正、负离子移动速度相近的电解质,使电泳时离子分布均匀,保证电泳区带的整齐。

常用的缓冲液有巴比妥/巴比妥钠、柠檬酸/柠檬酸钠、NaH_2PO_4/Na_2HPO_4、Tris-HCl 等。巴比妥/巴比妥钠是血清总蛋白电泳常用的电泳缓冲液。

(二)pH

溶液的 pH 决定了带电颗粒解离的程度,也决定了物质所带净电荷的多少。对蛋白质、氨基酸等两性电解质而言,pH 离等电点越远,颗粒所带净电荷越多,泳动速度也越快,反之越慢。因此当分离某一蛋白质混合物时,应选择一种能扩大各种蛋白质所带电荷量差异的 pH,以利于各种蛋白质的分离,当然不能过酸过碱,以免引起蛋白质变性。缓冲液的 pH 一一般设在 4.5~9.0 为宜。如血清中几种主要蛋白质的等电点各不相同,见表 3-1。当在 pH 8.6 的缓冲液中电泳时,这些蛋白质均带负电荷,它们的泳动速度为:白蛋白 > α_1- 球蛋白 > α_2- 球蛋白 > β- 球蛋白 > γ- 球蛋白。

在电泳过程中,不仅标本粒子在作定向运动,缓冲液中的各种离子也在作定向运动,当它们移动到两极时,因为发生氧化还原反应使缓冲液的 pH 发生改变。为了使缓冲液的 pH 保持一致,可在每次电泳后将两个电泳槽中的缓冲液重新混合,或者将两极交换。

(三)离子强度

除了要求缓冲液具有合适的化学组成和 pH 以外,还要求具有一定的导电能力。缓冲液的导电能力可用离子强度表示。在稀溶液中离子强度可用下式计算:

$$I=\Sigma C_i Z_i^2/2$$

I: 离子强度,C_i: 离子的浓度,Z_i: 离子的价数,Σ 代表累加。

缓冲液的离子强度影响缓冲容量、产热效应和电泳速度。离子强度大,缓冲容量大,pH 稳定;但离子强度大,电泳速度慢;同时离子强度大,电流强度大,产热多,蒸发快。速度慢,会导致时间过长,标本扩散。速度快,导致区带不整齐,分辨率低。综合考虑,离子强度最好选在 0.02~0.2mol/L 之间。

三、支持介质

支持介质对电泳的影响主要表现为电渗作用和吸附作用。

(一)电渗作用

液体在电场中对于一个固体支持物的相对移动,称为电渗作用。产生电渗作用的原因是固体支持物表面带有电荷。例如在纸电泳时,由于纸上带有负电荷,而与之接触的水溶液因为静电感应带有正电荷,在电场的作用下溶液便向负极移动并带动着质点向负极移动。假如这时进行电泳,则质点移动的表面速度,是质点移动速度和由于溶液移动而产生的电渗速度的加和。若质点原来向负极移动,则其表面速度比电泳速度快。若质点原来向正极移动,则其表面速度比电泳速度慢。因此,在电泳时应尽量避免使用具有高电渗作用的支持物。

(二)吸附作用

支持介质的表面对被分离的物质具有一定的吸附作用,使被分离样品滞留而降低电泳速度,造成样品拖尾,使电泳的分辨率降低。各种支持介质或多或少对样品有吸附作用。淀粉、纤维素为多聚葡萄糖,琼脂糖为多聚半乳糖,分子表面有很多羟基,对核酸、蛋白质等具有一定的吸附能力。聚丙烯酰胺的侧链为酰胺基,醋酸纤维素的侧链为乙酰基,这些基团基本不电离,对样品的吸附作用很小。电泳时,要选择吸附作用小的支持介质。

四、分子的性质和形状

蛋白质、核酸等生物大分子,在分子量接近时,表面电荷密度高的粒子比表面电荷密度低的粒子移动速度快,球形分子比纤维状分子移动速度快。

五、蒸发

水分的蒸发导致缓冲液浓缩,离子强度增大,电泳速度减慢;同时水分的蒸发使虹吸作用加强,两边电泳槽中的缓冲液沿支持物由两端向中间对流,使样品向中间集中并弯曲,导致分辨率下降。为减少水分的蒸发,电泳槽的密闭性要好,电流强度不宜过大,必要时开启冷却循环装置。

第三节 电泳技术的分类

电泳技术的分类方法有多种,可从电场强度、电泳媒介、分离目的、电泳装置、缓冲液pH等不同角度分类。

一、按照电场强度的不同分类

按照电场强度的不同可分为常压电泳和高压电泳。常压电泳的电场强度一般为2~10V/cm,高压电泳的电场强度一般为20~200V/cm。高压电泳由于电场强度很大,必须具有可靠的绝缘设施和安全措施,严格按照操作规程操作,确保人身安全。同时,高压电泳产热很多,电泳槽必须具有冷却循环装置。

二、按照电泳媒介不同分类

按照电泳媒介(有无支持物)不同可分为自由电泳和区带电泳。

(一)自由电泳

自由电泳的媒介为溶液(不用支持物),带电粒子在溶液中自由移动,适用于生物细胞和生物大分子的电泳分离,如显微电泳、等电聚焦电泳、密度梯度电泳等。

(二)区带电泳

媒介为支持介质,被分离的物质经电泳后在支持介质上形成区带称为区带电泳。区带电泳是目前应用最广泛的一种电泳技术,适用于蛋白质、核酸等标本的分离。区带电泳根据支持介质的不同又分为滤纸电泳、醋酸纤维素薄膜电泳、琼脂糖凝胶电泳、聚丙烯酰胺凝胶电泳等。

三、按照分离目的不同分类

按照分离目的的不同可分为分析电泳和制备电泳。

四、按照支持物的装置形式不同分类

按照支持物的装置形式(电泳装置)不同可分为水平电泳(支持物水平放置,最常用)和垂直电泳等。

五、按照缓冲液 pH 是否均一分类

按照缓冲液 pH 是否均一可分为连续 pH 电泳和不连续 pH 电泳。

(一)连续 pH 电泳

支持介质各处的 pH 相同,如滤纸电泳、醋酸纤维素薄膜电泳等。

(二)不连续 pH 电泳

支持介质各处的 pH 不同,如不连续聚丙烯酰胺凝胶电泳、等电聚焦电泳等。

聚丙烯酰胺凝胶连续 pH 电泳与不连续 pH 电泳的主要区别在于：不连续 pH 电泳有两种不同孔径的凝胶系统；电泳槽中及两种凝胶中所用的缓冲液 pH 不同；电泳过程中形成的电势梯度也不均匀。而连续 pH 电泳在这三方面都是单一或是均匀的。

第四节　几种常用电泳技术

一、醋酸纤维素薄膜电泳

醋酸纤维素薄膜电泳（cellulose acetate membrane electrophoresis，CAME）是以醋酸纤维素薄膜作为支持物的一种区带电泳技术。醋酸纤维素薄膜是将纤维素的羟基乙酰化形成纤维素醋酸酯，然后将其溶于有机溶剂后涂抹成均匀的薄膜，干燥后就成为醋酸纤维素薄膜。

醋酸纤维素薄膜电泳是在滤纸电泳的基础上发展起来的，与其相比有以下优点：吸附作用和电渗作用都很小，分离区带清晰，分辨率高，样品用量少，分离速度快，操作简便，醋酸纤维素薄膜可做成透明膜扫描定量，减少误差等。由于醋酸纤维素薄膜不吸附染料，蛋白质区带周围的染料能完全漂洗掉，检测灵敏度较高。其不足之处是薄膜吸水性差，使用前必须用缓冲液预先浸泡薄膜，电泳时水分容易蒸发，因此要求电泳槽密闭性能要好，始终维持水蒸气饱和，电流强度不宜过大，一般保持在 0.4~0.6mA/cm 宽，同时吸水性差也限制了样品用量，不适于制备。

醋酸纤维素薄膜电泳已广泛用于血红蛋白、血清总蛋白、脂蛋白、同工酶等的分离和测定。

二、琼脂糖凝胶电泳

琼脂糖凝胶电泳（agarose gel electrophoresis，AGE）是以琼脂糖凝胶作为支持物的一种区带电泳技术，是最先广泛应用的凝胶电泳。琼脂糖是从琼脂中去掉杂质和能沉淀脂蛋白的琼脂果胶后纯化而来的，化学组成为 D- 半乳糖和 3,6- 脱水 -L- 半乳糖结合的链状多糖。由于去除了含酸性基团较多的琼脂果胶，琼脂糖凝胶电泳的吸附作用和电渗作用均较小，分辨率和重现性较好，电泳图谱清晰，电泳速度快，区带易染色、洗脱和定量，常用于生物大分子如：血浆脂蛋白、免疫球蛋白、同工酶和 DNA 酶切片段的分离。

三、聚丙烯酰胺凝胶电泳

聚丙烯酰胺凝胶电泳（polyacrylamide gel electrophoresis，PAGE）是以聚丙烯酰胺凝胶作为支持物的一种区带电泳技术。这种凝胶电泳的主要特点是凝胶具有电泳和分子筛的双重作用，大大提高了分辨能力。聚丙烯酰胺凝胶电泳能精细分离各种蛋白质，还可测定蛋白质和核酸的分子量，进行核酸的序列分析等，特别在基因变异或同工酶的研究中应用广泛。

（一）聚丙烯酰胺凝胶电泳的优点

1. 具有分子筛作用，分离效果好。

2. 设备简单，样品用量少（1~100μg），不易扩散，分辨率高。

3. 不带电荷，几乎没有电渗作用。

4. 可通过控制凝胶浓度来调节凝胶的孔径，以适合不同分子量样品的分离。

5. 化学稳定性好，由于分子结构中富含酰胺基，聚丙烯酰胺凝胶是一种稳定的亲水胶体。

6. 机械强度好，有弹性，无色透明，易观察，可用检测仪直接测定。

不足之处是聚丙烯酰胺凝胶单体对神经系统及皮肤有毒性作用，但聚合后毒性消失。

（二）聚丙烯酰胺凝胶的聚合

聚丙烯酰胺是由单体丙烯酰胺和交联剂甲叉双丙烯酰胺通过化学聚合或光聚合反应而形成的大分子。聚合时，丙烯酰胺（$CH_2=CH—CO—NH_2$）的双键打开，通过加成反应形成含有酰胺基侧链的脂肪族长链，相邻的两条链通过甲叉双丙烯酰胺以亚甲基桥方式交联起来，形成具有三维结构的多聚物。

过硫酸铵 – 四甲基乙二胺（TEMED）为化学催化系统。当在丙烯酰胺和甲叉双丙烯酰胺的溶液中加入这种催化系统后，过硫酸铵作为引发剂提供自由基，通过自由基传递，形成丙烯酰胺自由基从而引发聚合反应。四甲基乙二胺作为加速剂，可加快引发剂释放自由基的速度，具体反应为过硫酸铵在溶液中形成过硫酸自由基（$SO_4^{·-}$），该自由基可激活加速剂，加速剂作为电子载体提供一个未配对电子将丙烯酰胺单体转化为丙烯酰胺自由基，经反应多聚物聚合成网状结构的凝胶。聚合的速度与温度成正比，如温度过低，或体系中有氧分子及不纯物质都会延缓凝胶的聚合。为了防止溶液气泡中含有氧分子而妨碍聚合，在聚合前最好先将溶液分别抽气除氧，再混合配制。维生素 B_2，又称核黄素，核黄素 -TEMED 为光催化系统，在光照下部分核黄素被还原成无色核黄素，在有痕量氧存在的条件下，无色核黄素再被氧化为带有自由基的核黄素，从而引发聚合反应，在此系统中，核黄素是引发剂，四甲基乙二胺是加速剂。

（三）聚丙烯酰胺凝胶孔径和机械强度的调节

聚丙烯酰胺凝胶的孔径、机械强度、弹性和透明度都与凝胶总浓度（T）和交联度（C）有关。T 表示每 100ml 凝胶溶液中含有单体和交联剂的总克数（g/dl）。C 则表示凝胶溶液中交联剂占单体和交联剂总克数的百分比。

凝胶的孔径主要由 T 决定，也与 C 有关。T 值越大，凝胶孔径越小。当 T 值固定不变，C 值在 5% 时，凝胶孔径最小，大于或小于 5% 时凝胶的孔径都会增大。在电泳中凝胶的孔径是一个重要因素，往往会对分离效果起决定作用。常用于分离血浆蛋白的聚丙烯酰胺凝胶是标准凝胶，T 为 7.5g/dl，孔径大约为 5nm，适用于分子量 $10^4 \sim 10^6$ 的蛋白质的分离。在科研工作中，一般是先进行预实验，以选出最适的凝胶浓度。

凝胶的机械强度、弹性和透明度主要取决于 T 及单体与交联剂的比值。通常 T 值越大，机械强度越强，其中单体与交联剂的比值尤为重要。实验表明，T < 2.5g/dl，不能成胶；T < 5g/dl，凝胶成胶陈状；T > 15g/dl，凝胶的硬度、脆性增加，易于折断。单体与交联剂的比值小于 10，交联度过大，凝胶坚硬易碎，颜色乳白不透明；单体与交联剂的比值大于 100，凝胶又过软，难以成形。一般 T 为 5~10g/dl，单体与交联剂的比值为 20~40，可制得弹性较好，软硬适中，无色透明的凝胶。

（四）聚丙烯酰胺凝胶电泳的分类

1. 根据凝胶的形状不同，聚丙烯酰胺凝胶电泳可分为圆柱型电泳和平板型电泳两类。圆柱型电泳所形成的区带呈圆盘状，又称为盘状电泳。平板型电泳又可分为水平式和垂直式两类。

2. 根据凝胶浓度和缓冲液 pH 是否相同分为连续聚丙烯酰胺凝胶电泳和不连续聚丙烯酰胺凝胶电泳。

（1）连续聚丙烯酰胺凝胶电泳：整个电泳系统中，凝胶浓度和缓冲液 pH 均相同。

（2）不连续聚丙烯酰胺凝胶电泳：电泳系统中采用了两种或两种以上不同的凝胶浓度和缓冲液 pH。不连续聚丙烯酰胺凝胶电泳分离中包括了三种物理效应：样品的浓缩效应、电泳分离的电荷效应和分子筛效应，应用广泛。而连续聚丙烯酰胺凝胶电泳则不具备浓缩效应。

（五）不连续聚丙烯酰胺凝胶电泳

不连续聚丙烯酰胺凝胶圆盘电泳一般在内径为 0.7cm，长 10cm 的小玻璃管内，把三种性质不完全一样的聚丙烯酰胺凝胶重叠起来：样品胶在最上层，浓缩胶在中层，分离胶在最下层。其中样品胶和浓缩胶的缓冲液、pH 和孔径大小完全一样，区别是样品胶中有样品，而浓缩胶中没有样品。分离胶的孔径一般比前两种小，pH 也不相同。下面以血清总蛋白电泳为例作介绍，见表 3-2。

表 3-2　血清总蛋白聚丙烯酰胺凝胶电泳的条件

分类	凝胶总浓度 T/%	交联剂百分比 C/%	Tris-HCl 缓冲液 pH	凝胶孔径	主要效应
样品胶	3	20	6.7	大	浓缩效应（含有样品）
浓缩胶	3	20	6.7	大	浓缩效应
分离胶	7	2.5	8.9	小	电荷效应、分子筛效应

电极缓冲液使用 pH 8.3 的 Tris- 甘氨酸缓冲液。不连续聚丙烯酰胺凝胶电泳具有下列三种效应。

1. 样品的浓缩效应　样品在电泳开始时，通过浓缩胶被浓缩为高浓度的样品薄层（一般可浓缩几百倍），然后再被分离。其机制是：甘氨酸的等电点为 6.0，在 pH 8.3 的 Tris- 甘氨酸缓冲液中电离为甘氨酸负离子，在电场中向正极移动。电泳开始后，电极缓冲液中的甘氨酸负离子进入浓缩胶，由于 pH 由 8.3 降为 6.7，与甘氨酸等电点的差值减小，从而甘氨酸的解离减弱，解离度最小，只有 0.1%~1% 的甘氨酸解离，电泳迁移率最低，称为慢离子。浓缩胶 Tris-HCl 缓冲液中的 HCl 解离度最大，几乎全部释放出 Cl⁻，Cl⁻ 分子量小，电泳迁移率最大，称为快离子。而样品中血清总蛋白带负电荷，其解离度比 HCl 小，比甘氨酸大，其电泳迁移率大于甘氨酸离子而小于 Cl⁻。电泳开始后，快离子（Cl⁻）很快超过蛋白质，使其后面形成一个离子浓度较低的低电导区。因为电导与电势梯度成反比，于是低电导区产生了较高的电势梯度。这种高电势梯度使慢离子加速向前移动，从而使夹在快慢离子之间的蛋白质样品被压缩成一个很窄的薄层，使蛋白质样品浓缩。

2. 电荷效应　电荷效应与其他电泳相同，带电多的粒子电泳迁移率大，走在前面；带电少的粒子电泳迁移率小，走在后面。

3. 分子筛效应　当样品从浓缩胶进入分离胶后，由于 pH 从 6.7 上升为 8.9，使慢离子的解离度变大，电泳迁移率也随之增大，很快超过所有蛋白质，与快离子电泳速度基本相同，低电导区（高电势梯度）也随之消失。在均一电场强度和均一 pH 的小孔径分离胶中，不同分子量大小或不同形状的蛋白质通过凝胶时受到的阻力不同,分子量大的组分所受阻力大,电泳速度慢;分子量小的组分所受阻力小,电泳速度快。这就使得电泳迁移率和电荷相同的蛋白质,只要分子量具有一定差异,也能因受到不同阻力而电泳分离。这种作用称为分子筛效应。

四、等电聚焦电泳

等电聚焦电泳(isoelectric focusing electrophoresis, IEF)是 20 世纪 60 年代中期问世的一种利用具有 pH 梯度的两性电解质为载体,分离等电点不同的蛋白质等两性分子的电泳技术。等电聚焦电泳与其他电泳技术相比具有更高的分辨率,等电点 pH 仅相差 0.01 的蛋白质即可分开,因此特别适合于分离分子量相近而等电点不同的蛋白质组分,同时也可用于确定被分离物质的等电点。

(一)基本原理

在 IEF 电泳系统中,具有一个从阳极到阴极,pH 逐渐增大的连续而稳定的 pH 梯度,处于此体系的各种蛋白质分子将根据各自的等电点与所处位点 pH 的差别分别带有正电荷或负电荷,从而向相反电极泳动,最后停止在与其等电点相等的 pH 位点上,此时净电荷为零,这一过程称为聚焦。因此,将等电点不同的蛋白质混合物加入具有 pH 梯度的介质中,在电场中经过一定时间后,各组分就分别聚焦在各自等电点相应的 pH 位置上,形成一系列分离蛋白质的区带。

(二)pH 梯度的形成

pH 梯度的建立是在电泳管正负极间引入等电点彼此接近的一系列两性电解质的混合物,在正极端引入强酸溶液(如硫酸或磷酸),在负极端引入强碱溶液(如氢氧化钠)。电泳开始前各段介质的 pH 相等;电泳开始后,由于各组分的等电点不同,从而形成由正极到负极,pH 由低到高的线性 pH 梯度。

(三)两性电解质载体和支持介质

理想的两性电解质载体应是:第一,在两个 pH 之间易于形成 pH 线性梯度。第二,各组分在等电点处有足够的缓冲能力,以保证电泳时支持介质各区域 pH 稳定,维持 pH 梯度。第三,各组分电导率接近,以保持支持介质各区域电场强度均匀。第四,在 280nm 无光吸收,以便对蛋白质组分进行定性、定量检测。第五,分子量要小,易于应用分子筛或透析方法将其与被分离的高分子物质分开,并且不应与被分离物质发生反应或使之变性。

目前常用的两性电解质载体是两性电解质混合物,由不饱和酸(如丙烯酸)和多烯多胺(如五乙烯六胺)聚合而成的各种多羧基脂肪多胺,分子量范围在 300~800。根据分子中羧基/氨基比例不同,等电点也不同,等电点范围在 3~10.5 之间。

常用的支持介质有聚丙烯酰胺凝胶、琼脂糖凝胶、葡聚糖凝胶等,其中聚丙烯酰胺凝胶最为常用。

(四)优点

1. 分辨率很高,可把等电点 pH 相差 0.01 的蛋白质分开。可将血清总蛋白分离为 50 多条区带。

2. 样品可以混入凝胶中或加在任何位置,在电场中随着电泳的进行区带会越来越窄,克服了一般电泳的扩散作用,即区带清晰无拖尾。

3. 分离速度快, 蛋白质可保持原有生物活性。

4. 电泳结束后, 可直接测定蛋白质的等电点。

五、双向电泳

双向电泳是在单向电泳后, 将方向调转 90°, 再进行第二次电泳的技术。第一相电泳时, 样品按等电点不同分离, 常用等电聚焦电泳。第二相电泳时, 按照分子量不同进行分离, 常用 SDS- 聚丙烯酰胺凝胶电泳。

等电聚焦电泳可将血清总蛋白分离为 50 多条区带, 第二相电泳后, 最终可将血清总蛋白分离为 200 多个斑点, 分辨率极高。

双向电泳的应用包括蛋白质组分析、疾病指标的检测、细胞的分化、恶性肿瘤和药物的研究等。双向电泳主要用于蛋白质组的分析。

（闫智宏）

第四章 层析技术

层析技术（chromatography technology）又称色谱技术、色层分离技术，20世纪初由俄国植物学家 M.Tsweett 首先应用于植物色素的分离提取，证明了植物的叶子中不仅有叶绿素还含有其他色素，并由此而得名。经过一个多世纪的发展，相继出现了气相色谱（gas chromatography，GC）、高效液相色谱（high performance liquid chromatography，HPLC）。其他种类繁多的方法如薄膜层析（thin memberane chromatography）、薄层层析（thin layer chromatopraphy，TLC）、凝胶层析（gelchromatography）、亲和层析（affinity chromatography）等也得到发展。新的层析方法如离子色谱、超临界流体色谱等不断涌现。各种与层析技术有关的联用技术，如色谱 - 红外光谱联用、色谱 - 质谱联用，开辟了复杂样品分析的新天地。

层析法的最大特点是分离效率高，它能分离各种性质非常相似的物质。而且既可以用于少量物质的分析鉴定，又可用于大量物质的分离纯化制备。因此，作为一种重要的分离分析手段与方法，广泛地应用于石油、化工、医药卫生、生物科学、环境科学、农业科学等领域，是近代生物化学、分子生物学及其他学科领域最常应用的分离分析技术之一。

第一节 层析技术的原理与分类

一、层析技术的原理

层析法是一种基于被分离物质的物理、化学及生物学特性的不同，使它们在某种基质中移动速度不同而进行分离和分析的方法。任何层析过程都是在两个相中进行的。一是固定相，它是固定物质或固定于支持物上的成分；另一是流经固定相的流动相，即可以是流动的物质，如水和各种溶媒、气体等。由于样品中各组分理化性质（如溶解度、吸附能力、分子形状、分子所带电荷的性质和数量、分子表面的特殊基团、分子量等）不同，表现出对固定相和流动相的亲和力各不相同。当混合物通过多孔的支持物时，它们受固定相的阻力和受流动相的推力也不同，各组分移动速度各异并在支持物上集中分布于不同的区域，从而各组分得以分离。例如含有 A、B 两个性质相似组分及其他杂质的混合样品加至一填充了 Al_2O_3 吸附剂的玻璃柱中，然后用一适当溶剂不断地从柱顶流入，一定时间后，经显色发现 A 在柱下端，中间为 B，其余不需要的成分仍留在柱顶端，达到了分离的要求，其中 Al_2O_3 吸附剂称为固定相，溶剂称为流动相，填充了固定相的玻璃柱称为层析柱。分离的原理是因为流动相在柱中往下流动时,已被吸附在柱顶端 Al_2O_3 上的 A 和 B 部分解吸溶于流动相中,随着流动相往下移动,当遇到新的吸附剂颗粒时,已解吸的溶质又有部分被重新吸附在 Al_2O_3 表面上,就这样随着流动相的不断加入,在层析柱中就不断发生吸附、解吸、再吸附、再解吸。由于 A 在流动相中的溶解度略大于 B,因此在柱中往下移动的速度也略快于 B。但经过多次反复,微小的差异可累积为大的差异,一定时间后 A 和 B 在柱上分离成两条区带,不溶于流动相的其他组分则仍留在柱子顶端。如果不断加入流动相,就可以将分离后的组分从柱上先后洗脱下来,依次流出柱外。定量分析测定不同时间或不同体积的组分含量,以时间或流动相体积对浓度作图,可得到一张各组分的分离图,常称为各组分的层析图或色谱图(图 4-1)。

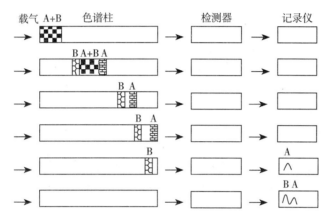

图 4-1　二元混合物在气相色谱柱中的分离过程示意图

换种角度说,人为地扩大了两种物质的理化性质的差异或是把其理化差异累积化,借助其分配、吸附、离子交换和排阻(凝胶)的作用使其分离。

二、层析技术的分类

1. 按固定相和流动相所处的状态分类　根据固定相和流动相所处的状态,可以分为气相层析法和液相层析法两大类。气相层析法也可以分为气 - 液层析法和气 - 固层析法;液相层析法又可以分为液 - 液层析法和液 - 固层析法(表 4-1)。

表 4-1　按固定相和流动相所处的状态分类

		流动相	
		气体	液体
固定相	液体	气 - 液层析法	液 - 液层析法
	固体	气 - 固层析法	液 - 固层析法

2. 按层析法分离原理分类　可以分为分配层析法(partition chromatography)(液液色谱)、吸附层析法(absorption chromatography)(液固色谱)、离子交换层析法(ion exchange chromatography)、凝胶层析法和亲和层析法 5 类(表 4-2)。

表 4-2 按层析法分离原理分类

名称	分离原理
分配层析法	固定相是液体，各组分在两相中的分配系数不同
吸附层析法	固定相是固体吸附剂，各组分在吸附剂表面吸附能力不同
离子交换层析法	固定相是离子交换剂，各组分与离子交换剂亲和力不同
凝胶层析法	固定相是多孔凝胶，各组分的分子大小、形状不同，因而在凝胶上受阻滞程度不同
亲和层析法	利用待分离物质和它的特异性配体间具有特异的亲和力，从而与其他组分分离

四种层析法原理示意图见图 4-2。

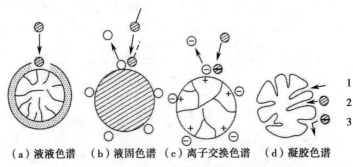

（a）液液色谱　（b）液固色谱　（c）离子交换色谱　（d）凝胶色谱

○溶剂分子；◎溶质分子；⊖平衡分子；⊘阳离子样品；

1. 全渗透；2. 部分渗透；3. 排阻。

图 4-2 四种层析法原理示意图

3. 按操作形式不同分类　可分为纸层析法、薄膜层析法、薄层层析法和柱层析法（column chromatography）4 类（表 4-3）。

表 4-3 按操作形式不同分类

名称	操作形式
纸层析法	用滤纸作为液体的载体，点样后用流动相展开，使各组分分离
薄膜层析法	将适当的高分子有机溶剂吸附制成薄膜，点样后用流动相展开，使各组分分离
薄层层析法	将适当粒度的固定相均匀涂在薄板上，点样后用流动相展开，使各组分分离
柱层析法	固定相装于柱内，使样品沿一个方向前移而达到分离

第二节　色谱分析中的重要参数

色谱分析有两类重要的参数：一是色谱图中的一些重要参数；二是色谱分离中的一些重要参数。

一、色谱图中的一些重要参数

色谱图是记录仪的记录笔在等速移动的记录纸上，记录检测器输出的电压或电流信号。

它反映了被分离的各组分从色谱柱中洗出的浓度变化的信息。横坐标是时间坐标,纵坐标是信号坐标(图4-3)。这些信息是被分离各组分定性和定量的依据。

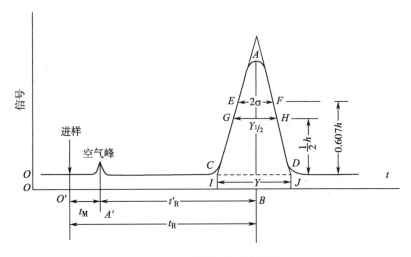

图4-3 色谱图及其重要参数

色谱峰为组分随流动相通过色谱柱和检测器时,信号随时间变化的曲线,呈正态分布。当只有流动相通过色谱柱和检测器时,信号随时间变化的曲线(图中 Ot)称基线。色谱峰中的主要参数有四个:色谱峰的位置、宽度、高度和峰形。可以用基线、峰宽、半峰宽、峰高和峰的保留时间等参数描述。

1. 峰高和区域宽度

(1)峰高:用 h 或 H 表示。色谱峰的高度与组分的浓度有关,分析条件一定时,峰高是定量分析的依据。

(2)峰宽:常用 W 或 Y 符号表示。是在流出曲线拐点处作切线,分别相交于基线上的 IJ 处的距离。

(3)半峰宽:峰高一半处色谱峰的宽度,如图4-3 种的 GH。用 $W_{1/2}$ 或 $Y_{1/2}$ 表示。

(4)标准偏差:峰高 0.607 处峰的宽度的一半(EF 的一半,用 σ 表示)。标准偏差与峰宽和半峰宽的关系如下:

$$Y=4\sigma$$
$$Y_{1/2}=2\sigma\sqrt{2\ln 2}=2.355\sigma$$

区域宽度的三种表示参数(峰宽、半峰宽、标准偏差)是色谱流出曲线中很重要的参数,它的大小反映了色谱柱或所选的色谱条件的好坏。

2. 保留值(retention value) 表示样品中各组分流出时所需流动相体积的多少或在层析柱中停留时间的长短,是保留体积和保留时间的总称,用来描述层析峰在层析图上的位置。它反映了该组分迁移的速度,是该组分定性的依据。

(1)死时间(t_M):是惰性组分从进样至出现浓度极大点时的时间。反映了流动相流过色谱系统所需的时间,因此也称为流动相保留时间。

(2)保留时间(t_R):是指组分从进样至出现浓度极大点时的时间。

(3)校正保留时间(t'_R)是指扣除死时间后的组分保留时间,表达式为:

$$t'_R = t_R - t_M$$

（4）死体积（V_R^O）：是指流动相流过色谱系统所需的体积，相当于分离系统中除固定相外，流动相所占的体积，表达式为：

$$V_R^O = t_M F_C$$

式中，F_C 为流动相的流速。

（5）保留体积（V_R）：是指组分从进样至出现浓度极大点时所耗用流动相的体积。表达式为：

$$V_R = t_R F_C$$

（6）校正保留体积（V'_R）：是指扣除死体积后的组分保留体积，表达式为：

$$V'_R = t'_R F_C$$

二、色谱分离中的一些重要参数

为了描述两种难以分离的组分通过色谱柱后被分离的程度与原因，需要引入一些关于两种组分的热力学性质差别的参数。这些参数有相对保留值、分配比、相比、塔板数和分离度等。

1. 相对保留值（α）　相对保留值也称分离因子或选择性因子，是指相邻两种难分离组分的校正保留位的比值，表达式为：

$$\alpha = t'_{R2}/t'_{R1} = V'_{R2}/V'_{R1} \neq t_{R2}/t_{R1}$$

习惯上设定 $t'_{R2} > t'_{R1}$，则 $\alpha \geq 1$。若 $\alpha=1$，则该两组分热力学性质相同，不能分离。只有当 $\alpha > 1$ 时，两组分才有可能分离。

对于给定的色谱体系，在一定的温度下，两组分的相对保留值是一个常数，与色谱柱的长度、内径无关。在色谱定性分析中，常选用一个组分作为标准，其他组分与标准组分的相对保留值可作为色谱定性的依据。选择相邻难分离两组分的相对保留值，也可作为色谱系统分离选择性指标。

2. 分配系数（partition coefficient）　在层析分离过程中，物质既进入固定相，又进入流动相，此过程称分配过程。在一定条件下，物质在固定相和流动相达到平衡时，它在两相中平均浓度的比值称分配系数。用 K 表示。

$$K = \frac{溶质在固定相中的浓度\ Cs}{溶质在流动相中的浓度\ Cm}$$

分配系数主要与下列因素有关：①被分离物质本身的性质；②固定相和流动相的性质；③层析柱的温度。不同的层析机制，其 K 值含义不同。分配层析中 K 值表示分配系数，吸附层析中 K 值表示吸附平衡常数，亲和层析中 K 值表示交换常数。K 值大的成分表示其溶质在固定相中浓度大，在洗脱过程中洗脱速度慢，即从柱上洗脱下来所需的时间较长。K 值小表示某种溶质在流动相中浓度大，故在洗脱过程中洗脱速度快，即从柱上洗脱下来所需的时间短。若两组分在同一层析条件下具有相似的 K 值，则表明分离效果差。为达到分离目的，需重新选择实验条件，包括层析方式和流动相的改变。

3. 分配比（k'）和相比（β）　分配比也称分配容量、容量比、容量因子或质量分配比。它是指平衡时，组分在固定相和流动相中的质量比（或分子数比、物质的量比），即：

$$k'=N_s/N_m=C_sV_s/C_mV_m=KV_s/V_m=t'_R/t_M$$

式中：N_s——固定相中组分的质量；

N_m——流动相中组分的质量；

C_s——组分在固定相中的浓度；

V_s——色谱柱中固定相的体积；

C_m——组分在流动相中的浓度；

V_m——色谱柱中流动相的体积。

通常 k′值一般控制在 3~7 之间。

相比（β）是指色谱柱中流动相与固定相体积的比值。β 与 K、k′有如下关系：

$$\beta=V_m/V_s=K/k'$$

填充柱气相色谱柱的 β 值在 5~35 之间，而毛细管气相色谱柱的 β 值在 50~200 的范围内。

4. 塔板数（N）　1941 年，Martin 和 Synge 阐述了色谱、蒸馏和萃取之间的相似性，把色谱柱比作蒸馏塔，引用蒸馏塔理论和概念，研究了组分在色谱柱内迁移和扩散，描述了组分在色谱柱内运动的特征，成功地解释了组分在柱内的分配平衡过程，导出了著名的塔板理论。

塔板理论将色谱柱与蒸馏塔类比，设想色谱柱是由若干小段组成，在每一小段内，一部分被固定相填充，另一部分被流动相占据。它假设：

（1）柱内由一小段高度不变的 H 组成，这一小段高度 H 称为一个塔板高度因此，柱子的塔板数为：

$$N=L/H（L 为色谱柱高度）$$

（2）在塔板高度 H 内，组分在两相间达到瞬时平衡。

（3）流动相以跳跃式或脉冲式进入一个体积。

（4）分配系数 K 在每个塔板上均不变，是常数。

经推导，理论塔板数为：

$$N=L/H=16\left(\frac{t_R}{Y}\right)^2$$

塔板数是指组分在色谱柱中的固定相和流动相间反复分配平衡的次数。N 越大，平衡次数越多，组分与固定相的相互作用力越显著，柱效越高，组分之间的热力学性质（表现在分配系数 K）的差异表现得越充分，分离得越好。塔板数 N 是色谱柱效的指标。

塔板理论指出了组分在柱内分布的数学模型。组分随着流动相冲洗时间的增加，在柱内迁移过程中浓度呈正态分布谱图。它能很好地解释色谱图，如曲线形状、浓度最大值位置、数值和流出时间色谱峰的宽度和保留值的关系等。因此，塔板理论具有一定的实用价值。

5. 分离度（resolution，R）　是定量描述相邻两组分在层析柱内分离情况的指标，两个相邻谱带的分离度等于两谱带中心之间的距离除以谱带的平均宽度，用 R 表示。分离度愈大，说明分离效果愈好。

$$R=\frac{t_{R2}-t_{R1}}{\frac{1}{2}(Y_1+Y_2)}=\frac{2(t_{R2}-t_{R1})}{Y_1+Y_2}$$

式中，t_{R1}、t_{R2} 为组分保留时间，Y_1、Y_2 为层析峰底宽。

两色谱峰保留值之差值主要反映固定相对两组分的热力学性质的差别。色谱峰的宽窄则反映色谱过程的动力学因素,即柱效能的高低。因此,R值是两组分热力学性质和色谱过程中动力学因素的综合反映。R值越大,表明相邻两组分分离越好。

研究分离度的目的是研究相邻两组分实际被分离的纯净程度。从理论上可以证明,若峰形对称,呈正态分布。

当$R=0.8$,两组分的峰高为1:1时,两组分被分离的纯净程度为95%。若从两峰的中间(峰谷)切割,则在一个峰内包含另一个组分的5%。

当$R=1$,两组分被分离的纯净程度为98%。若从两峰的中间(峰谷)切割,则在一个峰内包含另一个组分的2%。

当$R=1.5$时,分离纯净程度可达99.7%。因此,可用$R=1.5$作为相邻两峰已完全分开的指标。

根据公式,从数学上讲如果相邻两峰均为等腰三角形,当$R=1$时,此两峰无任何重叠,既以达到基线分离。但在实际上,最佳的色谱峰也呈高斯分布,因此$R=1.0$时,仍有2%的重叠。$R=1.5$时,重叠程度降至0.03%,事实上已达基线分离。

分离度概括了色谱过程热力学和动力学的特性。实际工作中,可通过以下过程提高分离度:①改变流动相的组成和性质,可使两谱带的中心位置拉开;②提高柱效,可使两谱带变窄;③改变柱容量,通过改变两峰的分配系数来实现。

第三节　高效液相层析法

一、概述

高效液相层析法(HPLC)是以液体洗脱剂作为流动相的色谱分析方法,它是由经典的液相色谱法发展而来。经典的液相色谱法流动相在常压下输送,速度慢、固定相颗粒粗、柱效低、分离时间长。20世纪60年代末期,借助气相色谱的发展而迅速发展,成为现代生物科学领域重要的分离分析技术。

HPLC的优点是:与经典的液相色谱法相比,在色谱柱中引用了颗粒直径很小的填充剂(一般在5~10μm),但色谱柱阻力增大,必须用高压泵才能使流动相以一定的流速流过色谱柱;同时仪器又配备了灵敏度较高的检测器,HPLC中所用的检测器多是紫外吸收检测,灵敏度可达ng水平,此外,还有示差折光检测器、荧光检测器、电化学检测器等。因此达到了分离能力强、速度快、测定灵敏度高的目的。与气相色谱相比,HPLC只要求样品制成溶液而不需要气化,因此不受样品挥发性的约束,对于挥发性差、热稳定性差、分子量大的物质尤为有利,应用范围极广。无论是极性还是非极性,小分子还是大分子,热稳定还是不稳定的化合物均可用此法测定。在药物筛选和治疗药物监测方面具有独特性,可同时分析多种药物及药物的代谢物。氨基酸、蛋白质、核酸、生物类脂、类固醇激素及儿茶酚胺激素等的分离测定也可采用HPLC分析。

二、高效液相色谱仪

典型的高效液相色谱仪结构框见图4-4。工作时液体样品由进样器注入后,被来自于高压泵的高压流动相带入装填有固定相的色谱柱,在柱中样品组分得到分离,随后进入流动式检测器,进行检测、记录。其中输液、进样、分离及检测系统是关键部件。

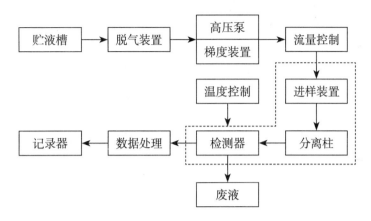

图 4-4 高效液相色谱仪结构框

随着自动化水平的提高,现代 HPLC 仪都可采用梯度洗脱的方法,所谓梯度洗脱,既按照事先设置的时间程序改变流动相的流速或组成,来达到提高分离度改善分离结果的方法。梯度洗脱包括流量梯度洗脱和溶剂梯度洗脱两种方式,但流量梯度洗脱的效果和应用均不如溶剂梯度洗脱。

检测器是色谱分析工作中定性与定量分析的主要工具。检测器串联在液相色谱柱的出口,样品在色谱柱中被分离后随同流动相连续地流经检测器,根据流动相中样品量或样品浓度输出相应的信号,定量地表示被测组分含量或浓度的变化,最终得到样品中各个组分的含量。一个理想的检测器应该符合灵敏度高、重复性好、响应快、峰形好、线性范围广、对流量和温度的变化不敏感等要求。从目前商品仪器来看,最广泛应用的是紫外吸收检测器、示差折光检测器和荧光检测器,此外,尚有近年发展的二极管阵列检测器等。

三、HLPC 的类型和应用

(一)液 - 固吸附层析

液 - 固吸附层析是四种基本液相层析中最古老的一种。固定相是具有吸附活性的吸附剂,常用的有氧化铝、硅胶、高分子有机酸或聚酰胺凝胶等。流动相依其所起的作用不同,分为"洗脱剂"和"底剂"两类,"洗脱剂"起调节试样组分的滞留时间长短的作用,"底剂"起决定基本色谱分离的作用,同时对试样中某几个组分具有选择性作用。流动相中"洗脱剂"与"底剂"成分的组成和选择直接影响色谱的分离情况。

HPLC 是在以硅胶为吸附剂的液 - 固层析法的基础上发展起来的。硅胶的极性远较流动相大,故极性较小的亲脂性化合物在柱中几无保留。于是就发展了一种方法,即在硅胶填充剂的表面涂以非极性的溶剂作为固定相,而以极性较大的溶剂作为流动相来分离它们。为了相区别,前者被称为正相体系,后者被称为反相体系。被分离组分在反相体系中的洗脱顺序正好与正相体系相反,即极性较强组分比极性较弱组分先洗脱下来。这也是反相体系在药物监测和临床化学中的应用占据主导地位的一个重要原因。本法可用于分离异构体、抗氧化剂与维生素等。

（二）液 - 液分配层析

固定相为单体固定液构成。将固定液的功能基团结合在薄壳或多孔型硅胶上,经酸洗、中和、干燥活化、使表面存在一定的硅羟基。这种层析称为化学键合相层析。另一种利用离子对原理的液 - 液分配层析为离子对分配层析。

（三）离子交换层析

原理与普通离子交换相同。在离子交换 HPLC 中,固定相常用离子性键合相,故又称离子性键合相层析。流动相主要是水溶液,pH 最好在被分离酸、碱的 pK 值附近。

（韩　瑞）

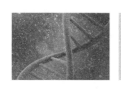

第五章　离　心　技　术

离心技术（centrifugal technique）是根据颗粒在作匀速圆周运动时受到一个外向的离心力的作用，从而使某些颗粒达到浓缩或与其他颗粒分离的目的而发展起来的一种分离技术，各种离心机是实现其技术目的的仪器保证。这项技术应用很广，如分离出化学反应后的沉淀物，天然的生物大分子、无机物、有机物，在生物化学及其他生物学领域常用来收集细胞、细胞器及生物大分子物质。从而使离心机成为现代生物化学实验室中必不可少的设备。为了满足生产、科研和教学的不同需要，不同类型、不同规格和不同用途的离心机应运而生，且随着整个科学技术的发展不断地得到改进、提高和更新。

第一节　离心技术的基本原理和分类

一、基本原理

离心技术就其原理来说属于一种物理的技术手段，是利用离心力，依据物质的沉降系数、扩散系数和浮力密度的差异而进行物质的分离、浓缩和分析的一种专门技术。

需要离心分离的生物样品，常需预先制成悬浮液。将处于悬浮状态的细胞、细胞器、病毒和生物大分子等都称为"颗粒"或"粒子"。每个颗粒都有一定大小、形状、密度和质量。当离心机转子高速旋转时，这些颗粒在介质中发生沉降或漂浮，它的沉降速度与作用在颗粒上力的方向和大小有关。颗粒除受到离心力（F_c）作用外，还受到颗粒在介质中移动时的摩擦阻力（F_f）、与离心力相反的浮力（F_B）、颗粒处于重力场之下的重力（F_g）和与重力方向相反的浮力（F_b）的作用（图 5-1）。此外，还有周围介质小分子的作用力，当颗粒很小时，介质分子对颗粒的作用力十分明显，比介质分子大得多的颗粒，介质作用力可不予考虑。

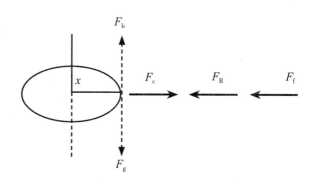

图 5-1　离心粒子受力示意图

1. 离心力（centrifugal force, F_c）　离心场中的颗粒在一定角速度下作圆周运动时都受到一个向外的离心力作用。离心力（F_c）的大小等于离心加速度 $\omega^2 x$ 与颗粒质量 m 的乘积，即：

$$F_c = m\omega^2 x$$

其中 ω 是旋转角速度，以弧度/s 为单位；x 是颗粒离开旋转中心的距离，以 cm 为单位；m 是质量，以 g 为单位。

2. 相对离心力（relative centrifugal force，RCF） 又称相对离心加速度，是实际离心场转化为重力加速度的倍数。

$$RCF = \frac{F_c}{F_g} = \frac{m\omega^2 x}{mg} = \frac{\omega^2 x}{g} = \frac{(2\pi n/60)^2}{980} \cdot x = 1.118 \times 10^{-5} \cdot n^2 \cdot x$$

式中 x 为离心转子的半径距离，以 cm 为单位；g 为重力加速度；n 为转子每分钟的转数（r/min）。

由于各种离心机转子的半径或者离心管至旋转轴中心的距离不同，离心力随之变化，因此在文献中常用"相对离心力"或"数字 ×g"表示离心力，例如 100 000 ×g。只要 RCF 值不变，一个样品可以在不同的离心机上获得相同的结果。

3. 沉降系数（sedimentation coefficient，S） 根据 1924 年 Svedberg 对沉降系数下的定义：颗粒在单位离心力场中粒子移动的速度，称沉降系数。

$$S = \frac{dx/dt}{\omega^2 x} = \frac{1}{\omega^2 dt} \cdot \frac{dx}{x}$$

S 实际上常在 10^{-13}s 左右，故把沉降系数 10^{-13}s 称为一个 Svedberg 单位，以 1S 表示，例如蛋白质的沉降系数为 4.5S 即 4.5×10^{-13}s。当生物高分子或亚细胞结构的化学组成或分子量不了解时，常用沉降系数来描述其结构基础，如 1.6S、23S 和 70S 核蛋白体 RNA 等。

沉降系数的物理意义就是颗粒在离心力作用下从静止状态到达极限速度所经过的时间。

4. 沉降速度（sedimentation velocity） 沉降速度是指在离心力场作用下，单位时间内物质运动的距离。

$$\frac{dx}{dt} = \frac{2r^2(\rho_\rho - \rho_m)}{9\eta}\omega^2 x = \frac{d^2(\rho_\rho - \rho_m)}{18\eta}\omega^2 x$$

式中 r 为球形粒子半径；d 为球形粒子直径；η 为流体介质的黏度；ρ_p 为粒子的密度；ρ_m 为介质的密度。

从上式可知，粒子的是沉降速度与粒子的直径的平方、粒子的密度和介质密度之差成正比；离心力场增大，粒子的沉降速度也增加，将此式代入上项沉降系数公式中，则 S 的表示式也可表示为：

$$S = \frac{dx/dt}{\omega^2 x} = \frac{d^2}{18} \cdot \frac{(\rho_p - \rho_m)}{\eta}$$

从该式中可看出，①当 $\rho_p > \rho_m$，则 S > 0，粒子顺着离心方向沉降；②当 $\rho = \rho_m$，则 S=0，粒子到达某一位置后达到平衡；③当 $\rho_p < \rho_m$，则 S < 0，粒子逆着离心方向上浮。

5. 沉降时间（sedimentation time，Ts） 在实际工作中，常常遇到要求在已有的离心机上把某一种溶质从溶液中全部沉降分离出来的问题，这就是必须首先知道用多大的转速与多长时间可达到目的。如果转速已知，则需解决沉降时间来确定分离某粒子所需要的时间。

根据沉降系数（S）式可得，

$$S = \frac{dx/dt}{\omega^2 x} \qquad\qquad dt = \frac{1}{\omega^2 S} \cdot \frac{dx}{x}$$

积分得

$$t_2-t_1 = \frac{1}{S} \frac{\ln x_2/x_1}{\omega^2}$$

式中 x_2 为离心转轴中心至离心管底内壁的距离；x_1 为离心转轴至样品溶液弯月面之间的距离，那么样品粒子完全沉降到底管内壁的时间（t_2-t_1）用 Ts 表示，则可改为：

$$Ts = \frac{1}{S} \frac{\ln x_2 - \ln x_1}{\omega^2}$$

式中 Ts 以 h 为单位，S 以 Svedberg 为单位。

6. K 系数（K factor）　K 系数是用来描述在一个转子中，将粒子沉降下来的效率。也就是溶液恢复成澄清程度的一个指数，所以也叫"cleaning factor"。原则上，K 系数愈小，愈容易将粒子沉降。

$$K = \frac{2.53 \times 10^{11} \ln(R_{max}/R_{min})}{(n)^2}$$

其中 R_{max} 为转子最大半径；R_{min} 为转子最小半径，n 为转速由公式可知，K 系数与离心转速及粒子沉降的路径有关，所以 K 系数是一个变数。当转速改变，或离心管的液量不同，即粒子沉降的路径改变时，K 系数就改变了。通常，离心机所附的说明书提供的 K 系数，都是根据最大路径及在最大转速下所计算出来的数值。

二、分类

根据离心原理，按照实际工作的需要，目前已设计出许多离心方法，综合起来大致可分三类。

1. 平衡离心法　根据粒子大小、形状不同进行分离，包括差速离心法（differential velocity centrifugation）和速率区带离心法（rate zonal centrifugation）。

2. 等密度离心法（isopycnic centrifugation）　又称等比重离心法，依粒子密度差进行分离，等密度离心法和上述速率区带离心法合称为密度梯度离心法。

3. 经典式沉降平衡离心法　用于对生物大分子分子量的测定、纯度估计、构象变化等。

第二节　离心分离方法

一、差速离心法

差速离心法又称差级离心法，它利用不同的粒子在离心力场中沉降的差别，在同一离心条件下，通过不断增加相对离心力，使一个非均匀混合液内的大小、形状不同的粒子分步沉淀。操作过程是：在第一次离心后用倾倒的办法把上清液与沉淀分开，然后将上清液加大转速离心，分离出第二部分沉淀，如此往复加大转速，逐级分离出所需要的物质。

差速离心的分辨率不高，比较适合分离大小和密度差异较大的颗粒，而沉降系数比较接近的各种粒子不容易分开，常用于其他分离手段之前的粗制品提取。

二、速率区带离心法

速率区带离心法是根据分离的粒子在梯度液中沉降速度不同,使具有不同沉降速度的粒子处于不同的密度梯度内分成一系列区带,达到彼此分离的目的。在离心前于离心管内先装入密度梯度介质(如甘油、蔗糖、KBr、CsCl等),待分离的样品铺在梯度液上面,同梯度液一起离心。离心后在近旋转轴处(x_1)的介质密度最小,离旋转轴最远处(x_2)介质的密度最大。梯度液在离心过程中、离心完毕后以及取样时起着支持介质和稳定剂的作用,避免因机械振动而引起已分层的粒子的再混合。

该离心法的离心时间要严格控制,既有足够的时间使各种粒子在介质梯度中形成区带,又要控制任一粒子达到沉淀。如果离心时间过长,所有的样品可全部达离心管底部;离心时间不足,样品还没有分离。由于此法是一种不完全的沉降,沉降受物质本身大小的影响较大,一般是在物质大小相异而密度相同的情况下应用较多。

三、等密度离心法

等密度离心法是在离心前预先配制介质的密度梯度,此种密度梯度液包含了被分离样品中所有粒子的密度,待分离的样品先均匀地混合于梯度液中,离心开始后,当梯度液由于离心力的作用自动形成密度梯度,与此同时原来分布均匀的粒子也发生重新分布。当管底介质的密度大于粒子的密度,即 $\rho_m > \rho_p$ 时,则粒子上浮;在弯顶处 $\rho_p > \rho_m$ 时,则粒子沉降,最后粒子进入到一个它本身的密度位置即 $\rho_p=\rho_m$,此时 dx/dt 为零,粒子不再移动,粒子形成纯组分的区带,与样品粒子的密度有关,而与粒子的大小和其他参数无关,因此只要转速、温度不变,则延长离心时间也不能改变这些粒子的成带位置。

该法一般应用于物质的大小相近,而密度差异较大时。常用的梯度液是 CsCl。

作为一种理想的梯度材料应具备以下几点:①与被分离的生物材料不发生反应即完全惰性,且易与所分离的生物颗粒分开;②可达到要求的密度范围,且在所要求的密度范围内,黏度低,渗透压低,pH 和离子强度变化较小;③不会对离心设备发生腐蚀作用;④容易纯化,价格便宜或易回收;⑤浓度便于测定;⑥对于超速离心分析工作来说,它的物理性质、热力学性质应该是已知的。这些条件是理想条件,完全符合每种性能的梯度材料几乎没有。下面介绍几种基本上符合上诉原则的材料包括以下几种:①糖类[甘油、蔗糖、聚蔗糖(ficoll)、右旋糖酐、糖原];②无机盐类(CsCl、RbCl、NaCl、KBr 等);③有机碘化物[三碘苯甲酰葡萄糖胺(matrizamide)等];④硅溶液(如 Percoll);⑤蛋白质(如牛血清白蛋白);⑥重水;⑦非水溶性有机物(如氟化碳等)。

第三节 离心机的结构与分类

离心机的种类很多,就其用途可分为分析式和制备式两大类。

一、制备型离心机

制备式离心机主要用于对不同密度、不同形态的物质微粒进行分离提纯。按转速(机器制定的最高转速)高低可分为低速离心机、高速离心机和超速离心机三种类型。习惯上

把转速低于 6 000r/min 以下的离心机称为低速离心机,转速为 10 000~25 000r/min 的称为高速离心机,转速超过 30 000r/min 的称为超速离心机。

(一)低速离心机

离心时对称位置的离心管及其内容物的总重量要精确称重平衡。不完全装载时,离心管必须安置在对称位置上保持平衡,以使负载均匀地分布在转轴上。在离心过程中,离心机的温度会逐渐升高,为了防止生物标本在离心过程中发生热变性,有些离心机装有冷冻装置,称为低温离心机。这种离心机特别适用于酶和蛋白质标本的分离。

(二)高速离心机

高速离心机的最大 RCF 为 89 000×g。由于高速旋转,空气和转子间因摩擦力而产生热效应,因此必须配备冷冻装置以保证分离在一定允许温度范围里进行,同时也可保证仪器本身的安全。

(三)超速离心机

制备型超速离心机的转速在 30 000r/min 以上,至今商售离心机的转速最大可达 85 000r/min,最大 RCF 在 51 000×g 以上。其转子腔保持冷冻和真空状态,使摩擦力产生的热效应降低到最低程度。为了减小转子振荡,离心机中装有可柔曲的驱动系统。超速离心时,对称位置的离心管质量需要精确的平衡。制备型超速离心机常用于分离亚细胞结构。

二、分析型超速离心机

分析型超速离心机(analytical superspeed centrifuge)主要用于观察、分析物质微粒在离心时的运动状况,从而测定该物质的一些相关物理特性。其最大转速达 70 000r/min,最大 RCF 为 500 000×g,它是研究生物大分子沉降特性和结构的重要工具。通过摄影、电子系统来观察沉降粒子在离心中的行为,根据这些结果可以测定沉降粒子的一些物理特性。

分析型超速离心机具有以下特点:①转速高,离心力大;②可以选择转速;③可以选择转子腔的温度;④可以监测离心过程中的变化。

(一)分析型超速离心机的应用

1. 测定生物大分子的相对分子重量 超速离心在高速中进行,这个速度使得任意分布的颗粒通过溶剂从旋转的中心辐射地向外移动,在清除了颗粒的那部分溶剂和尚含有沉降物的那部分溶剂之间形成一个明显的界面,该界面随时间的移动而移动,这就是粒子沉降速度的一个指标,然后用照相记录,即可求出粒子的沉降系数。

2. 生物大分子的纯度估计 分析性超速离心已广泛应用于研究 DNA 制剂、病毒和蛋白质的纯度。

3. 分析生物大分子中的构象变化 分析性超速离心已成功的用于检测大分子构象的变化。例如 DNA 可能以单股或双股出现,其中每一股在本质上可能是线性的,也可能是环状的。如果遇到某种外界因素(温度或有机溶剂)改变,DNA 分子可能会发生一些构象上的变化,这些变化或可逆,或不可逆,这些构象上的变化可以通过检查样品在沉降速度上的差异来证实。

(二)分析型超速离心机的基本结构

分析式离心机比制备式的在结构上要复杂一些,主要是增加了光学测试、照相或打印和绘图装置。基本结构主要由一个椭圆形的转子、一套真空系统和一套光学系统所组成。该转子通过一个柔性的轴联接成一个高速的驱动装置,此轴可使转子在旋转时形成自己的轴。转子在一个冷冻的真空腔中旋转,其容纳 2 个小室:分析室和配衡室。配衡室是一个经过精密加工的金属块,作为分析室的平衡用。分析室呈扇形排列在转子中,其工作原理与一个普通水平转子相同。分析室有上下两个平面的石英窗,离心机中装有的光学系统可保证在整个离心期间都能观察小室中正在沉降的物质,可以通过对紫外光的吸收(如对蛋白质和 DNA)或折射率的不同对沉降物进行监视。图 5-2 是分析性超速离心系统的示意图。

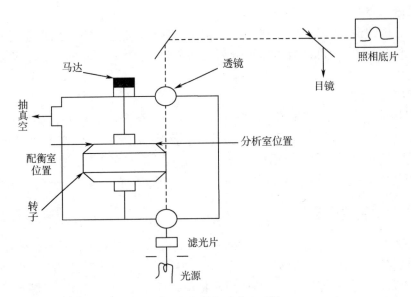

图 5-2 分析性超速离心系统

(韩 瑞)

第六章　分子生物学基本技术

分子生物学是从分子水平研究生物大分子的结构与功能从而阐明生命现象本质的科学,是21世纪学科发展的主流,已渗透到生命科学的各个领域。分子生物学技术种类繁多,主要用于对核酸或蛋白质结构与功能的分析探究。随着生命科学研究的不断深入,新技术、新方法不断涌现。本章侧重论述与核酸有关的分子生物学基本技术。

第一节　核酸分子杂交技术

一、核酸杂交的基本原理

核酸分子杂交技术是在 DNA 变性和复性的基础上建立起来的一种分子生物学技术,即具有一定同源性的两条 DNA 链或两条 RNA 链或一条 DNA 链和一条 RNA 链,按照碱基互补配对的原则缔合成异质双链的过程。核酸分子杂交实质上包括两步反应即核酸变性和复性。杂交分子的形成并不要求两条单链的碱基序列完全互补,只要两条链具有一定的同源性即一定程度的互补序列,就可以形成杂交链。因而,同源或异源的 DNA 和 DNA、DNA 和 RNA、RNA 和 RNA,以及人工合成的寡核苷酸单链与 DNA 或 RNA 单链之间都可能形成杂交分子。

二、核酸探针

核酸探针是指能与特定核苷酸序列发生特异性互补杂交,杂交后可以用特殊方法检测的已知被标记的核酸分子。核酸探针的制备包括设计、标记、纯化和检测四个步骤。

(一)核酸探针的设计

根据来源和性质的不同,核酸探针可分为基因组 DNA 探针、cDNA 探针、RNA 探针和人工合成的寡核苷酸探针等几类。根据实验的目的和要求,可设计不同类型的核酸探针,探针的设计和选择是影响分子杂交实验成功与否的重要环节。

基因组探针来源于某种生物的基因组,多为某一基因的全部或部分序列。这类探针可以采用基因克隆和聚合酶链反应(PCR)直接获得,制备方法简单快捷。DNA 探针不易降解,标记方法也比较成熟。cDNA 探针由于不存在内含子和高度重复序列,尤其适用于基因表达的研究。但是,由于 cDNA 的合成受核糖核酸酶(RNase)的影响,cDNA 探针的制备有一定的难度。与前两者相比,RNA 探针的优势在于 RNA 分子大多以单链形式存在,在杂交过程中避免了互补链的竞争结合,使杂交效率明显提高。同时,未反应的探针可用 RNase 去除,降低了本底干扰。但是由于RNA探针易降解且标记方法复杂,因此限制了其广泛应用。

寡核苷酸探针是应用DNA合成仪人工合成的寡核苷酸片段。这类探针具有以下特点:①序列简单,长度一般为10~50bp,杂交效率较高;②可以识别靶序列中一个碱基的变化,尤其适合点突变的检测;③可以按照人为需要合成相应核酸序列,如在序列中加入特定酶切位点。寡核苷酸探针短而简单,为了保证杂交反应的高度特异性,必须对其碱基序列进行精心的设计,其设计原则是:①探针的长度在10~50bp之间;② G/C含量为40%~60%;③同种碱基不能连续出现4次以上,如—GGGGG—或—TTTTT—;④序列内部要避免出现"茎环"结构;⑤符合上述要求后,借助相应计算机软件将探针序列与各种已知基因序列进行同源性比对,同源性不得超过70%或不能存在8个以上连续碱基同源,否则必须重新设计。

(二)核酸探针的标记

为了实现对杂交分子的有效检测,必须用特殊的标记物对探针分子进行标记。根据标记物的特性可分为放射性同位素标记和非同位素标记两大类。

1. 放射性同位素标记 同位素标记探针检测灵敏度高、特异性强,并且对各种酶促反应几乎无影响,也不影响碱基配对的特异性和稳定性。但是在杂交实验过程中,当标记物活性极高时,其放射线可能对核酸分子结构造成破坏,同时会对周围环境造成放射性污染。

常用来标记探针的同位素有^{32}P、^3H、^{35}S、^{131}I、^{125}I等。选择何种同位素作为标记物,除了考虑各种同位素的物理性质外,还需考虑标记方法和检测手段。放射性同位素标记探针的方法有缺口平移法、随机引物法、末端标记法和聚合酶链反应(PCR)标记法等。

(1)缺口平移法(nick translation):该方法简便快捷,标记探针比活性均一,只适用于双链DNA片段的标记。首先利用脱氧核糖核酸酶I(DNase I)对双链DNA分子进行消化,产生若干个缺口,再在大肠杆菌DNA聚合酶I的催化下,以一种被标记的dNTP为原料,在缺口游离的3′-OH末端逐个加入新的dNTP。同时大肠杆菌DNA聚合酶I发挥5′→3′核酸外切酶活性,将缺口5′端的核苷酸逐个切除,最终使得缺口沿5′→3′方向发生移动。该方法的本质就是用标记核苷酸取代了原来DNA链中不带标记的核苷酸。

(2)随机引物法(random priming):该方法是以单链DNA或RNA为模板合成高比活性探针的方法。其基本方法是使寡核苷酸片段随机结合于单链DNA或RNA分子上,然后在反应体系中加入大肠杆菌DNA聚合酶I的Klenow大片段和一种被标记的dNTP,以寡核苷酸片段为引物,按照碱基互补配对原则,沿5′→3′方向合成模板的互补链即标记探针。通过变性使探针与模板解离,最终可得到若干大小不等的探针分子。需要注意的是标记探针的长度与加入随机引物的量成反比;另外,标记探针是单链DNA或RNA模板的互补链。

与缺口平移法相比,随机引物法适用范围较广,既可用于双链DNA分子标记,也可用于单链DNA或RNA分子标记,并且标记探针的比活性相对较高。

(3)DNA探针的末端标记:该方法标记探针的比活性不高,标记物分布不均匀仅存在于DNA分子的3′或5′末端,但这种标记方法可得到全长DNA片段,主要用于DNA序列测定等实验。

DNA探针的末端标记主要包括两种方法:

1)Klenow大片段末端标记法:首先利用限制性核酸内切酶切除双链DNA分子3′端,使其产生5′黏性末端,然后加入Klenow DNA聚合酶和一种被标记的dNTP,最终产生3′末端被标记的DNA探针。

2)T4 多核苷酸激酶标记法：该方法使用于寡核苷酸探针的标记，其基本原理是用碱性磷酸酶切除 DNA 双链分子或 RNA 分子 5′ 末端的磷酸基团，使其产生游离 5′-OH 末端，然后以 γ-³²P-ATP 为底物，利用 T4 多核苷酸激酶，将其 γ-³²P 转移至 DNA 或 RNA 分子的 5′-OH 末端。

2. 非同位素标记　由于放射性同位素对人体的损伤和环境的污染，大大促进了非同位素标记探针的研发和应用。目前，常用的非放射性标记物有生物素（biotin）、光敏生物素（photo-biotin）、地高辛（digoxigenin）、荧光素等。

非同位素标记探针的方法分为两大类：①酶促反应标记法，其基本原理是将标记物预先标记在 NTP 或 dNTP 上，然后利用酶促反应（缺口平移法或随机引物法）将标记物掺入到探针分子中。该标记方法灵敏度高，但标记过程较复杂，成本较高。②化学修饰标记法，即利用标记物分子上的活性集团与探针分子上的某些基团发生化学反应，将标记物直接结合到探针分子上。化学标记法简单便捷，成本较低，是目前较为常用的标记方法。

（三）标记探针的纯化

标记反应结束后，反应系统中仍存在未掺入到探针中去的 dNTP 及一些非特异性的小分子物质。在进行杂交反应之前必须将这些杂质物质去除，否则可能会影响杂交反应结果的真实性。常用的标记探针的纯化方法有凝胶过滤层析法和乙醇沉淀法。

（四）探针的检测

放射性同位素标记探针的检测多采用放射自显影或液闪计数的方法，而非放射性探针的检测方法较前者复杂，通常采用两步法：①偶联反应，即使标记探针与检测体系发生偶联，生成能与显色系统作用的中间物质；②显色反应，常采用的显色方法有酶促显色法（碱性磷酸酶显色体系或辣根过氧化物酶显色体系）、荧光显色法、化学发光法。

总之，探针的标记和检测方法很多，各有特点和适用范围，因而必须根据实验条件和要求进行综合考虑。

三、Southern 印迹杂交

Southern 印迹杂交（Southern blotting）是由 Edwen Southern 在 1975 年发明的一种膜上检测 DNA 的杂交技术。其基本方法是首先用一种或多种限制性内切酶对待测 DNA 样品进行消化，消化后的片段通过标准琼脂糖凝胶电泳按大小分离。然后将 DNA 片段进行原位变性（碱变性），再从凝胶中转移到固相支持物上（通常为硝酸纤维素膜或尼龙膜）。附着于固相支持物表面的 DNA 片段可与标记的 DNA、RNA 探针或寡核苷酸探针杂交，通过特定的检测方法确定与探针互补杂交的 DNA 片段的大小及序列特征。该技术已广泛应用于分子生物学研究的各个领域，例如基因克隆的筛选、基因突变的分析以及特定 DNA 片段的定性和定量检测等。

Southern 印迹杂交关键环节是将经电泳分离的 DNA 片段转移到固相支持物上，即核酸印迹转移，下面介绍三种转移方法：

1. 毛细管转移法　该方法由 Southern 于 1975 年建立，是最传统的 DNA 转移方法。其原理是利用毛细管虹吸作用由转移缓冲液带动核酸分子由凝胶转移至固相支持物上。如图 6-1 所示：含有高浓度盐的转移缓冲液 [20 × SSC（standard saline citrate）]，通过上层滤纸的毛细管虹吸作用上升，形成经滤纸桥、滤纸、凝胶、固相膜自下而上的液体流，凝胶上的核酸被携带移出而滞留在膜上。核酸转移的速率主要取决于核酸片段的大小、凝胶的浓度及厚度。一般来说,核酸片段越小,凝胶越薄,浓度越低,转移的速度就越快。转移后将固相膜用 6×SSC 冲洗以除去凝胶碎块,用滤纸吸干,80℃真空干燥 2h(或尼龙膜可用紫外交联)固定,4℃保存,硝酸纤维素膜需用铝箔包好真空保存,尼龙膜则需用塑料薄膜密封保存备用。

毛细管转移法转膜时间长,效率不高,尤其对于分子量较大的核酸片段,且不适合聚丙烯酰胺凝胶中核酸的转移。但由于不需特殊设备,操作简单,重复性好,目前仍是实验室最常采用的转移方法之一。

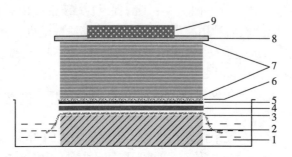

1. 转移缓冲液;2. 支持平台;3. 滤纸;4. 凝胶;5. 固相膜;6. 滤纸;
7. 吸水纸;8. 玻璃板;9. 重物。

图 6-1　毛细管转移核酸示意图

2. 电转移法　电转移法是利用电泳作用将凝胶中的变性 DNA 片段转移至固相支持物上的一种新的转移方法。完全转移所需的时间取决于 DNA 片段的大小、凝胶的孔隙度以及外加电场的强度,通常 2~3h 可转移完毕。

需要注意的是:①固相支持物不能选用硝酸纤维素膜。因为核酸结合到此类膜上,要求缓冲溶液的离子强度要高,而高离子强度的电泳缓冲液的导电性极强,必须采用大体积来保证系统的缓冲容量不会因电解而耗尽,同时会因电泳过程产热过多而对 DNA 造成损伤;②因为电转移需要相对较大的电流,故需要配备冷凝装置,使电泳缓冲液维持一定的温度,保证 DNA 片段的有效转移。

3. 真空转移　在真空条件下,DNA 或 RNA 可以快速并定量地从凝胶中转移出来。目前已有多种真空转移的商品化仪器,它们的作用原理相似,即将硝酸纤维素膜或尼龙膜置于真空室上方的多孔屏上,再将凝胶置于膜上,通过低压真空泵在转移装置下形成负压,使缓冲液从装置上部一个储液池内流出,将凝胶中的 DNA 片段洗脱出来而沉积在滤膜表面。

与毛细管转移法相比,真空转移法更加简便、快捷,30min 即可完成,而且杂交信号会增强 2~3 倍。但如果在洗膜过程中操作不严格,会导致背景干扰比较强。

为了提高杂交反应的特异性,往往将 DNA 片段成功转移后首先进行预杂交,其目的是利用非特异性的 DNA 分子将待测 DNA 片段上的非特异性结合位点全部封闭。

四、Northern 印迹杂交

Northern 印迹杂交(Northern blotting)是于 1979 年,由 J.C.Alwine 等人建立的一种用于检测特异 RNA 片段的印迹杂交技术。经过不断改进和完善,该技术目前已成为研究真核细胞基因表达的基本方法。Northern 印迹杂交原理与 Southern 印迹杂交相似，其基本步骤为：①提取组织总 RNA 作为检测样品；②变性电泳；③转膜；④预杂交；⑤ Northern 杂交；⑥杂交分子检测；⑦结果分析。

需要注意的是，与 Southern 印迹杂交中的碱变性方法不同，Northern 印迹杂交采用变性剂来去除 RNA 分子内部形成的"发夹"式二级结构，具体方法有两种：①乙二醛 / 甲酰氨对 RNA 变性，然后进行琼脂糖凝胶电泳；②用甲醛和二甲基亚砜对 RNA 进行预处理，在含 2.2mol/L 甲醛凝胶中电泳。

在变性过程中，乙二醛的两个乙醛基与 RNA 鸟苷的亚氨基相互作用形成环状化合物，抑制了链内氢键的形成。在室温下 pH ≤ 7.0 时，这种化合物一旦形成就很稳定，因此不需要在琼脂糖凝胶中加入乙醛。甲醛与 RNA 谷氨酸残基的单亚氨基基团形成不稳定的 Schiff 碱基对，同样阻止链内氢键的形成而使 RNA 维持变性状态。但 Schiff 碱基对不稳定，容易被稀释除去，因此必须在缓冲液或凝胶中加入甲醛以维持 RNA 的变性状态。含有甲醛的琼脂糖凝胶柔韧性更低，更易碎，因此在转移凝胶时必须要小心。另外，甲醛具有很高的毒性，可被吸入或与皮肤接触。但因其变性 RNA 比乙二醛处理后的 RNA 在转膜过程中更容易从凝胶中分离，因此甲醛凝胶电泳仍是分离 RNA 的一种普遍采用的方法。

第二节 聚合酶链式反应技术

聚合酶链式反应（polymerase chain reaction，PCR）技术是美国 K.B.Mullis 等人于 1985 年发明的一种快速体外 DNA 片段的扩增技术，简称 PCR 技术。该项技术具有灵敏度高、产率高、操作简便、快速、重复性好和易自动化等优点，是一项重要的分子生物学实验技术。PCR 技术的出现极大地促进了分子生物学以及生物技术产业的发展并已广泛应用到生命科学的各个领域。

一、PCR 技术的基本原理

PCR 技术是一种模拟体内天然 DNA 复制过程的体外酶促合成特异性核酸片段技术。它以待扩增 DNA 的两条链为模板、一对人工合成并且与靶序列两端互补的寡核苷酸为引物、四种 dNTP 为原料，通过 DNA 聚合酶的酶促反应，在体外进行特异 DNA 序列的扩增。PCR 反应的全过程主要由 DNA 模板的变性（denaturation）、模板 DNA 与引物的退火（annealing）、引物的延伸（extension）三个基本步骤组成。

1. DNA 模板的变性　待扩增的模板 DNA 在高温条件下（94℃左右）变性，双链解开成为单链模板。

2. 模板 DNA 与引物的退火　模板 DNA 经加热变性成单链后，将系统反应温度下降至适宜温度（55℃左右），引物与模板 DNA 单链的互补序列配对结合，形成局部双链。由于 PCR 反应体系中引物的拷贝数远远多于模板 DNA 的拷贝数，因而引物与模板 DNA 形成复合物的概率要大大高于模板 DNA 两条单链的重新结合。只要严格地控制退火的条件，退火过程倾向于形成引物与模板的复合物。

3. 引物的延伸　将系统反应温度升至中温（72℃左右），在耐热 DNA 聚合酶作用下，从引物 3′ 末端开始，以四种 dNTP 为原料，以变性后的单链 DNA 为模板，按照碱基互补配对的原则,合成与模板互补的 DNA 链。

以上的三个步骤构成一个循环,每一个循环所产生的 DNA 均能作为下一个循环的模板,经过多次循环后(一般 30 次循环),介于两引物之间的特异 DNA 片段得到大量扩增,数量可达到 $10^6 \sim 10^7$ 拷贝。

二、PCR 反应体系的组成及反应条件的优化

PCR 反应体系由模板 DNA 或 RNA、人工合成的寡核苷酸引物、耐热 DNA 聚合酶、四种脱氧核苷三磷酸(dNTP)、缓冲液五部分组成。反应体系中的各个组分和反应过程中温度循环参数的设置等反应条件均能影响 PCR 的结果,因此需要对 PCR 的反应条件进行优化,以确保 PCR 结果的准确可靠。

1. 模板(template) DNA 或 RNA 均可作为 PCR 反应的模板。若是 RNA,须先通过逆转录过程获得 cDNA 后才能进行正常的 PCR 扩增。PCR 模板来源广泛,可从纯培养的微生物或细胞中提取,也可从临床标本(血、尿、便、痰、体腔积液、病理组织等)、犯罪现场标本(血斑、精斑、毛发等)等中提取。无论标本来源如何,待扩增核酸一般都需要进行纯化,以除去干扰 PCR 反应的蛋白酶、核酸酶、DNA 聚合酶抑制剂以及能结合 DNA 的蛋白质等。

PCR 技术具有灵敏度高的特点,理论上可以用极微量样品(甚至是来自单一细胞的 DNA)作为模板,但为了保证反应的特异性,一般宜用纳克水平的质粒 DNA、微克水平的染色体基因组 DNA 或 10^4 拷贝的待扩增 DNA 片段做模板材料。

2. 引物(primers) PCR 引物是人工合成的一对寡核苷酸序列,能与模板 DNA 待扩增区两侧的碱基序列互补。引物决定了 PCR 反应的特异性,是决定 PCR 结果的关键,因此其设计在 PCR 反应中极为重要。通常引物设计要遵循以下几项原则。

(1)引物长度:以 15~30 个碱基为宜,常用的引物是 18~24 个碱基。引物过短,就可能与非靶序列退火而得到非特异的扩增产物;引物过长,反应效率下降,产量降低。

(2)引物碱基 G+C 含量与碱基分布:G+C 含量以 40%~60% 为宜,过高或过低均不利于扩增反应。两个引物中的 G+C 含量应尽量相似。四种碱基最好随机分布,应尽量避免 4 个以上的单一碱基连续出现。

(3)引物自身与引物之间:引物自身不应存在互补序列,以免自身折叠形成发夹样二级结构,从而影响引物与模板的退火;两个引物之间也不应具有互补性,以避免形成引物二聚体。

(4)引物 3′ 端:引物的延伸是从 3′ 端开始的,所以引物的 3′ 端不能进行任何修饰,也不能形成任何二级结构,否则不能进行有效的延伸。引物 3′ 端应与模板严格配对,以保证 PCR 反应的特异性。另外,如果扩增编码区域,引物 3′ 端要尽量避开密码子的第 3 位,因为密码子第 3 位易发生简并,会影响扩增的特异性与效率。

(5)引物 5′ 端:引物 5′ 端决定 PCR 产物的长度,它可以被修饰而不会影响扩增的特异性。对引物 5′ 端的修饰包括:引入酶切位点;加生物素或荧光素标记;引入蛋白质结合 DNA 序列;引入突变位点;引入启动子序列等。

(6)引物的特异性:引物与其他非目的 DNA 序列同源性不超过 70%。3′ 末端不要有连续 8 个碱基与非目的基因序列同源。

(7)扩增区域:模板 DNA 的某些区域具有高度复杂的二级结构,在设计引物时,应尽可

能避开这些区域。

引物设计是否合理可用引物设计软件进行分析。

除在设计引物时应遵循的原则外,人工合成后的引物还需经聚丙烯酰胺凝胶电泳或反向高压液相层析进行纯化,以除去未能合成至全长的短链等杂质。另外,在进行 PCR 反应时,应加入合适的引物浓度,其终浓度一般为 0.2~0.5μmol/L。引物浓度过高会诱发产生非特异产物并增加引物二聚体的形成;浓度过低,PCR 扩增效率或产物量则降低,甚至扩增失败。

3. 耐热 DNA 聚合酶　PCR 反应须在高温条件下将模板 DNA 变性,而普通的 DNA 聚合酶不耐热,高温会使之变性失活,因此普通的 DNA 聚合酶不能耐受 PCR 操作过程中变性反应的高温过程。为了解决这一 PCR 技术中的关键问题,人们大胆设想,自然界中存在多种能够耐受高温的生物,其中包括大量的耐热细菌,这些生物必然是利用能够耐热的 DNA 聚合酶来复制它们自身的 DNA 序列,进行繁殖传代。按照这一科学的逻辑推理,人们从自然界中分离到多种耐热 DNA 聚合酶,其中来自嗜热水生菌的 *Taq* DNA 聚合酶是目前在 PCR 中应用最广泛的耐热 DNA 聚合酶,该酶最大的特点就是能够耐受高温,对于 90~94℃的高温具有较强的耐受性。但该酶无 $3' \rightarrow 5'$ 外切酶活性,缺乏校读功能,因此,属于低保真度的聚合酶,在 PCR 延伸时,错误核苷酸的掺入率较高。对于 PCR 的忠实性要求很高时(如用于分子克隆),应使用具有 $3' \rightarrow 5'$ 外切酶活性的、高保真度的耐热 DNA 聚合酶,如 *Vent*DNA 聚合酶、*Pfu*DNA 聚合酶等。

在 100μl 的 PCR 反应体系中,一般所需 *Taq* DNA 聚合酶的量为 0.5~5U,通常加入的酶量为 2.5U。酶量过多易产生非特异性产物;酶量过低,反应效率下降。但是,不同的公司或不同批次的产品常有很大的差异。由于酶的浓度对 PCR 反应影响极大,因此,应作预试验或使用厂家推荐的浓度。

4. dNTP　dNTP(N=A、C、G、T)的质量与浓度和 PCR 扩增效率有密切关系。PCR 反应中每种 dNTP 的终浓度一般为 50~200μmol/L,浓度过高易产生错误掺入,浓度过低又会降低 PCR 产物的产量,尤其应注意四种脱氧核苷三磷酸的浓度应相同(等摩尔配制)。此外,dNTP 能与 Mg^{2+} 结合,使游离的 Mg^{2+} 浓度降低。因此,dNTP 的浓度会直接影响到 PCR 反应中起重要作用的 Mg^{2+} 浓度。

5. 缓冲体系　目前 PCR 的标准缓冲液含:50mmol/L KCl、10mmol/L Tris-HCl(pH 8.3,20℃)、1.5mmol/L $MgCl_2$(均为反应的终浓度)。PCR 的缓冲液一般制成 10× 缓冲液。

(1)KCl:K^+ 浓度在 50mmol/L 时能促进引物退火,浓度高于 75mmol/L 时 *Taq* DNA 聚合酶的活性明显受到抑制。有些缓冲液以 NH_4^+ 代替 K^+,NH_4^+ 的浓度为 16.6mmol/L。

(2)Tris-HCl 缓冲液:主要用于维持反应体系的 pH,使反应体系呈偏碱性,以发挥 *Taq* DNA 聚合酶活性。

(3)$MgCl_2$:Mg^{2+} 影响 PCR 反应的多个方面,如 *Taq* DNA 聚合酶的活性依赖 Mg^{2+},引物的退火也受 Mg^{2+} 的影响,因此,Mg^{2+} 的浓度是决定 PCR 反应特异性及产物量的重要因素。通常,较高的 Mg^{2+} 浓度可以增加产量,但也会增加非特异性扩增;Mg^{2+} 浓度过低,产物量减少。

Mg^{2+} 可与负离子或负离子基团,如磷酸根结合。在 PCR 反应体系中,DNA 模板、引物和 dNTP 等均含磷酸根,尤以 dNTP 所含磷酸根占比例最大。因此,反应体系中游离 Mg^{2+} 的浓度在很大程度上受 dNTP 浓度的影响。通常情况下,反应体系中 Mg^{2+} 的终浓度至少比总

dNTP 的终浓度高 0.5~1.0mmol/L。此外,若样品中含 EDTA 或其他能与 Mg^{2+} 螯合的物质以及在高浓度 DNA 条件下进行反应时,可适当增加 Mg^{2+} 的浓度,一般以 1.5~2.0mmol/L 的终浓度较好,但对不同的反应体系,应在模板 DNA、引物和 dNTP 浓度及 PCR 循环参数确定的条件下优化选择。

应注意,有些 PCR 缓冲液中不含 Mg^{2+},在反应体系中需另加适量的 Mg^{2+};有些 PCR 缓冲液中含有 100μg/ml 的牛血清白蛋白(BSA)、0.01% 的明胶、0.05%~0.1% Tween 20 或 5mmol/L 的二硫苏糖醇(DTT),这些成分均有助于维持 *Taq* DNA 聚合酶的稳定性。

6. 温度循环参数

(1)变性:PCR 变性一步是 PCR 反应进行的基础,此步若不能使模板和 / 或 PCR 产物变性,PCR 就不会启动。通常在第一轮循环前,需在高温条件(一般为 94℃ 5~10min)下进行预变性,以使模板 DNA 完全解链。进入 PCR 循环后,典型的变性条件是 94℃ 30s。变性温度低、时间短,则变性不完全,DNA 双链会很快复性,导致产物量减少;但过高的变性温度或高温变性持续时间过长,会导致 *Taq* DNA 聚合酶活性的损失。对于富含 GC 的序列,可适当提高变性温度。

(2)退火:退火温度是影响 PCR 反应的一个关键参数,其决定着 PCR 反应的特异性。退火温度过低,会导致引物二聚体和非特异性产物的形成;较高的退火温度可提高反应特异性,但过高的退火温度会阻碍引物与模板的结合,降低扩增效率。

退火温度与时间通常取决于引物的碱基组成、长度和浓度。合适的退火温度一般应比引物 T_m 值低 5℃。引物长度为 15~25 个碱基时,引物 T_m 可根据下式计算:

$$T_m = 4(G+C) + 2(A+T)$$

在 T_m 值允许范围内,选择较高的退火温度可大大减少引物和模板间的非特异性结合,提高 PCR 反应的特异性。退火时间一般为 30~60s。

(3)延伸:延伸温度一般选择在 70~75℃ 之间,在该温度范围,*Taq* DNA 聚合酶具有较高活性。常用的延伸温度为 72℃。PCR 延伸反应的时间,可根据待扩增片段的长度而定,一般 1kb 以内的 DNA 片段,延伸时间为 1min。3~4kb 的片段需 3~4min;扩增 10kb 片段需延伸至 15min。延伸时间过长会导致非特异性扩增带的出现。对低浓度模板的扩增,可适当延长延伸时间。

一般在扩增反应完成后,都需要一步较长时间(约 10min)的末端延伸反应,以获得尽可能完整的产物,这对以后进行克隆或测序反应尤为重要。

(4)循环次数:循环次数决定着扩增程度。在其他参数均已优化的条件下,最适循环次数主要取决于模板 DNA 的浓度。在初始模板数量为 3×10^5、1.5×10^4、1×10^3 和 50 拷贝分子时,其循环次数可分别为 25~30、30~35、35~40 和 40~45 个循环。循环次数过多,会使 PCR 产物中非特异性产物大量增加。当然,循环次数太少,PCR 产物量就会极低。

三、PCR 扩增产物的分析

PCR 扩增反应完成后,必须对扩增产物进行严格的分析与鉴定,才能确定是否得到了准确可靠的预期特异性扩增产物。PCR 产物的分析,可根据研究对象和研究目的不同而采用不同的分析方法。主要的分析方法有:凝胶电泳分析、限制性核酸内切酶酶切分析、分子杂交和核酸序列测定等。

（一）凝胶电泳分析

凝胶电泳是根据产物的相对分子质量大小进行分析,是检测 PCR 产物最常用和最简便的方法之一。通过观察 PCR 产物的电泳带及其位置,并与脱氧核糖核酸分子量标准(DNA marker)比较,以初步判断产物的特异性。PCR 产物片段的大小应与预期的一致。在某些情况下,电泳分析即可满足检测的需要。凝胶电泳主要有琼脂糖凝胶电泳和聚丙烯酰胺凝胶电泳。

1. 琼脂糖凝胶电泳　这是实验室最常采用的检测方法,简便易行。其基本原理是:不同大小的 DNA 分子通过琼脂糖凝胶时,由于泳动速度不同而得以分离。通常采用 1%~2% 的琼脂糖凝胶进行电泳,溴化乙锭(EB)染色,经紫外线照射,与 EB 结合的 DNA 分子发出荧光,据此对 PCR 产物的长度进行粗略判定。

2. 聚丙烯酰胺凝胶电泳　通常采用 6%~10% 的聚丙烯酰胺凝胶进行电泳,其分离效果比琼脂糖凝胶电泳好,灵敏度高,条带比较集中,但操作流程比琼脂糖凝胶电泳繁琐。常用于 PCR 扩增指纹图、多重 PCR 扩增、PCR 扩增产物的限制性酶切片段长度多态性分析等。

（二）酶切分析

根据 PCR 产物中存在限制性核酸内切酶的酶切位点,采用相应的内切酶进行酶切,然后将酶切产物电泳分离,以判断是否获得符合理论的片段。利用此法可以进行产物的鉴定、靶基因分型以及基因变异性研究。

（三）分子杂交

分子杂交是判断 PCR 产物特异性的有力证据,也是检测 PCR 产物碱基突变的一种有效方法。常用的杂交方法有:Southern 印迹杂交、斑点杂交等。

1. Southern 印迹杂交　在两引物之间另外合成一条寡核苷酸链(内部寡核苷酸),对其标记后作为探针,与 PCR 产物杂交。此方法可以对 PCR 产物的碱基序列组成及序列完整性进行特异性鉴定。

2. 斑点杂交　将 PCR 产物点在硝酸纤维素膜或尼龙膜上,再用内部寡核苷酸探针杂交,观察有无着色斑点,主要用于 PCR 产物特异性鉴定及基因变异分析。

（四）核酸序列分析

对 PCR 产物进行核苷酸序列测定,这是检测 PCR 产物特异性的最可靠方法。常用的技术主要有双脱氧链末端终止法和化学降解法。

四、注意事项

1. 应优化反应条件,保证反应体系中各组分的浓度和 PCR 循环参数在最适范围内。

2. PCR 反应需要在一个没有 DNA 污染的洁净环境中进行,应设立一个专用的 PCR 实验室,在超净台内进行 PCR 操作,操作前后用紫外线灯消毒。

3. 提取与纯化模板所选用的方法是造成污染的一个重要原因。一般而言,只要能够得到可靠的结果,提取与纯化的方法越简单越好。

4. 所有试剂均应没有核酸和核酸酶的污染。操作过程中均应戴手套并勤于更换。

5. PCR 试剂配制应使用高质量的新鲜双蒸水或三蒸水。

6. 成套试剂,小量分装,专一保存,防止它用。

7. 试剂或样品准备过程中都要使用一次性灭菌的塑料瓶和管子,玻璃器皿应洗涤干净并高压灭菌。

8. PCR 的样品应在冰浴上融化,并且要充分混匀。

9. 实验应设阳性和阴性对照。

第三节　基因克隆技术

基因克隆技术是分子生物学的核心技术,主要目的是获得某一基因或 DNA 片段的大量拷贝,在此基础上深入研究基因的结构和功能,获得人类所需要的基因产物或改造、创造出新的生物类型。本节主要介绍基因克隆技术的基本概念、常用的工具酶、载体及基因克隆技术的基本步骤。

一、基本概念

(一)克隆与克隆化

所谓克隆(clone)是指来自同一始祖的相同副本或拷贝的集合;获取同一拷贝的过程称为克隆化(cloning),也就是无性繁殖。通过无性繁殖过程获得的“克隆”,可以是细胞的,也可以是分子的、动物的或植物的。

(二)基因克隆

基因克隆(gene cloning)是指按照人的意愿,在体外将目的基因(感兴趣的 DNA 片段)与载体 DNA 连接,然后将重新组合的 DNA 分子导入受体细胞,并使其在受体细胞中复制扩增,以获得该目的基因的大量拷贝。目的基因可以是各种来源的遗传物质,包括同源的或异源的、原核的或真核的、天然的或人工合成的 DNA。基因克隆又称 DNA 克隆,由于是在分子水平上操作,故也称为分子克隆(molecular cloning)。

二、工具酶

在基因克隆技术中,用于切割、连接和修饰 DNA 或 RNA 的一类酶,称为工具酶,包括限制性核酸内切酶、DNA 连接酶、碱性磷酸酶、末端转移酶、反转录酶等。在所有工具酶中,限制性核酸内切酶和 DNA 连接酶具有特别重要的意义。

(一)限制性核酸内切酶

限制性核酸内切酶(restriction endonuclease)是从细菌中分离纯化的,能够识别特异的核苷酸序列,并进行切割双链 DNA 的一类内切酶。该类酶专门水解外源 DNA,而不水解自身 DNA,是分子生物学中最重要的工具酶。

1. 命名与分类　限制性核酸内切酶的命名遵循以下规则:①取其来源细菌属名的第一个大写字母和种名的第一、第二两个字母(小写)组成酶的基本名称;②若细菌有不同的株系,取其株系的第一个字母加之基本名称之后;③若一种细菌中包含几种不同的限制酶,则用大写的罗马数 Ⅰ、Ⅱ、Ⅲ 等来区分。例如,EcoRⅠ 是从 Escherichia coli 中分离的第一种酶。

根据限制性核酸内切酶的结构和作用特点的差异,可将它们分为Ⅰ、Ⅱ和Ⅲ型,基因克隆技术中常用的限制性核酸内切酶为Ⅱ型。

2. Ⅱ型限制性核酸内切酶的识别特异性　绝大多数Ⅱ型限制性核酸内切酶识别长度为 4~6 个核苷酸,其序列呈回文结构,主要功能是根据需要在特定位点上精确切割双链 DNA 分子,切割后的 DNA 片段会产生两类切口。限制酶错位切割双链 DNA 所产生的末端称为黏性末端(sticky end);平齐切割双链 DNA 所产生的末端称为平末端(blunt end)。例如 *Eco*RI 切割双链 DNA 后产生 5′ 突出的黏性末端,箭头示该酶切割位点:

$$5'—G{\downarrow}AATTC—3'$$
$$3'—CTTAA{\uparrow}G—5'$$

*Pst*I 识别和切割双链 DNA 后产生 3′ 突出的黏性末端:

$$5'—CTGCA{\downarrow}G—3'$$
$$3'—G{\uparrow}ACGTC—5'$$

*Hpa*I 识别和切割双链 DNA 后产生平末端:

$$5'—GTT{\downarrow}AAC—3'$$
$$3'—CAA{\uparrow}TTG—5'$$

无论使用何种内切酶、切割后产生何种末端,被切割的 DNA 片段总是在断点的 5′ 端带有磷酸基,3′ 端带有羟基。

(二)DNA 连接酶

DNA 连接酶(DNA ligase)是 DNA 重组中必需的一类酶,该酶分为大肠杆菌 DNA 连接酶和 T4 DNA 连接酶两种类型,前者只能连接黏性末端,而后者既能连接黏性末端又能连接平末端。

三、载体

载体(vector)是指能携带目的基因进入宿主细胞,并使其在宿主细胞内进行复制和表达的一类 DNA 分子。目的基因必须与合适的载体连接形成重组载体,才能进入受体细胞并进行复制和表达。根据载体的不同用途,可将其分为克隆载体(cloning vector)和表达载体(expression vector)两大类,前者主要用于 DNA 大量扩增,并不需要得到目的基因所编码的蛋白质,而后者则两者兼而有之,并侧重于得到蛋白质。

(一)克隆载体应具备的条件

各类载体具有不同的生物学特性,适用于不同目的基因的克隆,但载体都应具备以下几个基本条件:

1. 载体必须具有复制起始点,能在宿主细胞内独立地进行复制,并具有较高的拷贝数,以保证重组 DNA 可以在宿主细胞内得到扩增。

2. 载体上具有多种限制性核酸内切酶的单一识别位点(多克隆位点),以便外源 DNA 能通过共价键连接插入,形成重组 DNA 分子。

3. 载体应具有筛选标记,以区分阳性重组分子和阴性重组分子。选择标记包括抗药性基因、营养缺陷型及形成噬菌斑的能力等。

4. 载体分子量不宜过大,以便于 DNA 体外操作。

对于表达载体除应具备克隆载体的条件外,还应具有与宿主细胞相适应的与转录、翻译有关的 DNA 调控元件。

(二)克隆载体的种类

一般常用的载体按来源分为质粒、噬菌体和病毒,天然质粒、噬菌体和病毒都需经过人工改造才能成为合乎上述条件的载体。基因克隆中用作宿主的原核细胞主要是大肠杆菌;用作宿主的真核细胞主要是哺乳动物细胞。大肠杆菌的常用载体为质粒和噬菌体;哺乳动物细胞的常用载体为病毒载体。因为在原核细胞中进行目的基因的克隆比真核细胞要容易得多,因此克隆通常在大肠杆菌中进行,故在此仅介绍质粒和噬菌体载体。

1. 质粒 质粒(plasmid)是存在于细菌染色体外的能自我复制的共价闭合环状双链 DNA 分子。它的存在与否一般对细菌的生存没有决定性影响,但质粒携带有某些遗传信息,如对某些抗生素的抗性等,所以质粒在细菌内的存在会赋予宿主细胞一些遗传性状,以区别于不含质粒的原宿主细胞。目前实验室中常用作克隆的质粒载体包括 pBR、pUC 及 pGEM 系列等,都是人工改造过的质粒,其共同特征是具备复制基因、选择性标志和克隆位点。

pBR322 质粒是 pBR 系列中一个典型载体,其 DNA 分子中含有单个 EcoRI 酶切位点,可在此插入外源基因。此外,还含有抗四环素和抗氨苄青霉素的抗药基因,使细菌产生抗药性。该质粒还含有一个复制起始点及与 DNA 复制调控有关的序列,赋予 pBR322 质粒复制子的特征。

pUC 质粒载体拷贝数高,带有来自大肠杆菌乳糖操纵子的一部分 lacZ 基因,编码 β-半乳糖苷酶氨基端,在 lacZ 基因起始密码子后有一个多克隆位点,供插入外源基因。当外源基因插入该多克隆位点区域时,lacZ 基因失活,β-半乳糖苷酶氨基端不能合成,因此含有外源基因的细菌在含有显色底物 X-gal 的培养基上生长时,菌落呈白色。而多克隆位点无外源基因插入时,克隆载体表达的 β-半乳糖苷酶氨基端和突变型 lac⁻ 大肠杆菌宿主细胞表达的羧基端互补,具有完整的 β-半乳糖苷酶活性,水解显色底物 X-gal,菌落呈蓝色。这就是所谓的 α-互补,它便于筛选带有目的基因的阳性克隆。

2. 噬菌体 常用作克隆载体的噬菌体 DNA 主要有 λ 噬菌体和 M13 噬菌体。这类载体的优点是噬菌体转染宿主细胞的效率比质粒 DNA 转化宿主的效率高 2~3 个数量级。缺点是单一限制酶切位点较少,需经人工改造。稍早经 λ 噬菌体 DNA 改造而成的载体系统有 λgt 系统(插入型载体,适用于 cDNA 克隆)和 EMBL 系统(置换型载体,适用于基因组 DNA 克隆)。经改造的 M13 载体有 M13mp18 和 M13mp19 等,用于制备单链 DNA。

为增加克隆载体插入外源目的基因的容量,还设计有柯斯质粒载体(cosmid vector)和酵母人工染色体载体(yeast artificial chromosome vector, YAC)。

四、基本步骤

基因克隆技术的基本步骤包括:①目的基因的获取;②载体的选择;③目的基因与载体的连接;④重组 DNA 分子导入受体细胞;⑤重组 DNA 分子的筛选。其技术路线可概括为五个字,即分、选、接、转、筛。图 6-2 表示基因克隆基本步骤。

(一)目的基因的获取

被研究的某一基因或 DNA 序列称为目的基因。目的基因的制备方法主要有以下几种途径。

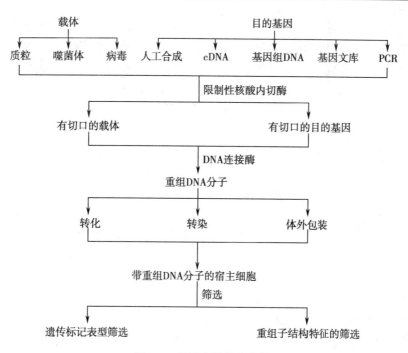

图6-2　基因克隆基本步骤

1. 人工合成法　如果已知某种基因的核苷酸序列,或已知某种基因产物的氨基酸序列,据此推导出为该多肽编码的核苷酸序列,再利用 DNA 合成仪通过化学法合成目的基因。

2. 逆转录合成 cDNA　以组织细胞中的 mRNA 为模板,利用逆转录酶合成与 mRNA 互补的 DNA(cDNA),再复制成双链 cDNA 片段。

3. 基因组 DNA　分离组织或细胞染色体 DNA,利用适当的限制性核酸内切酶切割染色体 DNA,分离目的基因。本法较适用于制备原核生物目的基因。

4. 从基因文库中获取　将某种生物的染色体 DNA 切割成基因水平的许多片段,其中即含有目的基因片段。将它们与适当克隆载体拼接成重组 DNA 分子,继而转入受体细胞扩增,使每个细胞内都携带一种重组 DNA 分子的多个拷贝。不同细胞所包含的重组 DNA 分子内可能存在该生物染色体 DNA 的不同片段。这样生长的全部转化细胞所携带的各种染色体 DNA 片段的集合就代表了该生物体的全部遗传信息。存在于所有转化的宿主细胞中,由克隆载体所携带的某种生物所有基因组 DNA 片段的集合称为该生物的基因组 DNA 文库(genomic DNA library)。该文库涵盖了该生物基因组全部基因信息,因此可从中筛选任何基因。

以某生物某组织细胞中的 mRNA 为模板,逆转录合成双链 cDNA。各个 cDNA 片段分别与适当载体连接后转入受体细胞扩增。这些由克隆载体所携带的所有的 cDNA 分子的集合就称为 cDNA 文库(cDNA library)。cDNA 文库代表这种生物该组织中的正在表达的 mRNA 基因,而不包括基因组 DNA 序列中的内含子以及其他不表达的 DNA 片段。由某组织总 mRNA 制作的 cDNA 文库包含了该组织全部 mRNA 信息,自然也含有我们感兴趣的编码 cDNA。可采用适当的方法从 cDNA 文库筛选出目的 cDNA。

5. 聚合酶链反应　如果已知某个基因的 DNA 序列,可通过聚合酶链反应(polymerase chain reaction, PCR),直接以基因组 DNA 或 cDNA 为模板,高效快速扩增目的基因片段。

(二)克隆载体的选择

待克隆的 DNA 分子必须与合适的载体连接,才能进入受体细胞进行复制扩增。目的不同,选择的载体亦不同。如 λ 噬菌体和柯斯质粒载体常用来构建基因组文库,构建 cDNA 文库和克隆较小的 DNA 片段常用 pUC 系列等质粒载体,M13 噬菌体则用来制备单链 DNA 分子。

(三)目的基因与载体的连接

在 DNA 连接酶的作用下,目的基因与载体共价连接,形成重组 DNA 分子。连接方式主要有以下几种。

1. **黏性末端的连接** 这是最方便的克隆途径。若在载体和目的基因上有相同的单或双酶切位点,可选用同一种限制性核酸内切酶切割目的基因和载体,切割后的两种 DNA 分子具有相同的黏性末端,彼此很容易按碱基互补配对原则形成氢键而黏合,然后经 DNA 连接酶催化共价连接。

2. **平末端连接** 若载体和目的基因上没有相同的酶切位点,可选用生成平末端的限制酶,切割目的基因和载体形成平末端,然后再用 T4 DNA 连接酶连接。

3. **人工接头连接** 人工接头是指人工合成的含一种或一种以上的特异的限制性核酸内切酶位点的平端双链寡核苷酸片段。人工接头连接法是指利用平端连接,将人工接头加在平端 DNA 片段(通常是目的基因)的两端,然后用人工接头中相应的限制酶切割。由此得到的带黏性末端的目的基因即可和相应黏性末端的载体连接。这是一种人工促成黏性末端连接的方法。

4. **同聚物加尾连接** 同聚物加尾是指用末端脱氧核苷酰转移酶将某种脱氧核苷酸加到目的基因 DNA 的 3′-OH 末端,合成某一相同脱氧核苷酸的尾端(如多聚 C),将与上述互补的脱氧核苷酸加到载体 DNA 的 3′-OH 末端,合成与目的基因互补的脱氧核苷酸尾端(如多聚 G),这样目的基因与载体的连接就成了黏性末端连接。人工接头连接和同聚物加尾连接均属于人工提高连接效率的方法。

(四)重组 DNA 分子导入受体细胞

为了使重组 DNA 分子扩增,需将重组体导入受体细胞。常用的受体细胞是大肠杆菌。受体细胞经特殊方法处理,使之细胞膜结构改变、通透性增加并具备接受外源 DNA 的能力,成为感受态细胞(competent cell)。通常以质粒 DNA 或以它为载体构建的重组 DNA 分子导入细菌的过程称为转化(transformation)。

(五)重组 DNA 分子的筛选

把外源基因导入到受体细胞的目的是得到我们所需要的含有目的基因的阳性重组体。重组 DNA 分子的筛选是基因克隆技术中的一个至关重要的环节。不同的载体及宿主系统,重组体的筛选方法不尽相同,概括起来有以下两大类。

1. **遗传标记表型筛选** 这是借助遗传学表型来进行筛选的方法,又称直接筛选法。重组子转化宿主细胞后,载体上的一些筛选标志基因的表达或失活,会导致细菌的某些表型改变,通过琼脂平板中添加相应筛选物质,可以直接筛选含重组子的菌落。如抗药性筛选、α-互补、插入失活、营养标记选择均属于直接筛选法,这是筛选阳性重组子的第一步。

2. **重组子结构特征的筛选** 该类方法是检测重组体克隆中是否含有目的基因的核苷酸序列,如重组子大小鉴定筛选、酶切鉴定、PCR 筛选及菌落原位杂交等,属于间接筛选法。

重组体的筛选一般先用直接筛选法进行初步筛选后,再用间接检测法进行鉴定,直到获得所需要的阳性重组体。

第四节 其他分子生物学技术

一、DNA 测序技术

DNA 序列的测定即对 DNA 分子一级结构的分析,是分子生物学中一项重要的技术。DNA 序列分析是进一步研究和改造目的基因的基础,有助于探究基因的结构与功能、基因与疾病的关系,并推动生命科学的进一步发展。Sanger 的双脱氧链末端终止法(酶法)和 Maxam-Gilbert 的化学裂解法是两种传统的、经典的 DNA 测序技术,其中 Sanger 法应用最为广泛,并已实现自动化分析。近年,随着科技的发展,又不断涌现出多种更加高效、精确的 DNA 测序技术,如焦磷酸测序、芯片测序、单分子测序等。

(一)Sanger 的双脱氧链末端终止法

Sanger 等于 1977 年提出了测定 DNA 序列的双脱氧链末端终止法,也称酶法。该法测序的原理就是利用一种 DNA 聚合酶(通常是大肠杆菌 DNA 聚合酶 I 的大片段 Klenow 或 T7 DNA 聚合酶)来延伸结合在待定序列模板上的引物,直到掺入一种双脱氧核苷酸终止。每一次序列测定由一套四个单独的反应体系构成,每个反应体系均含有四种脱氧核苷三磷酸(含标记的 dNTP)和限量的一种不同的 2′,3′- 双脱氧核苷三磷酸(ddNTP)。由于 ddNTP 缺乏核苷酸链延伸所需要的 3′-OH 基团,在反应体系中与底物 dNTP 竞争结合于与模板互补的延伸链末端,使延长的寡聚核苷酸链选择性地在 G、A、T 或 C 处终止,从而产生一系列具有共同的起始点,但终止在不同核苷酸上的大小不同的 DNA 片段。用高分辨率变性聚丙烯酰胺凝胶电泳分析这四组反应的产物,即可通过放射自显影读出 DNA 的序列。

Sanger 提出的酶法快速,简便,且目前应用 ^{35}S 标记的 dNTP 代替 ^{32}P-dNTP,可以得到更加清晰的电泳图谱,分辨率较高。

(二)DNA 测序的策略

1. 鸟枪测序法(shotgun sequencing) 又称随机法。利用限制性内切酶、超声波处理和 DNA 酶 I 降解等方法将大分子 DNA 随机切割成许多小片段,收集并将它们全部亚克隆到合适的测序载体上;小片段测序完成后,根据重叠区通过计算机拼装,即可获得靶 DNA 的序列。鸟枪测序法所得序列准确,易于自动化,但因为某些序列往往被重复测定,故测序效率较低。

2. 引物步查法(primer walking) 是一种定向测序法。从一个大片段 DNA 的一端开始按顺序进行分析,最初的序列数据是通过利用载体上的引物获得的,一旦新的序列被确认,与新获得序列的 3′- 端互补的寡核苷酸就能合成,并能以之为引物进行下一轮的双脱氧测序反应。这样,从两头向中间,序列被一步步测序。引物步查法是一种渐进式测序策略,也是最简单的一种测序策略。它适合于双脱氧测序,并绕开了亚克隆小片段 DNA 的要求,但需要合成许多引物。

3. 限制性酶切亚克隆法(restriction endonuclease digestion and subcloning) DNA 序列的信息可以从其已知的限制性内切酶位点中获得。用限制性内切酶酶切并亚克隆一个适当大小的片段,使酶切位点附近的未知片段与载体已知序列相邻,这样就可以用载体的引物去测定未知序列。该方法的关键是需要一张准确的限制性内切酶谱,并且它依赖于一套特定的亚克隆过程,而这些过程依据测序计划而不同,因此难以实现自动化分析。

我们可以利用未知片段中的少量酶切位点,每个位点作为未知片段的一个新起点,然后用引物步查法在每个方向进行测序。这种混合方法较单用引物步查法可以显著减少整个片段的测序时间。

(三)DNA 自动测序

早在 1987 年,美国 Perkin Elmer(PE)Applied Biosystems 公司就推出 DNA 自动测序仪。自动化测序仪使凝胶电泳、DNA 条带检测和分析过程全部自动化。目前,所有的商品化 DNA 自动测序仪的设计都是基于 Sanger 的双脱氧链末端终止法原理进行测序,用荧光染料标记代替传统的放射性核素标记。荧光标记物通过引物或 ddNTP 掺入到测序产物中,4 种碱基产生 4 种不同颜色的荧光反应,以单泳道或毛细管电泳就可以分辨出相应的寡核苷酸产物,通过计算机检测、分析,自动读出测定的 DNA 序列。

二、生物芯片技术

生物芯片(biochip)是指通过微加工技术和微电子技术,在固体芯片表面构建微型生化分析系统,将大量特定序列的核酸片断或蛋白质有序地固定在载体上,与标记好的待检核酸或蛋白质分子进行反应,通过检测荧光信号的强弱来判断样本中的靶分子数量,从而实现对化合物、核酸、蛋白质、细胞及其他生物组分的准确、快速和大信息量的筛检。它具有高度平行性、多样性、微型化和自动化的特性,自 1996 年世界第一块商品化的生物芯片问世以来,短短数年间即得到迅猛发展。这一技术主要应用于蛋白质组分研究、药物筛选、疾病诊断与预测、基因表达谱分析、新基因的发现、基因突变检测及多态性分析、基因组文库作图及基因测序等。

(一)生物芯片技术的原理与分类

生物芯片技术的基本原理是:将制备好的生物样品按照预先设置好的排列方式固定在经化学修饰的载体上,样品中的生物分子与载体表面结合的同时保留其原有的理化性质,利用生物分子之间的特异性亲和反应,通过特定监测系统,实现对基因、配体、抗原等生物活性物质的检测分析。生物芯片采用了微电子学的并行处理和高密度集成的概念,因此可同时并行分析成千上万种生物分子。

生物芯片依据选用的载体,检测原理和功能方面的不同,可有以下几种分类方式:

1. 按照选用载体不同可分为硅晶片芯片、玻璃芯片、塑料芯片和磁珠芯片等。
2. 根据芯片的功能可分为基因芯片、蛋白质芯片、组织芯片、细胞芯片和芯片实验室等。
3. 根据检测原理不同可分为元件型微阵列芯片、通道型微阵列芯片和生物传感芯片等新型生物芯片。

本文重点介绍基因芯片的分类、技术要点及应用。

(二)基因芯片

基因芯片(gene chip),又称作 DNA 芯片、DNA 微阵列(DNA microarray)、寡核苷酸阵列(oligonucleotide array)等,是一种最重要的生物芯片。其实质是在玻片、硅片、薄膜等载体上有序地固定大量的靶基因片段或寡核苷酸片段,形成高密度 DNA 微阵列,然后经过标记的样品核酸分子与固定在载体上的 DNA 阵列中的点进行杂交,通过检测杂交信号而获得样品分子的数量和序列信息,从而对基因序列及功能进行大规模高密度的分析研究。

基因芯片技术由于同时将大量探针固定于支持物上,所以可以一次性对大量样品进行检测和分析,从而解决了传统核酸印迹杂交(southern blotting 和 northern blotting 等)技术操作繁杂、自动化程度低、操作序列数量少、检测效率低等不足。而且,通过设计不同的探针阵列、使用特定的分析方法可使该技术具有多种不同的应用价值,如基因表达谱测定、突变检测、多态性分析、基因组文库作图及杂交测序等。

1. 基因芯片的分类　　根据基因芯片的制备方式可以将其分为原位合成芯片(in-situ synthetic genechip)和 DNA 微集列阵(DNA microarray)两大类。

原位合成芯片是采用显微蚀刻技术或压电打印技术,在芯片的特定部位原位合成寡核苷酸而制成的芯片。这种芯片的集成度比较高,可达 10 万 ~40 万点阵 /cm²。但是寡核苷酸探针合成长度较短,一般为 8~20 个核苷酸残基。因此,需要用多个相互重叠的探针片段进行检测,才能对基因进行准确的鉴定。

DNA 微集列阵是将预先制备的 DNA 探针以显微打印的方式,有序地固化于支持物表面而制成的芯片。这类芯片虽然集成度相对较低,1 万 ~10 万点阵 /cm²,但是探针的来源比较灵活,可以是合成的寡核苷酸片段、来自基因组的较长 DNA 片段,亦可以是双链或单链DNA 片段、RNA 片段。

2. 基因芯片的技术要点　　基因芯片技术是一种大规模集成的固相核酸分子杂交技术,其使用流程主要包括芯片的制备、样品的制备、核酸分子杂交反应和检测分析四个方面。

(1)芯片的制备:①支持物的预处理。目前常用的 DNA 芯片的固相支持物有实性材料和膜性材料两类。实性材料(包括玻片、硅芯片和瓷片等)在表面衍生出—OH、—NH₄ 等活性基团;膜性材料(包括尼龙膜、硝酸纤维素膜、聚丙烯膜等)通常包被氨基硅烷或多聚赖氨酸等。②原位合成芯片的制备。显微蚀刻技术利用光敏保护层进行选择性膜保护和偶联反应,在支持物表面合成较短的寡核苷酸探针;压电打印法是应用喷墨打印技术将合成寡核苷酸所需的试剂喷射到芯片表面,循环延伸合成寡核苷酸探针。③ DNA 微集列阵的制备。应用克隆的基因片段、PCR 扩增的基因片段或人工合成的 DNA 片段作为探针,采用喷墨打印或针式打印技术,由特定的高速点样机器人准确、快速的定量点样于支持物的相应位置上,再由紫外线交联或 Schiff 碱连接法固定后即得到 DNA 微集列阵。

(2)样品的制备:包括对样品进行分离纯化和扩增,获取其中的蛋白质或 DNA、RNA,并用荧光标记法标记。样品标记的质量影响芯片检测的灵敏度,因此,核酸的提取、逆转录和标记等各个环节要求严格操作。

(3)分子杂交:被标记的样品与固化于支持物表面的已知序列探针进行固 - 液杂交反应。这种杂交方式使得检测过程平行化,并且可以同时检测大量的基因序列。而且由于集成的显微化,使样本用量大为减少,杂交时间明显缩短。

(4)检测分析:靶 DNA 与探针杂交的检测方法很多,如:质谱法、光导纤维法及生物传感器法等,最常用的是激光共聚焦荧光检测法。待测靶 DNA 分子与芯片上探针列阵杂交后,荧光标记的样品结合于芯片的特定位置上,未杂交的标记 DNA 被除去,在激光的激发下,荧光标记的靶 DNA 分子产生荧光,其强度与样本中靶分子含量有一定线性关系,随后采集并检测各杂交点荧光信号。利用激光共聚焦原理可以让光路直接聚焦到样品点表面,有效防止杂质信号产生的背景噪音干扰,重复性好。

3. 基因芯片的应用 基因芯片技术可以对大量的生物样品进行平行、快速、敏感、高效的基因分析,并且在 DNA 测序、基因表达分析、基因诊断、药物筛选以及农业、食品和环境监测等领域得到了广泛的应用,也必将对人类生活产生更加广泛、深远的影响。

(1)基因诊断:利用基因芯片,在 DNA 水平检测与疾病相关的内源性或外源性基因,在 RNA 水平检测致病基因的表达异常,来诊断遗传病、感染性疾病、传染性疾病和肿瘤等。目前,检测 *p53* 基因突变芯片、检测逆转录酶基因的 HIV 芯片、诊断药物代谢缺乏症的 p450 芯片、人类白血病诊断与分类芯片等已应用于临床实验室。

(2)DNA 测序:基因芯片通过大量固化的探针,与生物样品的靶序列进行杂交,产生杂交图谱,排列出 DNA 的序列,称为杂交测序法。

(3)药物研发与筛选:利用基因芯片技术,可以比较正常组织与病变组织中大量相关基因表达的变化,从而发现一组疾病相关基因作为药物筛选的靶标;另外,不同作用的药物,通过受体细胞内信号转导,形成不同的基因表达谱,利用基因芯片进行研究分析,帮助挑选出最有效的治疗药物。

(郝 敏)

◇ 下 篇 ◇

生物化学与分子生物学实验

第七章 蛋白质

蛋白质（protein）是细胞组分中含量最丰富、功能最多的生物大分子。在体内，蛋白质约占细胞干重的 70% 以上，几乎全部生命过程及所有细胞活动都离不开蛋白质，在物质代谢、机体防御、血液凝固、肌肉收缩、细胞信号转导、个体生长发育、组织修复等各方面都发挥着不可替代的重要作用。当蛋白质的结构和功能发生异常时，就会导致疾病的发生。人们越来越深刻地认识到蛋白质研究的重要性。蛋白质含量的测定及其分子量、两性解离性质、等电点等理化性质的分析是生物化学中最重要、最基本的操作。本章考虑到不同蛋白样品中蛋白质浓度的不同及不同的研究目的需要，阐述了多种蛋白质含量的测定方法，实践中可根据蛋白样品和研究目的不同，选择使用。

实验一 双缩脲法测定血清总蛋白浓度

【目的】

掌握：双缩脲法测定血清总蛋白的原理；血清总蛋白测定的临床意义。

熟悉：双缩脲法测定血清总蛋白的操作方法。

了解：双缩脲试剂成分的作用及双缩脲法的注意事项。

【原理】

血清（浆）中蛋白质的肽键（—CO—NH—）在碱性溶液中能与二价铜离子作用生成稳定的紫红色络合物。此反应和两个尿素分子缩合生成的双缩脲（H_2N—CO—NH—CO—NH_2）在碱性溶液中与铜离子作用形成紫红色的反应相似，所以称之为双缩脲反应。这种紫红色络合物在 540nm 处的吸光度与蛋白质的含量在一定范围内成正比关系，经与同样处理的蛋白质标准液比较，即可求得蛋白质的含量。

【试剂】

1. 6mol/L NaOH 溶液　称取 NaOH 240g，溶于新鲜制备的蒸馏水（或刚煮沸冷却的去离子水）约 800ml 中，待冷却后定容至 1L，贮于有盖的塑料瓶中。如果用非新开瓶的 NaOH，须先配成饱和溶液，静止 2 周左右，使碳酸盐沉淀，其上清饱和 NaOH 溶液经滴定算出准确浓度后再使用。

2. 双缩脲试剂　称取 3g 硫酸铜结晶（$CuSO_4 \cdot 5H_2O$）溶于新鲜制备的蒸馏水（或刚煮沸冷却的去离子水）500ml 中，加入 9g 酒石酸钾钠（$NaKC_4H_4O_6 \cdot 4H_2O$，用于结合 Cu^{2+}，防止 CuO 在碱性条件下沉淀）和 5g KI（防止碱性酒石酸铜自动还原，并防止 Cu_2O 的离析），待完全溶解后，边搅拌边加入 6mol/L NaOH 溶液 100ml，最后用蒸馏水定容至 1L，置塑料瓶中盖紧保存。此试剂室温下可稳定半年，若贮存瓶中有黑色沉淀出现，则需要重新配制。

3. 双缩脲空白试剂　除不含硫酸铜外，其余成分与双缩脲试剂相同。

4. 60~70g/L 蛋白质标准液　常用牛血清白蛋白或收集混合血清（无溶血、无黄疸，乙型肝炎表面抗原阴性，肝肾功能正常的人血清），经凯氏定氮法定值，也可用定值参考血清或总蛋白标准液作标准。

【操作】

取 4 支试管，标明测定管（U）、标准管（S）、标本空白管（B）、试剂空白管（RB），按照下表 7-1 操作。

表 7-1　双缩脲法测定血清总蛋白操作步骤

加入物 /ml	B	RB	S	U
血清	0.1	—	—	0.1
蛋白标准液	—	—	0.1	—
蒸馏水	—	0.1	—	—
双缩脲空白试剂	5.0	—	—	—
双缩脲试剂	—	5.0	5.0	5.0

混匀，置 37℃水浴 10min，在波长 540nm 处比色，蒸馏水调零，测定各管的吸光度。

【计算】

$$血清总蛋白（g/L）=\frac{A_U-A_{RB}-A_B}{A_S-A_{RB}}\times 蛋白标准液浓度$$

【参考范围】

正常成人：60~80g/L。

【注意事项】

1. 严重溶血、黄疸血清、葡萄糖、酚酞及磺溴酞钠对本法干扰明显，故用标本空白管来消除。但如果标本空白管吸光度太高，可影响测定的准确度。

2. 高脂血症混浊标本会干扰比色，可采用下述方法消除：取带塞试管或离心管 2 支，各加待测血清 0.1ml，再加蒸馏水 0.5ml 和丙酮 10ml，塞紧并颠倒混匀 10 次后离心，倾去上清液，再将试管倒立于滤纸上吸去残余液体。向沉淀中分别加入双缩脲试剂和双缩脲空白试剂，再进行与上述相同的其他操作和计算。

3. 本法也可用于血清总蛋白浓度的标化，测定的步骤与测定标本完全相同，但显色温度须控制在（25±1）℃的范围内，使用经过校正的高级分光光度计（波长带宽≤2nm，比色杯光径为准确 1.0cm）进行比色。然后再按下式计算标化结果：

$$血清总蛋白（g/L）=\frac{A_U-A_{RB}-A_B}{0.298}\times\frac{5.1}{0.1}$$

式中 0.298 为蛋白质双缩脲络合物的吸光系数，即按双缩脲试剂的标准配方，在以上规定的测定条件下，双缩脲反应液中蛋白质浓度为 1.0g/L 时的吸光度。

【临床意义】

1. 血清总蛋白浓度降低

（1）蛋白质合成障碍：肝功能严重受损时，蛋白质合成减少，其中以白蛋白降低最为显著。

（2）蛋白质丢失增加：肾病综合征患者尿中长期丢失蛋白质；严重烧伤，大量血浆渗出；大出血时大量血液丢失；溃疡性结肠炎可从粪便中长期丢失一定量的蛋白质。

（3）营养不良或消耗增加：营养失调、长期低蛋白饮食、维生素缺乏症或慢性肠道疾病引起的吸收不良，使体内缺乏合成蛋白质的原料；长期患消耗性疾病，如严重结核病、恶性肿瘤和甲亢等，均可导致血清总蛋白浓度降低。

（4）血浆稀释：如静脉注射过多低渗溶液或各种原因引起的水钠潴留。

2. 血清总蛋白浓度增高

（1）蛋白质合成增加：常见于多发性骨髓瘤患者，此时主要是异常球蛋白增加，使血清总蛋白增加。

（2）血浓缩：如急性脱水（呕吐、腹泻、高热等）、外伤性休克（毛细血管通透性增大），慢性肾上腺皮质功能减退（尿排 Na^+ 增多引起继发性失水）。

【思考题】

1. 试述双缩脲法测定血清总蛋白的实验原理及临床意义。

2. 正常成人总蛋白的参考范围是多少？

（徐志伟）

实验二　考马斯亮蓝染色法测定蛋白质浓度

【目的】

掌握：考马斯亮蓝法测定蛋白质浓度的基本原理和优缺点。

熟悉：标准曲线的制备方法。

了解：考马斯亮蓝染色法测定蛋白质浓度的操作技术。

【原理】

考马斯亮蓝（Coomassie brilliant blue，CBB）染色法测定蛋白质浓度是根据蛋白质能与染料结合的原理而设计的一种定量测定微量蛋白质浓度的快速、灵敏的方法。考马斯亮蓝 G-250（CBBG-250）在酸性条件下，与蛋白质结合形成 CBBG-250- 蛋白质复合物。CBBG-250 从游离形式转变为与蛋白质结合的结合形式，其最大光吸收峰随之发生转移，由 465nm 变为 595nm，溶液的颜色也由紫红色变为蓝色。在 595nm 处，吸光度与蛋白质的含量在一定范围内呈线性关系，可对蛋白质进行定量测定。

【试剂】

1. CBBG-250 试剂　100mg CBBG-250 溶于 50ml 95%（V/V）乙醇中，加入 85%（w/V）磷酸 100ml，用蒸馏水稀释至 1L。

2. 1mg/ml 蛋白质标准溶液。

【操作方法】

1. 标准曲线的制备　取 12 支试管，分两组按表 7-2 平行操作。

表7-2　考马斯亮蓝染色法测定蛋白质浓度标准曲线的绘制

加入物 /ml	0	1	2	3	4	5
蛋白质标准溶液（1mg/ml ）	—	0.02	0.04	0.06	0.08	0.10
蒸馏水	0.1	0.08	0.06	0.04	0.02	—
CBBG-250 试剂	5.0	5.0	5.0	5.0	5.0	5.0
相当于蛋白质浓度 /(mg/ml)	—	0.2	0.4	0.6	0.8	1.0

混匀,室温放置 2min 后,在 1h 内以试剂空白管（0 号管）调零,在 595nm 处读取各管的吸光度值。以各管吸光度平均值为纵坐标,蛋白质浓度为横坐标,在坐标纸上绘制标准曲线。

2. 未知样品蛋白质浓度的测定,按表7-3操作。

表7-3　考马斯亮蓝染色法测定蛋白质浓度的操作步骤

加入物 /ml	试剂空白管	测定管
待测样品	—	0.1
蒸馏水	0.1	—
CBBG-250 试剂	5.0	5.0

混匀,室温放置 2min 后,在 1h 内以试剂空白管调零,在 595nm 处读取测定管的吸光度值。根据测定管的吸光度值,从标准曲线上查出未知样品的相应蛋白质浓度。

【注意事项】

1. 对于测定要求严格的实验,可以在试剂加入后的 5~20min 内测定吸光度值,因为在这段时间内颜色最稳定。

2. 本法干扰因素少,但浓度高于 0.1% 的 SDS、Triton X-100 及强碱对显色有干扰,尿液标本中高浓度的尿素对显色有正性干扰。

3. 不可使用石英比色皿,因不易洗去颜色。玻璃比色皿使用完毕后,立即用 95% 的乙醇脱色,最后再用蒸馏水冲洗干净。

4. 作标准曲线时,应作双管或多管的平行测定,然后取均值作图,以减小随机误差的影响。

5. 研究认为,CBBG-250 主要是与蛋白质中的芳香族氨基酸和碱性氨基酸（尤其是精氨酸）残基结合。由于各种蛋白质中的芳香族氨基酸和碱性氨基酸含量不同,因此该法适合测定与标准蛋白的氨基酸组成相似的蛋白质样品。

6. 由于该法具有简便、迅速、干扰物质少、灵敏度高等优点,现已广泛应用于微量蛋白质含量的测定,如脑脊液和尿液中蛋白质的测定,但一般不用于血清总蛋白的测定。

【思考题】

1. 试述考马斯亮蓝 G-250 与蛋白质的呈色原理。

2. 考马斯亮蓝 G-250 染色法测定蛋白质有何优、缺点?

（徐志伟）

实验三 紫外分光光度法测定总蛋白浓度

【目的】

掌握：紫外分光光度法测定蛋白质的原理和方法。

熟悉：紫外分光光度法测定蛋白质计算方法及注意事项。

【原理】

蛋白质在270~290nm及200~225nm两个紫外区波长段均有强的光吸收。它们分别有赖于蛋白质分子中酪氨酸和色氨酸残基的共轭双键(酪氨酸和色氨酸的λ_{max}分别为275nm和280nm)和肽键。在pH 6~8时蛋白质的吸收峰一般在280nm处,据此可测定蛋白质含量。由于生物样品中常混杂有核酸,后者在280nm处也有较强的吸收,但其最大吸收峰在260nm附近,因此,可以通过2个波长(260nm和280nm)处的吸光度值加以校正。

通常利用下面2个公式计算校正。

Lowry-Kalckar公式：蛋白质浓度(g/L)=$1.45A_{280}$–$0.74A_{260}$

Warburg-Christian公式：蛋白质浓度(g/L)=$1.55A_{280}$–$0.76A_{260}$

蛋白质在200~225nm处的紫外吸收主要取决于肽键,据此亦可测定蛋白质含量。通常用Waddell提出的经验公式进行计算。

Waddell经验公式：蛋白质浓度(g/L)=$0.144 \times (A_{215} - A_{225})$

血清中不同类型蛋白质的酪氨酸与色氨酸含量不同,所以测定270~290nm波长段紫外光吸收也会由于每个样品中蛋白质氨基酸组成的差异而变化较大,因而这个方法不能直接用于血清总蛋白的准确定量。

【试剂】

1. 0.15mol/L NaCl溶液 准确称取NaCl 8.766g用蒸馏水将其溶解并定容至1L。

2. 1mg/ml蛋白质标准液。

【操作】

1. 标准曲线法

(1)标准曲线制备：取试管8支,按表7-4操作。

表7-4 蛋白质标准曲线的绘制

试剂	0	1	2	3	4	5	6	7
蛋白质标准溶液/(mg/ml)	—	0.5	1.0	1.5	2.0	2.5	3.0	4.0
0.15mol/L NaCl溶液	4.0	3.5	3.0	2.5	2.0	1.5	1.0	—
蛋白质浓度/(mg/ml)	—	0.125	0.25	0.37	0.50	0.62	0.75	1.00

混匀,1cm石英比色杯,0管调零,280nm处测定各管吸光度(A)。以A为纵坐标,蛋白质浓度为横坐标,绘制紫外分光光度法测定蛋白质含量标准曲线。

(2)标本测定：血清用生理盐水作1：100稀释,以0.15mol/L NaCl调零,读取280nm处的吸光度。查标准曲线,乘以100为蛋白质浓度(mg/ml)。

2. 280nm和260nm吸收差法 用0.15mol/L NaCl溶液将血清作1：100稀释,选用光径为 1cm 的石英比色杯,在 280nm 和 260nm 波长处分别测定溶液的吸光度,根据 Lowry-Kalckar 公式或 Warburg-Christian 公式计算此溶液的蛋白质浓度,再乘以稀释倍数 100 得到血清总蛋白的真实浓度(g/L)。

3. 215nm 和 225nm 吸收差法 用 0.15mol/L NaCl 将血清作 1∶1 000 稀释后,在 215nm 和 225nm 波长处分别测定溶液的吸光度,用 Waddell 公式计算此溶液的蛋白质浓度,再乘以稀释倍数 1 000 得到血清总蛋白的真实浓度(g/L)。

【注意事项】

1. 本法需用高质量的石英比色杯。

2. 紫外分光光度计使用前需对其波长进行校正。

3. 因蛋白质的紫外吸收峰会随 pH 的改变而改变,所以测定时的 pH 最好与制作标准曲线时的 pH 一致。

【思考题】

1. 紫外分光光度法测定蛋白质有何优缺点?

2. 影响紫外分光光度法测定蛋白质的因素有哪些?

(徐志伟)

实验四 溴甲酚绿法测定血清白蛋白浓度

【目的】

掌握:溴甲酚绿法测定血清白蛋白的原理和方法。

熟悉:血清白蛋白测定的临床意义。

【原理】

血清白蛋白在 pH 4.2 的缓冲溶液中带正电荷,在有非离子型表面活性剂存在时,可与带负电荷的染料溴甲酚绿(bromocresol green,BCG)结合形成蓝绿色化合物,后者在波长 630nm 处有吸收峰,其颜色深浅与白蛋白浓度成正比,与同样处理的白蛋白标准比较,可求得血清中白蛋白含量。

【试剂】

1. 0.5mol/L 琥珀酸缓冲贮存液(pH 4.0) 称取 NaOH 10g 和琥珀酸 56g,溶于 800ml 蒸馏水中,用 1mol/L NaOH 溶液调至 pH 4.1±0.05 后,加蒸馏水定容至 1 000ml,置 4℃冰箱保存。

2. 10mmoL/L BCG 贮存液 取 BCG 1.8g 溶于 1mol/L NaOH 溶液 5ml 中,加蒸馏水至 250ml。

3. 叠氮化钠贮存液 称取叠氮化钠 4.0g 溶于蒸馏水中,配成 100ml。

4. 聚氧化乙烯月桂醚(Brij-35)贮存液 称取 Brij-35 25g 溶于蒸馏水约 80ml 中,加温助溶,冷却后加蒸馏水至 100ml。室温可存放 1 年。

5. BCG 试剂 在 1L 容量瓶内加蒸馏水约 400ml,琥珀酸缓冲液 100ml,用吸管准确加入 BCG 贮存液 8.0ml,并用蒸馏水冲洗吸管壁上残留的燃料,加叠氮化钠贮存液 2.5ml、Brij-35 贮存液 2.5ml,最后加蒸馏水至刻度,混匀。调试此溶液 pH 应为 4.20,置于加塞的聚乙烯瓶内,在室温保存半年稳定性不变。

6. 白蛋白标准液(60g/L) 称取人血清白蛋白 6g、叠氮化钠 50mg,溶于少量蒸馏水中并缓慢搅拌助溶,最后用蒸馏水定容至 100ml。密封贮存于 4℃冰箱,可半年。也可用定值参考血清作标准。

【操作】

取 3 支试管,按表 7-5 操作。

表 7-5 BCG 法测定血清白蛋白操作步骤

加入物 /ml	B	S	U
血清	—	—	0.02
白蛋白标准液	—	0.02	—
蒸馏水	0.02	—	—
BCG 试剂	4.0	4.0	4.0

立即混匀,在(30±3)S 内,波长 630nm,用空白管调零,读取吸光度。

【计算】

$$血清白蛋白(g/L) = \frac{测定管吸光度}{标准管吸光度} \times 白蛋白标准液浓度(g/L)$$

同时用双缩脲法测定血清标本中总蛋白浓度,减去血清白蛋白浓度即为球蛋白浓度,并可求得血清白蛋白、球蛋白比值(A/G 比值)。

【参考范围】

正常成人 35~55g/L。

【注意事项】

1. BCG 是一种变色阈较狭窄的 pH 指示剂,变色阈为 pH 3.8(显黄色)~5.4(显蓝绿色),受酸碱影响较大,故所用的器材必须无酸、碱污染,BCG 试剂的 pH 必须精确监测,使其保持在 pH 4.15±0.05 限度内。

2. 如标本因严重高脂血症而混浊,需加做标本空白管(取血清 0.02ml,加入琥珀酸缓冲液贮存液 4.0ml),用琥珀酸缓冲液贮存液调零,测定标本空白管吸光度。用测定管吸光度减去标本空白管吸光度后,再计算结果。

3. 配制 BCG 试剂时也可用其他缓冲液如柠檬酸盐或乳酸盐缓冲液。琥珀酸盐缓冲液的校正曲线通过原点、线性好、灵敏度高,成为首选推荐配方。

4. Brij-35 也可用其他表面活性剂代替,如吐温 –20 或吐温 –80,终浓度为 2mol/L,灵敏度和线性范围不变。

5. 当 60g/L 的白蛋白标准液与溴甲酚绿结合后,溶液光径 1.0cm,在 630nm 处测定的吸光度应为 0.811±0.035,如达不到此值,表示灵敏度较差。

6. 蛋白质标准是一个复杂问题。实验证明,BCG 不仅与白蛋白显色,也可与血清中各种球蛋白成分显色,其中以 α_1- 球蛋白、转铁蛋白、结合珠蛋白更为显著,但其反应速度较白蛋白稍慢。由于在 30S 内呈色对白蛋白特异,故 BCG 与血清混合后,在 30S 内读取吸光度,可明显减少非特异性显色反应。为了减少本法基质效应的影响,最好用参考血清作标准。

【临床意义】

1. 血清中的白蛋白由肝实质细胞合成,血清白蛋白升高的意义不大,严重脱水所致的血液浓缩可见白蛋白浓度相对增加。

2. 血清白蛋白浓度降低在临床上比较重要和常见,通常与总蛋白降低的原因一致。急性降低主要见于大出血或严重烧伤;慢性减少见于肝脏疾病、肾脏疾病和长期营养不良等。

3. A/G 比值某些病人可同时出现白蛋白减少和球蛋白升高的现象,严重者 A/G 比值＜1.0,这种情况称为 A/G 比值倒置,常见于慢性肝炎和肝硬化。

【思考题】

1. 简述溴甲酚绿法测定血清白蛋白的原理。

2. 试述溴甲酚绿法测定血清白蛋白的注意事项。

3. 说明溴甲酚绿变色范围及颜色变化。

（徐志伟）

实验五　血清总蛋白醋酸纤维素薄膜电泳

【目的】

掌握:醋酸纤维素薄膜电泳的原理、操作及计算。

熟悉:血清醋酸纤维素薄膜电泳的试剂配制及影响因素。

【原理】

血清中各种蛋白质的等电点(pI)大都低于 7.0,在 pH 8.6 的缓冲液中,它们大都以负离子形式存在,在电场中向正极移动。由于各种蛋白质的 pI 不同,在同一 pH 下带电荷量也有所差异,同时各蛋白质的分子大小与分子形状也不相同。因此,在同一电场中泳动速度也不同,从而得到分离。

醋酸纤维素薄膜电泳(CAME)一般能将血清总蛋白分离为 5 条区带,从正极端起依次为白蛋白、α_1- 球蛋白、α_2- 球蛋白、β- 球蛋白及 γ- 球蛋白。染色时染料与蛋白质特异结合而不与醋酸纤维素膜结合,并与蛋白质的量成正比,染色一段时间后将各蛋白区带剪下经脱色、比色或经透明处理后直接用光密度计扫描,即可计算出血清中各蛋白质组分的相对百分数。如同时用双缩脲法测出血清总蛋白浓度,还可计算出各蛋白质组分的绝对浓度。

【试剂】

1. 巴比妥缓冲液(pH 8.6,离子强度 0.06)　称取巴比妥钠 12.36g、巴比妥 2.21g,于 500ml 蒸馏水中加热溶解,冷却至室温后,用蒸馏水定容至 1L。

2. 染色液

(1)丽春红 S 染色液:称取 0.4g 丽春红 S、6g 三氯醋酸,溶于蒸馏水中,并定容至 100ml。

(2)氨基黑 10B 染色液:①第一种配方(推荐配方):称取氨基黑 10B 0.1g,溶于 20ml 无水乙醇中,加冰醋酸 5ml,甘油 0.5ml;另取磺柳酸 2.5g 溶于少量蒸馏水中,加入前液,再以蒸馏水补足至 100ml。②第二种配方:称取氨基黑 10B 0.5g 溶解于 50ml 甲醇中,加入冰醋酸 10ml 和蒸馏水 40ml,混合即成。

3. 漂洗液

（1）3%（V/V）醋酸溶液：适用于丽春红S染色的漂洗。

（2）甲醇45ml，冰醋酸5ml，蒸馏水50ml，混匀。适用于氨基黑10B染色的漂洗。

4. 透明液 以下三种可取其一：

(1)液体石蜡或十氢萘的润湿透明法，均十分方便。

（2）冰醋酸：95% 乙醇 =2.7：7.5 的混合液。

（3）N-甲基-2-吡咯烷酮-柠檬酸（3.03mol/L N-甲基-2-吡咯烷酮，0.15mol/L 柠檬酸）称取柠檬酸15g溶于150ml水中，加入N-甲基-2-吡咯烷酮150ml，混匀，加蒸馏水至500ml。

5. 洗脱液

（1）0.1mol/L NaOH 溶液：适用于丽春红S染色的洗脱。

（2）0.4mol/L NaOH 溶液：适用于氨基黑10B染色的洗脱。

6. 醋酸纤维素薄膜 规格 2cm×8cm（比色法），6cm×8cm（扫描法）。

【操作】

1. 准备

（1）电泳槽准备：将电泳槽置于水平平台上，两侧槽注入等量的巴比妥缓冲液，使其在同一水平面，液面与支架距离约2~2.5cm，支架宽度调节在5.5~6cm，用三层滤纸或双层纱布搭桥。

（2）CAM 的准备：选择厚薄一致，透水性能好的CAM，在无光泽面一端1.5cm处用铅笔轻划一横线作点样标记。然后将CAM无光泽面朝下，漂浮于盛有巴比妥缓冲液的平皿中，使之自然下沉，待充分浸透后（约20min）用镊子取出。

2. 点样

（1）将薄膜条置于洁净滤纸中间，无光泽面朝上，用滤纸轻按吸去CAM上多余的缓冲液。

（2）用血红蛋白吸管取待测新鲜血清3~5μl，或用微量点样器蘸少许血清，垂直印在CAM无光泽面划线处，待血清完全渗入薄膜后移开。

3. 电泳

（1）将加样后的薄膜平直架于支架两端，无光泽面朝下，点样侧置于阴极端，用滤纸或纱布将膜的两端与缓冲液连通，平衡5min。

（2）将电泳槽的正极和负极分别与电泳仪的正极和负极联结，打开电源，调电压为100~120V（8~15V/cm 膜长或电流0.3~0.5mA/cm 膜宽）。夏季通电50min，冬季通电60min。待电泳区带展开约3.5~4.0cm，即可关闭电源。

4. 染色 用镊子取出薄膜条直接投入丽春红S或氨基黑10B染色液中染色1~2min，使染色充分。薄膜条较多时，应避免彼此紧贴致染色不良。

5. 漂洗 准备3~4个漂洗皿，装入漂洗液，从染色液中取出薄膜条并尽量沥去染色液，按顺序投入漂洗液中，每次浸泡3~5min，反复漂洗，直至背景无色为止。

6. 定量

（1）洗脱比色法

1）氨基黑10B染色法：将各条蛋白区带仔细剪下，分别置于各试管内，另从空白背景剪一块平均大小的膜条置于空白试管中，在白蛋白管内加入0.4mol/L NaOH 溶液6ml（计算时吸光度×2），其余各管加入3ml，于37℃水浴20min，并不断摇动，待颜色脱净后，取出冷却。在620nm处比色,以空白管调零,读取各管吸光度值。

2)丽春红S染色法:用0.1mol/L NaOH溶液脱色,加入量同上,10min后,向白蛋白管中加入40%(*V/V*)醋酸0.6ml(计算时吸光度×2),其余各管加0.3ml,以中和部分NaOH,使染色加深。在520nm处比色,以空白管调零,读取各管吸光度值。

(2)光密度计扫描法

1)透明:不保留的电泳图可用液体石蜡或十氢萘浸透后,取出夹在两块优质的薄玻璃间,供扫描用,要保留的电泳图可用冰醋酸乙醇法或N-甲基-2-吡咯烷酮-柠檬酸法透明。将薄膜放入透明液2~3min,然后取出,以滚动方式平贴于洁净无划痕的载玻片上(勿产生气泡),将此玻片竖立片刻,除去一定的透明液后,于70~80℃(N-甲基-2-吡咯烷酮-柠檬酸法透明,90~100℃)烘烤15~20min,取出冷却至室温,即可透明。

2)扫描定量:将已透明的薄膜置光密度计的暗箱内,波长520nm,描记各蛋白区带峰,并计算各蛋白成分的相对百分含量。

【计算】

设各管吸光度分别为A_{Alb}、$A_{\alpha1}$、$A_{\alpha2}$、A_{β}、A_{γ}。吸光度总和(A_T)为:

$$A_T = A_{Alb} \times 2 + A_{\alpha1} + A_{\alpha2} + A_{\beta} + A_{\gamma}$$

$$白蛋白(\%) = \frac{A_{Alb} \times 2}{A_T} \times 100\%$$

$$\alpha_1\text{-}球蛋白(\%) = \frac{A_{\alpha1}}{A_T} \times 100\%$$

$$\alpha_2\text{-}球蛋白(\%) = \frac{A_{\alpha2}}{A_T} \times 100\%$$

$$\beta\text{-}球蛋白(\%) = \frac{A_{\beta}}{A_T} \times 100\%$$

$$\gamma\text{-}球蛋白(\%) = \frac{A_{\gamma}}{A_T} \times 100\%$$

各组分蛋白质绝对浓度(g/L)= 血清总蛋白(g/L)× 各组分蛋白质百分含量(%)

【参考范围】

每个实验室应根据不同的实验条件和检测对象设定参考范围。表7-6、表7-7和表7-8的参考范围仅供参考。

表7-6 丽春红S染色直接扫描参考范围

蛋白质组分	蛋白质各组分含量/总蛋白的含量/(g/L)	占总蛋白的百分数/%
白蛋白	35~52	57~68
α_1-球蛋白	1.0~4.0	1.0~5.7
α_2-球蛋白	4.0~8.0	4.9~11.2
β-球蛋白	5.0~10.0	7.0~13.0
γ-球蛋白	6.0~13.0	9.8~18.2

表 7-7　氨基黑 10B 染色洗脱法参考范围

蛋白质组分	占总蛋白的百分数 /%	蛋白质组分	占总蛋白的百分数 /%
白蛋白	57.45~71.73	β- 球蛋白	6.76~11.39
α_1- 球蛋白	1.76~4.48	γ- 球蛋白	11.18~22.97
α_2- 球蛋白	4.04~8.28		

表 7-8　氨基黑 10B 染色直接扫描法参考值

蛋白质组分	蛋白质各组分含量 / 总蛋白的含量 /(g/L)	占总蛋白的百分数 /%
白蛋白	48.8 ± 5.1	66 ± 6.6
α_1- 球蛋白	1.5 ± 1.1	2.0 ± 1.0
α_2- 球蛋白	3.9 ± 1.4	5.3 ± 2.0
β- 球蛋白	6.1 ± 2.1	8.3 ± 1.6
γ- 球蛋白	13.1 ± 5.5	17.7 ± 5.8

【注意事项】

1. 通电时，不得接触槽内缓冲液或 CAM，以防触电。

2. 缓冲液液面要保证一定高度，同时电泳槽两侧的液面应保持同一水平，否则通过薄膜时有虹吸现象，会影响蛋白质分子的泳动速度。

3. 电泳图谱分离不清或不整齐，最常见的原因有：①点样过多；②点样不均匀，不整齐，样品触及薄膜边缘；③薄膜过湿，样品扩散；④薄膜未完全浸透或温度过高致膜局部干燥或水分蒸发；⑤薄膜与滤纸桥接触不良；⑥薄膜位置歪斜、弯曲，与电流方向不平行；⑦缓冲液变质；⑧样品不新鲜；⑨CAM 质量不高。

4. 染料问题　染料的选择应对蛋白质的各组分亲和力相同，吸光度与蛋白质的浓度成正比。并要求水溶性好、染料稳定、吸光度敏感，且易洗脱比色。现在常用丽春红 S，氨基黑 10B 和尼基黑作为染料，其中尼基黑对蛋白质吸光度比氨基黑 10B 敏感 3 倍以上。用光密度计扫描定量一般用丽春红 S 染色，比色法定量即可用丽春红 S，也可用氨基黑 10B 染色。氨基黑 10B 与蛋白质结合较其他染料牢固，蛋白带不易脱落，但其对球蛋白的亲和力仅为白蛋白的 80%，因此，常导致白蛋白结果偏高，球蛋白偏低。

5. 血清标本应新鲜，不得溶血。必要时加叠氮化钠 1mg/ml 血清防腐，冰箱（4℃）保存。如用光密度计扫描定量，丽春红 S 染色加入血清量 0.5~1.0μl/cm，氨基黑 10B 染色加 1~1.5μl/cm，如血清总蛋白含量超过 80g/L，用氨基黑 10B 染色时，应将血清稀释 2 倍后再按上述加液量加样。若不稀释，白蛋白带中蛋白质含量太高，区带染不透，反而出现空泡，甚至蛋白膜脱落在染色液中，致使定量不准确。

6. 为充分保证电泳效果，缓冲液越新鲜越好。缓冲液不用时，宜贮于冰箱。冷的缓冲液可提高区带分辨率，尽量减少支持物上液体蒸发。小型电泳槽缓冲液用量不多时，最好每次更换新鲜缓冲液，因为电泳时会因为水的电解作用导致 pH 发生变化。大容量（0.7~1.0L）电泳槽，每次电泳后更换槽两侧的正负极，或倾出并混合后贮于 4℃冰箱再使用。即使如此，缓冲液的使用不宜超过 10 次。

【临床意义】

正常血清总蛋白电泳一般可以分为 5 条区带，即 Alb、α_1、α_2、β 和 γ- 球蛋白。脐带血清、胎儿血清、部分原发性肝癌血清，在 Alb 与 α_1- 球蛋白之间可增加 1 条甲胎蛋白带。多发性骨髓瘤可分离出 6 条区带，多出的 1 条称为 M 蛋白带。在下列疾病中可见醋酸纤维素薄膜蛋白电泳图明显异常。

1. M 蛋白血症　主要表现为白蛋白轻度降低，单克隆 γ 球蛋白（M 蛋白）增高，主要见于多发性骨髓瘤、巨球蛋白血症、重链病以及一些良性 M 蛋白增多症。电泳图谱上呈现一个色泽深染的窄区带，此区带较多出现在 β 或 γ 球蛋白区，偶见 α_1 球蛋白区。

2. 肝病　慢性活动型性肝炎、肝硬化时，主要表现为白蛋白降低，β 和 γ- 球蛋白增高，肝硬化病人可出现 β 和 γ 难以分离而相连的 "β~γ 桥" 现象，此现象往往是由于 IgA 增高所致。

3. 肾病　见于急慢性肾炎、肾病综合征、肾衰竭等。主要表现为白蛋白及 γ- 球蛋白降低，α_2 和 β- 球蛋白升高。

4. 蛋白缺乏症　主要包括 α_1- 抗胰蛋白酶缺乏症、γ- 球蛋白缺乏症等。临床上较少见。电泳图谱表现为 α_1 或 γ- 球蛋白部位蛋白缺乏或显著降低。

【思考题】

1. 简述血清总蛋白醋酸纤维素薄膜电泳原理。
2. 影响血清总蛋白醋酸纤维素薄膜电泳的因素有哪些？
3. 电泳操作过程中有哪些注意事项？

（徐志伟）

实验六　蛋白质的盐析

【目的】

掌握：蛋白质盐析的概念及原理。

熟悉：蛋白质盐析的操作方法及注意事项。

了解：蛋白质盐析的实际应用。

【原理】

蛋白质是亲水胶体，借助水化膜和同性电荷维持其稳定性。向蛋白质溶液中加入某种中性盐类 [如（NH_4）$_2SO_4$、Na_2SO_4、NaCl 等] 时，会使蛋白质表面电荷被中和，水化膜被破坏，导致蛋白质在水溶液中的稳定性因素被去除而沉淀，此即盐析。

各种蛋白质分子的颗粒大小、亲水程度不同，因而盐析时所需要的盐浓度及 pH 均不同。通过改变盐的浓度与溶液的 pH，可将混合液中的蛋白质分批盐析而分开，这种分离蛋白质的方法称为分段盐析法。如半饱和硫酸铵溶液可沉淀血浆中的球蛋白，饱和硫酸铵溶液则可沉淀血浆中的白蛋白。

由盐析所得的蛋白质沉淀，经透析或凝胶层析法除去盐后，能再溶解并恢复其分子原有的结构及生物活性。因此盐析沉淀蛋白质往往不引起变性。

【试剂】

1. 5% 蛋白质溶液　取出鸡蛋清用水稀释 5 倍,即相当于 5% 的蛋白质溶液。

2. 饱和硫酸铵溶液　称取硫酸铵 850g 置于 1 000ml 蒸馏水中,加热搅拌溶解,室温中放置过夜,瓶底析出白色结晶,上清液即为饱和硫酸铵溶液。

3. 固体硫酸铵粉末。

【操作】

1. 取一支试管,加入 3ml 5% 的蛋白质溶液,3ml 饱和硫酸铵溶液,充分摇匀,静置数分钟,观察、记录并解释这一现象。

2. 将试管内容物用脱脂棉过滤,在滤液中少量多次的加入硫酸铵粉末,使其达到饱和状态,观察、记录并解释这一现象。

3. 吸取 2 中的混浊液 1ml 放入另一试管中,加蒸馏水 2ml,观察现象有何改变并解释。

【注意事项】

1. 固体硫酸铵粉末若加到过饱和,则有结晶析出,勿与蛋白质沉淀混淆。

2. 加入试剂后一定要充分混匀。

【思考题】

1. 何为蛋白质的盐析?

2. 盐析沉淀的蛋白质是否变性?

（张晓磊）

实验七　蛋白质的两性解离和等电点的测定

【目的】

掌握:蛋白质的两性解离性质和等电点的定义。

熟悉:蛋白质两性解离的操作方法及注意事项。

了解:蛋白质在不同 pH 环境中解离的方式和程度有何不同。

【原理】

蛋白质是两性电解质,其分子中除了两端的氨基和羧基可解离外,氨基酸残基侧链中的某些基团在一定的 pH 条件下都可解离成带正电荷或负电荷的基团。调节溶液的酸碱度达到一定的氢离子浓度时,蛋白质解离成正、负离子的趋势相等,即分子所带的正负电荷相等,净电荷为零,此时溶液的 pH 称为该蛋白质的等电点(pI)。在等电点处,由于蛋白质分子净电荷为零,彼此间无同性电荷斥力,容易聚集在一起而从溶液中析出,因此等电点处蛋白质的溶解度最低。

1. 利用溴甲酚绿指示剂在不同 pH 溶液中颜色的变化来观察蛋白质的解离状况。溴甲酚绿指示剂变色范围为 pH 3.8~5.4。当溶液 pH < 3.8 时呈黄色,3.8 < pH < 5.4 时呈绿色,pH > 5.4 时呈蓝色。

2. 通过观察酪蛋白在不同 pH 溶液中的解离状况来测定其等电点。以醋酸和醋酸钠构成不同 pH 的缓冲液,在某一 pH 缓冲液中,酪蛋白的溶解度最小,则该缓冲液的 pH 为酪蛋白的等电点。

【试剂】

1. 0.5%酪蛋白溶液 以0.01mol/L氢氧化钠溶液做溶剂。

2. 0.02mol/L盐酸 用1.00mol/L盐酸溶液稀释50倍即可。

3. 0.02mol/L氢氧化钠 用1.00mol/L氢氧化钠溶液稀释50倍即可。

4. 1g/L溴甲酚绿指示剂 0.1g溴甲酚绿,加100ml 20%乙醇溶液。

5. 1.00mol/L醋酸溶液 取准确标定过的5mol/L醋酸溶液10ml,加水至50ml,混匀。

6. 0.10mol/L醋酸溶液 用1.00mol/L醋酸溶液稀释10倍即可。

7. 0.01mol/L醋酸溶液 用0.10mol/L醋酸溶液稀释10倍即可。

8. 5g/L酪蛋白的醋酸钠溶液 称取酪蛋白0.5g,置于100ml烧杯中,加水约40ml及1.00mol/L氢氧化钠10ml,搅拌数分钟放置,待完全溶解后慢慢加入1.00mol/L醋酸10ml,移入100ml容量瓶内,用蒸馏水稀释至刻度,混匀,4℃保存。

【操作】

Ⅰ.蛋白质的两性解离

1. 取一支试管,加入0.5%酪蛋白溶液20滴和1g/L溴甲酚绿指示剂5滴,混匀后观察溶液颜色。

2. 在上述溶液中逐滴加入0.02mol/L盐酸,随滴随摇,直到有明显大量沉淀产生,此时溶液的pH接近于酪蛋白的等电点。观察溶液颜色的变化。

3. 继续向溶液中滴加0.02mol/L盐酸,观察沉淀和溶液颜色的变化,并解释。

4. 再向溶液中滴加0.02mol/L氢氧化钠进行中和,观察是否出现沉淀,解释其原因。

5. 继续滴加0.02mol/L氢氧化钠,观察溶液沉淀和颜色变化并解释原因。

Ⅱ.酪蛋白等电点的测定

1. 取5支干燥试管,编号后按表7-9顺序准确加入各种试剂。

表7-9 酪蛋白等电点测定操作步骤

试剂/ml	1	2	3	4	5
蒸馏水	3.4	3.7	3.0	—	2.4
0.01mol/L醋酸	0.6	—	—	—	—
0.01mol/L醋酸	—	0.3	1.0	4.0	—
0.01mol/L醋酸	—	—	—	—	1.6
			混匀		
5g/L酪蛋白-醋酸钠溶液	1.0	1.0	1.0	1.0	1.0
相当的pH	5.9	5.3	4.7	4.1	3.5

2. 混匀,静置20min。观察各管溶液混浊度或沉淀程度,以"-、+、++、+++"等符号表示并记录结果。

3. 判断酪蛋白的等电点。

【注意事项】

1. 配制试剂及操作必须准确。

2. 加入酪蛋白醋酸钠溶液时,须加一管摇匀一管。

【思考题】

1. 解释蛋白质两性解离实验中沉淀变化的原因。
2. 简述测定酪蛋白等电点的原理。

（张晓磊）

实验八　凝胶层析法脱盐和分离蛋白质

【目的】

掌握: 凝胶层析法的实验原理。

熟悉: 用凝胶层析法分离蛋白质的操作方法。

【原理】

凝胶颗粒是一种非离子型的、不带电荷的、孔隙大小比较一致的网状结构物质,将此介质用适当的溶剂平衡后,装入层析柱。当分子量大小不同的混合物加在层析床表面时,样品随溶剂而下行,这时分子直径大于凝胶孔隙的物质,则不能进入凝胶内部的网状结构,而沿凝胶颗粒间隙随溶剂向下移动。而分子直径小于凝胶孔隙的物质,则能进入凝胶内部的网状结构,因其阻力大,流程长,流速慢,故较迟流出层析床。最后样品混合物中各种分子按分子大小的顺序先后被洗脱下来,从而达到分离的目的。

本实验采用葡聚糖凝胶 G-25 层析柱,以蒸馏水为洗脱剂,分离大分子的血红蛋白和小分子的硫酸铜混合溶液。

【试剂】

1. 葡聚糖凝胶 G-25 的准备　按每 100ml 凝胶床需干的葡聚糖凝胶 G-25 25g 计算,取所需的量置于锥形瓶中,每克干胶加入蒸馏水约 30ml,轻轻摇匀并于沸水浴中加热 1h,或于室温浸泡 24h,搅拌后稍静置,倾去上清细粒,用蒸馏水洗涤数次。

2. 10g/dl 草酸钾抗凝溶液。

3. 生理盐水。

4. 铜溶液的制备　将硫酸铜 3.73g 溶解于 10ml 热蒸馏水中,冷却后,稀释到 15ml。另取柠檬酸钠 17.3g 及碳酸钠($Na_2CO_3 \cdot H_2O$)10g,加水 60ml,加热使之溶解,冷却后稀释到 85ml。最后,把硫酸铜溶液缓缓倾入柠檬酸钠 - 碳酸钠溶液中,混匀即可。

5. 血红蛋白液的制备

（1）血红蛋白稀释液的制备:取草酸钾抗凝血 2ml 于离心管中,3 500r/min 离心 5min,弃去上层血浆,再用生理盐水洗血细胞 2 次。将血细胞用蒸馏水 5 倍体积稀释,即为 Hb 稀释液。

（2）取 Hb 稀释液、铜溶液按 2 : 3(V/V)混合,作为样品。

【操作】

1. 装柱　取层析柱垂直夹于铁架上,关紧流出口,加蒸馏水少许,缓慢加入膨胀处理过的凝胶悬液,待底部凝胶沉积到 1~2cm 时,再打开流出口,继续加入凝胶,待凝胶下沉至 10~15cm 高(如果凝胶分层或是柱内混有气泡,可用玻璃棒插入到凝胶床表面下,轻轻搅动,并使凝胶床表面平整)。

2. 加样 先将层析柱打开，使床表面的蒸馏水流出，直到床面正好露出（注意，不可使床面干掉）。关紧流出口，用下口较小的滴管，将上述样品（约 0.8ml）缓缓地沿层析柱内壁小心加于床表面，注意尽量不使床面搅动。然后打开流出口，使样品进入床内，直到床面重新露出。用上法加 1~2 倍于样品体积的蒸馏水。这样可使样品稀释最小，而样品又完全进入床内。

3. 洗脱 当蒸馏水将近流干时，反复多次的加入少量蒸馏水，调节流速，使其保持在 20 滴 /min，进行洗脱，直至红蓝两条色带分开为止。

4. 定性 观察 Hb 与硫酸铜在层析床中色带位置及其洗脱次序。

5. 定量 收集洗脱下来的血红蛋白液与 Hb 稀释液（作为标准管），以蒸馏水调零，在 540nm 处测定吸光度值。

【注意事项】

1. 在装柱过程中注意沿玻璃棒倾注，一次装完。并用细玻璃棒轻轻搅动表层，让凝胶自然沉降，使表面平整。

2. 加入凝胶时，速度要均匀，以免层析床分层，防止柱内产生气泡。

3. 样品洗脱完毕后，凝胶还可再次使用。将凝胶多次洗脱后，加入 0.02% 叠氮化钠防腐，4℃冰箱保存。

【思考题】

1. 凝胶层析的实验原理是什么？

2. 在凝胶层析的实验过程中应注意什么？

（张晓磊）

实验九　SDS-PAGE 法测定蛋白质相对分子质量

【目的】

掌握：十二烷基硫酸钠 - 聚丙烯酰胺凝胶电泳法测定蛋白质相对分子质量的基本原理。

熟悉：十二烷基硫酸钠 - 聚丙烯酰胺凝胶电泳法的基本操作技术。

了解：十二烷基硫酸钠 - 聚丙烯酰胺凝胶电泳法的注意事项。

【原理】

聚丙烯酰胺凝胶（polyacrylamide gel，PAG）是由单体丙烯酰胺（acrylic amide，Acr）和交联剂甲叉双丙烯酰胺（methylene bisacrylamide，Bis）在引发剂（如过硫酸铵）和增速剂 [如四甲基乙二胺（tetramethyl ethylene diamine，TEMED ）] 存在的情况下交联、聚合而成的具有一定孔径的电泳基质。蛋白质在聚丙烯酰胺凝胶中电泳时，它的迁移率取决于它所带电荷的多少、分子大小和形状等因素。

十二烷基硫酸钠 - 聚丙烯酰胺凝胶电泳法（sodium dodecyl sulfate-polyacrylamide gel electrophoresis，SDS-PAGE）是在聚丙烯酰胺凝胶系统中引入 SDS。SDS 是一种带有大量负电荷的阴离子表面活性剂，其作用机制在于 SDS 能破坏蛋白质分子内和分子间的氢键、疏水键，而系统中加入的强还原剂（如巯基乙醇）可使蛋白质分子内的二硫键被彻底还原。样品经 SDS 和强还原剂处理后，蛋白质分子去折叠、变性、原有的空间构象发生改变。变性的蛋白质与 SDS 紧密结合形成蛋白质 -SDS 复合物。由于十二烷基硫酸根带负电,使各种蛋白质 -SDS 复合物都带上相同密度的负电荷,它的量大大超过了蛋白质分子原有的电荷量,因而掩盖了不同种蛋白质间原有的电荷差别,而且这些蛋白质 -SDS 复合物的形状很相似,都呈现"雪茄烟"形的长椭圆棒状,不同蛋白质的 SDS 复合物的短轴长度很接近,只是长轴长度不同,分子量越大长轴越长,这样的蛋白质 -SDS 复合物,在凝胶中的迁移率,不再受蛋白质原有电荷和形状的影响,而仅取决于分子量的大小。因此,当电泳体系中含有一定浓度的 SDS 时,电泳迁移率的大小仅取决于蛋白质的分子质量大小,而与蛋白质原来所带电荷量及分子形状无关,从而可直接由电泳迁移率推算出蛋白质的分子质量。

当蛋白质的分子质量在 15 000~200 000 之间时,蛋白质 -SDS 复合物的迁移率与蛋白质分子质量的对数呈线性关系:

$$lgMW=lgK-bm$$

式中,MW 为蛋白质的相对分子量;m 为电泳迁移率。当条件一定时,K 和 b 为常数。若将已知分子质量的标准蛋白质迁移率对分子质量对数作图,即可得到一条标准曲线。未知蛋白质在相同条件下进行电泳,根据它的电泳迁移率即可在标准曲线上求得分子质量。

PAGE 根据凝胶浓度和缓冲液 pH 是否相同分为连续系统和不连续系统两大类。连续系统的电泳体系缓冲液 pH 及凝胶浓度相同,带电颗粒在电场作用下,主要靠电荷效应和分子筛效应进行分离;不连续系统由于缓冲液的离子成分、pH、凝胶浓度及电位梯度的不连续性,带电颗粒在电场中泳动不仅有电荷效应,分子筛效应,还具有浓缩效应,因而其分离条带的清晰度及分辨率均优于前者。SDS-PAGE 一般采用不连续系统。

【试剂】

1. 标准蛋白质

(1)购买商品试剂盒:目前国内外均有厂家生产低分子量及高分子量标准蛋白质成套试剂盒,用于 SDS-PAGE 测定未知蛋白质分子质量。可根据具体情况选用。

(2)自行配制标准蛋白混合液:参考常用的标准蛋白及其分子质量,根据测定蛋白质分子质量的大小,从中选择几种蛋白质自行配制标准蛋白混合液。常见标准蛋白的种类见表 7-10。

表 7-10　常见标准蛋白及其相对分子质量

蛋白质名称	相对分子质量	蛋白质名称	相对分子质量
甲状腺球蛋白	669 000	兔肌动蛋白	43 000
铁蛋白	440 000	牛碳酸酐酶	31 000
过氧化氢酶	232 000	胰凝乳蛋白酶原 A	25 000
乳酸脱氢酶	140 000	鸡蛋清溶菌酶	14 400
磷酸化酶 B	94 000	细胞色素 C	12 500
牛血清白蛋白	66 200		

2. 30% 丙烯酰胺(Acr)贮存液　丙烯酰胺 29.0g,甲叉双丙烯酰胺(Bis)1.0g,加蒸馏水至 100ml,过滤后置棕色瓶中 4℃保存,可用 2~3 个月。

3. 1.5mol/L Tris-HCl 分离胶缓冲液(pH 8.8)　Tris 18.15g,SDS 0.4g,加少许蒸馏水溶解,

用 1mol/L 盐酸调 pH 至 8.8,最后用蒸馏水定容至 100ml,4℃保存。

4. 0.5mol/L Tris-HCl 浓缩胶缓冲液(pH 6.8) Tris 6.05g,SDS 0.4g,加少许蒸馏水溶解,用 1mol/L 盐酸调 pH 至 6.8,最后用蒸馏水定容至 100ml,4℃保存。

5. Tris- 甘氨酸 /SDS 电泳缓冲液(pH 8.3) Tris 3.03g,甘氨酸 14.41g,SDS 1g,加蒸馏水使其溶解后定容至 1L,4℃保存。

6. 10% 过硫酸铵(AP) 过硫酸铵 10g,加蒸馏水至 100ml,新鲜配制。

7. TEMED(四甲基乙二胺) 不需作任何处理,原液使用。

8. 染色液 2.5g 考马斯亮蓝 R-250,加入无水甲醇 450ml 溶解(可用无水乙醇代替),冰乙酸 100ml,补水至 1L。

9. 脱色液 无水甲醇 45ml(可用无水乙醇代替)、冰乙酸 10ml,补水至 100ml。

10. 2×上样缓冲液 浓缩胶缓冲液 2.0ml、甘油 2.0ml、10% SDS 4ml、β- 巯基乙醇 1.0ml、0.1%(w/V)溴酚蓝 0.5ml,混匀,加水至 10ml。

【操作】

1. 安装垂直板电泳装置

(1)垂直板电泳槽和两块玻璃板用蒸馏水洗净,晾干。

(2)将两块玻璃板置于灌胶支架上,在固定玻璃板时,两边用力要均匀,防止夹坏玻璃板,勿用手接触灌胶面的玻璃。

2. 制胶

(1)分离胶的制备:凝胶浓度不同,孔径的大小也不同,根据测定蛋白质相对分子质量大小,选择适宜的分离胶浓度。蛋白质相对分子质量范围与凝胶浓度的关系见表 7-11。

表 7-11 蛋白质相对分子质量范围与凝胶浓度的关系

蛋白质相对分子质量范围 /kDa	适用的凝胶浓度 /%
12~43	15
15~60	12.5
16~68	10
39~94	7.5
57~212	5

按表 7-12 可配制不同浓度的分离胶。

表 7-12 分离胶的制备 单位:ml

试剂	8.0%	10%	15%
H$_2$O	4.60	6.25	2.30
30% 丙烯酰胺	2.70	5.00	5.00
分离胶缓冲液(pH 8.8)	2.50	3.75	2.50
10% 过硫酸铵(新鲜)	0.1	0.1	0.1
TEMED	0.006	0.01	0.004

立即轻轻混匀，并迅速将其灌注于玻璃板间隙中，留出灌注浓缩胶所需的空间。之后在胶面上加少许蒸馏水（2~3mm 高），以阻止氧气进入凝胶溶液。静置约 50min。当凝胶与水层之间形成清晰的界面后，倒出蒸馏水并用滤纸把残留的水分吸干。

（2）浓缩胶的制备：按表 7-13 可配制不同浓度的浓缩胶。

表 7-13　浓缩胶的制备　　　　　　　　　　　　　　　　单位：ml

试剂	3%	4%	5%
H_2O	3.2	3.05	3.0
30% 丙烯酰胺	0.5	0.66	0.75
浓缩胶缓冲液（pH 6.8）	1.25	1.25	1.25
10% 过硫酸铵（新鲜）	0.05	0.05	0.05
TEMED	0.005	0.005	0.007

轻轻混匀，灌注至已聚合的分离胶上，插入样品梳。应注意，梳子需一次平稳插入，梳口处不得有气泡，梳底需水平。待浓缩胶聚合完全后，小心移出梳子，装入电泳槽，上下槽中各加入 pH 8.3 的电泳缓冲液。

3. 样品预处理　标准蛋白和待测样品（0.5~1.5mg/ml）与 2×上样缓冲液等体积混匀，转移至带塞小离心管中，置沸水浴中加热 5min，取出冷却至室温。

4. 上样　按事先设计好的顺序用微量加样器吸取处理过的样品和标准蛋白溶液，分别加至不同的梳子孔中（一般加样体积为 10~20μl）。

5. 电泳　加样完毕，打开直流稳压电源（事先将电泳槽与电极接好，上槽接负极，下槽接正极），将电压调至 8V/cm（一般用 90V 电压）。当染料前沿进入分离胶后，将电压调至 15V/cm（一般用 150V 电压），继续电泳直至溴酚蓝染料迁移至距离分离胶底约 1cm 时，即可关闭电源，停止电泳。

6. 凝胶板剥离与染色　电泳结束后，从电泳装置上卸下玻璃板，小心撬开玻璃板取出凝胶，将凝胶做好标记后放在大培养皿内，加入染色液，染色 1~2h。

7. 脱色　染色后的凝胶用蒸馏水漂洗数次，再用脱色液脱色，直到本底无色，蛋白质区带清晰为止。

【分析计算】

1. 绘制标准曲线

（1）计算相对迁移率（m_R）：按下式计算：

$$m_R = \frac{样品迁移的距离（cm）}{染料迁移的距离（cm）}$$

注：样品和染料迁移的距离是指样品与染料以分离胶上端为起点迁移的距离。

（2）绘制标准曲线：以每个标准蛋白的相对迁移率为横坐标，标准蛋白分子质量的对数值为纵坐标在坐标纸上作图，可得一条标准曲线。

2. 根据待测样品的相对迁移率，从标准曲线上查出其相对分子质量。

【注意事项】

1. 常用分离胶的浓度为 7.5%，生物体内的大多数蛋白质在此浓度的凝胶中能得到较好的结果。当分析未知样品时,常先用 7.5% 的分离胶或 4%~10% 的分离胶梯度进行测试,根据测试结果,选出适宜的凝胶浓度。

2. 标准蛋白的相对迁移率最好在 0.2~0.8 之间均匀分布。每次测定蛋白质相对分子质量时,必须同时作标准曲线,不能利用这次的标准曲线作为下次用,并且 SDS-PAGE 测定分子量有 10% 误差,不可完全信任。

3. 有些蛋白质由两条或两条以上具有独立三级结构的多肽链组成,其中每一条多肽链被称为一个亚基。这种蛋白质在巯基乙醇和 SDS 的作用下解离成两条或多条多肽链。因此,对于这一类蛋白质,SDS-PAGE 测定的只是它们的亚基或是单条肽链的相对分子量。

4. 处理样品时,应在沸水浴中加热 3min 左右,以除去蛋白质亚稳态的聚合。

5. 灌胶时玻璃板一定要洗干净,否则制胶时会有气泡,电泳时影响电流的通过。

6. AP 和 TEMED 是促凝的,根据温度加入量是可以变动的,一般不超过 30%。

7. 丙烯酰胺和甲叉双丙烯酰胺均具有神经毒性,操作时注意安全,戴好手套和口罩(聚合后毒性降低)。

8. 制胶时,在加 AP 前尽量不要搅拌,加入 AP 后可以轻轻搅拌,不要产生气泡。

9. 凝胶配制过程要迅速,催化剂 TEMED 要在注胶前再加入,否则凝结无法注胶,注胶过程最好一次完成,避免产生气泡。

10. 最好在靠中间的加样孔中加样,也可以加在离边的第 2 个加样孔,因为最靠边的加样孔的样品往往会明显跑斜。

11. 上样量不宜太高,蛋白质含量每个孔控制在 10~50μg,一般 < 15μl。

【思考题】

1. 在不连续体系 SDS-PAGE 中,当分离胶加完后,需在其上加一层蒸馏水,其目的是什么?

2. 在不连续体系 SDS-PAGE 中,分离胶与浓缩胶中均含有 TEMED 和 AP,试述其作用。

3. 样品液为何在加样前先在沸水中加热几分钟?

4. 试述 SDS 在 SDS-PAGE 中的作用。

(张晓磊)

实验十 BCA 法测定蛋白质浓度

【目的】

掌握:BCA 法测定蛋白质浓度的基本原理和方法。

熟悉:标准曲线的绘制方法。

了解:BCA 法测定蛋白的注意事项。

【原理】

BCA(bicinchoninic acid, 二喹啉甲酸)是由硫酸铜和其他试剂混合组成的一种显色剂,在碱性条件下,蛋白质可将 Cu^{2+} 还原为 Cu^+,一个 Cu^+ 可以螯合两个 BCA 分子,BCA 工作试剂由原来的苹果绿色变为紫色,后者在 562nm 处有强吸收峰,其颜色深浅与蛋白质浓度成正比。

【试剂】

1. 试剂 A　BCA 二钠盐 1g,无水碳酸钠 2g,酒石酸钠 0.16g,氢氧化钠 0.4g,碳酸氢钠 0.95g,溶于 80ml 蒸馏水中,用 1mol/L NaOH 调 pH 至 11.25,补水至 100ml。

2. 试剂 B　硫酸铜 4g,溶于 100ml 蒸馏水中。

3. BCA 工作液　试剂 A 100ml 与试剂 B 2ml 混合备用。

4. 蛋白质标准液　用结晶牛血清白蛋白根据其纯度用生理盐水配制成 1.5mg/ml 的蛋白质标准液(纯度可经凯氏定氮法测定蛋白质含量而确定)。

5. 待测样品　准确吸取 0.1ml 血清于 50ml 容量瓶内,用生理盐水稀释至刻度。

【操作】

标准曲线的制备和待测样品蛋白质浓度的测定:取 7 支试管,按表 7-14 操作。

表 7-14　蛋白质标准曲线的制备和待测样品蛋白质浓度的测定

加入物	1	2	3	4	5	空白管	测定管
标准蛋白液 /μl	20	40	60	80	100	—	—
待测样品 /μl	—	—	—	—	—	—	100
蒸馏水 /μl	80	60	40	20	—	100	—
BCA 工作液 /ml	2.0	2.0	2.0	2.0	2.0	2.0	2.0

混匀,置 37℃水浴 30min。在波长 562nm 处比色,空白管调零,读取各管吸光度值。

【计算】

1. 绘制标准曲线　以 1~5 号管吸光度值为纵坐标,以蛋白质浓度为横坐标,绘制标准曲线。

2. 根据测定管吸光度值,从标准曲线上查出未知样品的相应蛋白质浓度(g/L),注意结果应乘以稀释倍数。

【参考范围】

正常成年人:60~80g/L。

【注意事项】

1. BCA 试剂的蛋白质测定范围是 20~200μg/ml,微量 BCA 测定范围在 0.5~10μg/ml。

2. 试剂抗干扰能力强,去垢剂(如 SDS、Triton-100)、尿素等均无影响。

3. 玻璃比色皿使用完毕后,立即用 95% 的乙醇脱色,最后用蒸馏水冲洗干净,以防紫色复合物干后更难清洗。

4. 制作标准曲线时,应双管或多管平行测定,取平均值作图,以减少随机误差的影响。

5. BCA 法具有操作简单,快速,试剂稳定性好,准确灵敏等优点,现已广泛应用于蛋白质含量的测定。

【思考题】

1. 试述 BCA 与蛋白质的显色原理。

2. 试述 BCA 法测定蛋白质的优缺点。

(张晓磊)

第八章 酶 学

　　酶是由活细胞产生的、对其底物具有高度专一性和高度催化效率的生物催化剂。所有有关酶催化效能的研究都是以测定酶促反应速度为依据的。酶促反应动力学是研究酶促反应过程中的速度及其影响因素的科学。酶促反应速度的影响因素包括作用物浓度、酶浓度、温度、pH、激活剂和抑制剂等。有关酶学的研究对于人们了解生命活动的规律,认识疾病的发生以及疾病的诊断和治疗等方面具有重要意义。

　　本章内容主要包括影响酶活性的因素、蔗糖酶的专一性、血清乳酸同工酶的分离、琥珀酸脱氢酶的竞争性抑制作用和精氨酸酶的作用。

实验一　影响酶活性的因素

　　本实验是由 pH 对酶活性的影响、温度对酶活性的影响、激活剂与抑制剂对酶活性的影响三组实验组成。

一、pH 对酶活性的影响

【目的】

掌握:pH 对酶促反应速度影响的原理。

熟悉:pH 对酶促反应速度影响的操作方法。

【原理】

　　酶的活性对环境的 pH 十分敏感,每一种酶只能在一定的 pH 范围内才能发挥催化作用。如果环境的 pH 超出这个范围,酶即变性失活。酶在某一 pH 时,其催化活性最高,此时的 pH 称为酶的最适 pH。偏离酶的最适 pH,酶的活性就会下降。各种酶的最适 pH 各不相同,一般酶的最适 pH 在 4~8 之间。

　　本实验以唾液淀粉酶为例,该酶最适 pH 为 6.9。唾液淀粉酶催化淀粉水解生成各种糊精和麦芽糖,为此利用碘与淀粉的呈色反应检查淀粉是否水解及水解程度,间接判断淀粉酶是否存在以及酶活性的大小。

可溶性淀粉　　　→　　紫色糊精　　　→　　红色糊精　　　→　　无色糊精　　　→　　麦芽糖
（与碘呈蓝色）　　　　（与碘呈紫色）　　　　（与碘呈红色）　　　　（与碘不呈色）　　　　（与碘不呈色）

【试剂】

　　1. 10g/L 淀粉溶液。

　　2. 稀碘液　称取碘 2g、碘化钾 3g,溶于 1 000ml 蒸馏水中,棕色瓶贮存。

3. pH 4.0 醋酸盐缓冲液 0.2mol/L 醋酸 180ml 与 0.2mol/L 醋酸钠 820ml 混合。

4. pH 6.8 磷酸盐缓冲液 0.2mol/L 磷酸氢二钠 490ml 与 0.2mol/L 磷酸二氢钠 510ml 混合。

5. pH 9.0 硼酸盐缓冲液 0.05mol/L 硼砂 800ml 与 0.2mol/L 硼酸 200ml 混合。

【操作】

1. 收集唾液 用少许蒸馏水漱口,收集唾液约 2ml,用蒸馏水稀释 5~10 倍(根据个人的酶活性而定),脱脂棉过滤后备用。

2. 取试管 3 支编号,按表 8-1 操作。

表 8-1 pH 对酶活性影响操作方法 单位: ml

试剂	1	2	3
pH 4.0 缓冲溶液	2.0	—	—
pH 6.8 缓冲溶液	—	2.0	—
pH 9.0 缓冲溶液	—	—	2.0
10g/L 淀粉溶液	2.0	2.0	2.0
稀释唾液	10 滴	10 滴	10 滴
结果			

3. 将各管混匀,置 37℃水浴中,取瓷比色盘一个,预先在各池内分别加 1 滴稀碘液。每隔 1min 分别从每一试管内吸取溶液 1 滴,观察颜色,当有一管内的溶液不再与碘呈色(即显示碘液本色)时,取出所有试管,每管均加碘液 2 滴,混匀观察颜色,将结果记录表中。

4. 根据以上实验结果解释其原因。

【注意事项】

1. 稀释唾液时要根据个人的酶活性而定,稀释时务必充分混匀。

2. 吸取第 2 支试管液体操作要迅速。

二、温度对酶活性的影响

【目的】

掌握:温度对酶促反应速度影响的原理。

熟悉:温度对酶促反应速度影响的操作方法。

【原理】

温度对酶的活性有显著影响。酶促反应在低温时进行较慢,随温度升高而加快,当温度上升到某一温度时,酶促反应速度达最大值,此温度称为酶的最适温度。温度继续升高,酶蛋白易因变性而失去活性,反应速度反而会减慢。一般在 50℃以上,酶的失活现象就趋于明显,至 80℃时,酶活性几乎完全丧失。体外实验,酶的最适温度随反应时间长短而异。一般作用时间长,最适温度低;作用时间短,则最适温度高。人体内大多数酶的最适温度在 37~40℃。

本实验利用碘与淀粉的呈色反应,观察唾液淀粉酶在不同温度时对淀粉水解速度的影响。

【试剂】

1. 10g/L 淀粉溶液。

2. 稀碘液 配制方法同前。

3. 10g/L 氯化钠溶液。

4. pH 6.8 磷酸盐缓冲液。

【操作】

1. 收集唾液 方法如前。取一支试管加稀释唾液 2ml 加热煮沸,放置备用。

2. 取 4 支试管,编号,按表 8-2 操作。

表 8-2 温度对酶活性的影响操作方法

试剂与步骤	1	2	3	4
10g/L 淀粉溶液 /ml	2.0	2.0	2.0	2.0
10g/L 氯化钠 / 滴	10	10	10	10
pH 6.8 缓冲液 / 滴	10	10	10	10
混匀后分别放入	冰水	室温	37℃水浴	37℃水浴
5min 后各加	稀释唾液 10 滴	稀释唾液 10 滴	稀释唾液 10 滴	煮沸唾液 10 滴

将各管混匀,取瓷比色盘一个,预先在各池内分别加 1 滴稀碘液。每隔 1min 分别从每一试管内吸取溶液 1 滴,观察颜色,当有一管内的溶液不再与碘呈色(即显示碘液本色)时,取出所有试管,每管均加碘液 2 滴,混匀观察颜色,将结果记录表中。根据以上实验结果解释其原因。

【注意事项】

1. 煮沸唾液一定要煮透,注意防止因沸腾时溅出。

2. 加稀释唾液及碘液后应立即混匀各管,操作要迅速。

三、激活剂与抑制剂对酶活性的影响

【目的】

掌握:激活剂与抑制剂对酶活性影响的实验原理。

熟悉:激活剂与抑制剂对酶活性影响的操作方法及注意事项。

【原理】

酶的活性常受某些物质的影响,在酶促反应体系中加入某些物质能使酶由无活性转变为有活性或者使酶活性增加,这些物质称为激活剂。激活剂大多为金属离子,如 Mg^{2+}、K^+ 等,少数为阴离子或有机化合物,如 Cl^-、胆汁酸盐等。有一些物质能使酶活性降低或丧失但不引起酶蛋白变性,这些物质称为抑制剂。抑制剂可与酶的活性中心或者酶的活性中心以外的调节部位结合,从而抑制酶活性。本实验以唾液淀粉酶为例,氯离子使该酶活性增强,铜离子强烈抑制该酶活性。

【试剂】

1. 10g/L 淀粉溶液。

2. 10g/L NaCl 溶液。

3. 10g/L $CuSO_4$ 溶液。

4. 10g/L Na$_2$SO$_4$ 溶液。

5. pH 6.8 磷酸盐缓冲液。

6. 稀碘液。

【操作】

1. 取 3 支试管,编号,按表 8-3 操作。

表 8-3　激活剂与抑制剂对酶活性的影响操作方法

试剂	1	2	3	4
10g/L 淀粉溶液 /ml	1.0	1.0	1.0	1.0
10g/L CuSO$_4$/ 滴	5	—	—	—
10g/L NaCl/ 滴	—	5	—	—
10g/L Na$_2$SO$_4$/ 滴	—	—	—	5
蒸馏水 / 滴	—	—	5	—
稀释唾液 / 滴	10	10	10	10

2. 将各管混匀,置 37℃水浴中,取瓷比色盘 1 个,预先在各池内加碘液 1 滴。然后每隔 1min 分别从每一试管内吸取保温液 1 滴,测碘反应,当有一管内的保温液不与碘呈色(即显示碘本色)时,取出各管加碘液 2 滴,摇匀观察并解释结果。

【注意事项】

加入试剂后一定要混匀,操作要迅速。

【思考题】

1. 影响酶促反应速度的主要因素有哪些?

2. 唾液淀粉酶是怎样逐步水解淀粉的?

3. 何谓激活剂与抑制剂? 唾液淀粉酶的激活剂与抑制剂为何种离子?

(宋桂芹)

实验二　蔗糖酶的专一性

【目的】

掌握:酶催化作用专一性的原理和方法。

熟悉:酵母蔗糖酶对三种不同底物(淀粉、蔗糖和棉籽糖)的作用。

了解:定性检查还原糖的方法。

【原理】

酶对其作用的底物有严格的选择性。一种酶只能作用于一种或一类化合物,或一定的化学键,催化一定的化学反应,生成一定的产物,酶的这种性质称为酶的特异性或专一性。

本实验使用的三种底物分别为蔗糖、棉籽糖、淀粉。蔗糖是由葡萄糖、果糖通过 α, β-1,2- 糖苷键连接而成。棉籽糖是由半乳糖、葡萄糖、果糖通过 α-1,6- 糖苷键和 α, β-1,2- 糖苷键连接而成。淀粉是由葡萄糖通过 α-1,4- 糖苷键和 α-1,6- 糖苷键连接而成。蔗糖酶作

用于 α, β-1, 2- 糖苷键, 所以蔗糖酶能水解蔗糖和棉籽糖, 而不能水解淀粉。

蔗糖、棉籽糖、淀粉本身均无还原性, 加入蔗糖酶水解后生成具有还原性的糖, 其还原性可使班氏试剂中的 Cu^{2+} 还原成 Cu^+, 即生成 Cu_2O 沉淀。其沉淀的颜色可因 Cu_2O 的数量多少和颗粒大小而不同, 量多、颗粒大时为砖红色; 量少、颗粒小时为黄色。

【试剂】

1. 1% 蔗糖溶液　蔗糖 1g 溶于 100ml 蒸馏水中。

2. 1% 棉籽糖溶液　棉籽糖 1g 溶于 100ml 蒸馏水中。

3. 1% 淀粉溶液　淀粉 1g 溶于 100ml 蒸馏水中。

4. 班氏试剂 (Benedict)　称取柠檬酸钠 173g 和无水碳酸钠 100g 溶于 800ml 蒸馏水中 (可加热助溶), 冷却后, 慢慢倾入 17.5% 硫酸铜溶液 100ml, 边加边摇, 然后加蒸馏水至 1 000ml, 混匀备用。若混浊可过滤。此试剂可长期保存。

5. 0.2mol/L pH 4.8 醋酸盐缓冲液　0.2mol/L 醋酸 200ml 与 0.2mol/L 醋酸钠 300ml 混合即可。

【操作】

1. 蔗糖酶的制备　称取酵母粉 1g 置研钵中, 分次加入 8ml 蒸馏水, 边加边研磨约 5min, 研磨充分后, 用漏斗垫少许脱脂棉过滤, 滤液用蒸馏水稀释两倍。

2. 取 6 支试管, 编号, 按表 8-4 操作。

表 8-4　蔗糖酶的专一性操作方法

试剂	1	2	3	4	5	6
蔗糖酶液 / 滴	10	—	10	—	10	—
蒸馏水 / 滴	—	10	—	10	—	10
1% 蔗糖 / 滴	10	10	—	—	—	—
1% 棉籽糖 / 滴	—	—	10	10	—	—
1% 淀粉 / 滴	—	—	—	—	10	10
pH 4.8 缓冲液 /ml	1.5	1.5	1.5	1.5	1.5	1.5
结果						

将各管混匀, 置于 40℃ 水浴中保温 30min, 取出各管, 各加班氏试剂 2ml, 混匀, 将试管置沸水浴中煮 3min, 观察结果并记录表中。

【注意事项】

1. 酵母研磨要充分。

2. 过滤使用的少量脱脂棉预先要浸湿, 脱脂棉不要塞得太紧。

3. 沸水浴时间不要过长。

【思考题】

1. 联系实验解释酶作用的专一性。

2. 根据酵母蔗糖酶对三种不同底物 (蔗糖、棉籽糖、淀粉) 作用的实验结果, 判断蔗糖酶催化的化学键是什么?

（宋桂芹）

实验三　血清乳酸脱氢酶同工酶的分离

【目的】

掌握：电泳法分离乳酸脱氢酶同工酶的原理。

熟悉：电泳法分离乳酸脱氢酶同工酶的方法。

了解：乳酸脱氢酶同工酶测定的临床意义。

【原理】

乳酸脱氢酶(lactate dehydrogenase, LDH)广泛存在于肝、心、肾、骨骼肌、红细胞、脑等组织细胞中，在糖酵解代谢中催化丙酮酸还原为乳酸的可逆反应，即：乳酸 +NAD^+ $\longleftrightarrow$ 丙酮酸 +NADH+H^+。LDH 是四聚体酶，由肌型和心型两种亚单位构成，两种亚单位至少组成 5 种同工酶，即 LDH_1(H_4)、LDH_2(H_3M)、LDH_3(H_2M_2)、LDH_4(HM_3)、LDH_5(M_4)。在碱性缓冲液中带负电荷，电泳时，具有不同的泳动速度，向阳极的泳动速度由 LDH_1 至 LDH_5 递减，据此可进行分离。

本实验以醋酸纤维素膜作支持介质，在 pH 8.6 的巴比妥缓冲液中电泳分离血清样品中的 LDH 同工酶。电泳后在薄膜上进行酶促反应，以乳酸钠为底物，NAD^+ 作为受氢体，LDH 催化乳酸脱氢生成丙酮酸，同时使 NAD^+ 还原成 NADH；NADH 可使吩嗪二甲酯硫酸盐(PMS)还原，后者再将氢传递给硝基氮蓝四唑(NBT)，使其还原成紫红色甲𬭩化合物。当有 LDH 活性的区带存在时即显紫红色，且颜色深浅与酶活性成正比。若将电泳条带洗脱后，可进一步求出 LDH 同工酶的相对含量。

【试剂】

1. 0.1mol/L 磷酸盐缓冲液(pH 7.5)　称取 22.55g $Na_2HPO_4 \cdot 7H_2O$($Na_2HPO_4 \cdot 12H_2O$ 30.13g)，2.16g KH_2PO_4，以蒸馏水溶解，并定容至 1L，贮存于 4℃。

2. 巴比妥电泳缓冲液(pH 8.6，离子强度 0.06)　称 12.76g 巴比妥钠和 1.66g 巴比妥，以少量蒸馏水加热熔解后，定容至 1L。

3. 1mol/L 乳酸钠溶液　取 60% 乳酸钠 1 份，加磷酸盐缓冲液 4 份，充分混合，4℃保存。

4. 1mg/ml PMS 水溶液　棕色瓶中，4℃保存，可稳定 3 个月。

5. 10mg/mlNAD⁺ 液　棕色瓶中，4℃保存，可稳定 2 周。

6. 1mg/ml NBT 溶液　棕色瓶中，4℃保存，可稳定 3 个月。

7. 显色液　取 1ml 10mg/ml NAD^+，3ml 1mg/ml NBT，1ml 1mol/L 乳酸钠，混匀，再加入 0.3ml 1mg/ml PMS。临用前配制。

8. 2% 冰乙酸溶液。

9. 浸出洗脱液　无水乙醇 1 份加三氯甲烷 9 份。

【操作】

1. 准备

(1)取 2.5cm × 8cm 的醋酸纤维素膜条(以下简称薄膜)，在薄膜无光泽面距一端 1.5cm 处用铅笔划一点样线，在薄膜右方注上阿拉伯数字编号。

(2)将薄膜浸于电泳缓冲液中，充分浸泡后取出，用滤纸吸取多余缓冲液。

2. 点样

用血红蛋白吸管吸取样品 5μl,于薄膜点样线上均匀来回移动,或用点样器蘸少许血清,然后垂直紧压在薄膜点样线上,移开点样器,注意保持尽可能窄的范围。

3. 电泳

(1)将薄膜条置于电泳槽架上,点样面向下,点样端置于阴极,用滤纸或纱布作桥,平衡 5min,通电。

(2)电流 0.4~0.6mA/cm 膜宽,电压 100V 左右,通电 60~90min。

4. 显色

(1)在电泳结束前 15min 配制显色液,同时将与电泳条相应大小的醋酸纤维素膜浸于 pH 7.5 的 0.1mol/L 磷酸盐缓冲液,使之充分浸润,然后取出吸干,再浸于显色试剂中。

(2)电泳结束后,将浸有显色试剂的薄膜条小心置于载玻片上(无光泽面向上),然后将电泳条从电泳槽中取出,将点样面小心覆盖在用显色液浸泡的薄膜上,覆盖时绝对避免拖移和气泡,防止区带模糊和产生白色斑点。

(3)将覆盖好的薄膜条连同玻片一起置于有盖的培养皿内,于 37℃保温 30min,即可显色。

(4)保温结束,将薄膜条在 2% 冰乙酸中漂洗两次,每次约 5min,用滤纸吸干。

(5)观察 LDH 同工酶的位置,并分析实验结果。

【结果与计算】

LDH 同工酶电泳条带由正极到负极依次为:LDH_1、LDH_2、LDH_3、LDH_4 和 LDH_5。按区带呈色深浅,比较 LDH 同工酶各区带呈色强度的关系。正常人 LDH 同工酶电泳图像上呈色深浅关系为:$LDH_2 > LDH_1 > LDH_3 > LDH_4 > LDH_5$。$LDH_5$ 呈色很浅。

【注意事项】

1. 红细胞中含 LDH 约为血清活性的 100 倍,故不宜用溶血标本。

2. LDH_4 及 LDH_5,特别是 LDH_5 对热敏感,底物显色液如超过 50℃,LDH_5 易失活,故应严格控制温度。

3. LDH 同工酶对冷的敏感性不同,尤其 LDH_5 对冷不稳定。因此血清标本应放置室温保存,一般在 25℃下可稳定 2~3d。

4. 可用 0.5~1.0mol/L 的乳酸锂液(pH 7.0)替代上述乳酸钠液。因乳酸锂稳定性强,还可避免因长时期存放的乳酸钠液会产生酮酸类物质而抑制酶反应。

5. PMS 对光敏感,故底物显色液需避光保存,否则显色后的薄膜条背景颜色较深,影响结果观察和定量。

【临床意义】

正常血清中 LDH 活性大小依下列顺序变化:$LDH_2 > LDH_1 > LDH_3 > LDH_4 > LDH_5$。在疾病情况下,LDH 同工酶变化类型主要有三种:

1. $LDH_1 > LDH_2$,即 LDH_2/LDH_1 比值小于 1 时,主要见于某些心脏疾病,比如心肌损伤、急性心肌梗死、心肌病等,此时 LDH_1 活性增高,导致 $LDH_1 > LDH_2$,此比值是诊断心肌梗死的一个较灵敏、持续时间较长的指标。

2. $LDH_5 > LDH_4$,此时血清中 LDH_5 增高,主要见于一些肝脏疾病,LDH_5 增加可作为急性肝炎的早期指征,在骨骼肌损伤时血清中 LDH_5 也可增加。

3. 各个同工酶活力都增加,而相对百分比变化不大,见于一些原发性肿瘤(骨髓瘤、霍奇金病)、结核病、血小板增多症等。

【思考题】

1. 试述电泳法分离 LDH 同工酶的原理。

2. 试述电泳法分离 LDH 同工酶的注意事项。

(宋桂芹)

实验四 琥珀酸脱氢酶的竞争性抑制作用

【目的】

掌握:丙二酸对琥珀酸脱氢酶活性的抑制作用。

熟悉:酶的竞争性抑制作用的概念与特点。

了解:在无氧条件下不需氧脱氢酶的作用。

【原理】

有些抑制剂与酶的底物结构相似,能与底物竞争酶的活性中心并与之结合,从而抑制酶的活性。抑制程度取决于抑制剂与底物浓度的相对比例。这种由于相互竞争而引起的抑制作用,称为竞争性抑制作用。

丙二酸与琥珀酸的分子结构相似,故可与琥珀酸竞争琥珀酸脱氢酶的活性中心,抑制琥珀酸的脱氢作用,抑制程度大小取决于丙二酸与琥珀酸两者浓度的比例。

肝脏中含有丰富的琥珀酸脱氢酶,能催化琥珀酸脱氢转变成延胡索酸,在隔绝空气条件下,反应中生成的 $FADH_2$ 可使蓝色的亚甲蓝还原成无色的亚甲白。

本实验在隔绝空气条件下,以亚甲蓝为受氢体,琥珀酸脱氢酶的活性改变可利用亚甲蓝受氢后褪色的程度来判断,并以此来观察丙二酸对琥珀酸脱氢酶活性的抑制作用。

【试剂】

1. 0.02mol/L 琥珀酸溶液 称取 2.36g 琥珀酸溶于 600ml 蒸馏水中,定容至 1L。

2. 0.2mol/L 琥珀酸溶液 称取 23.6g 琥珀酸溶于 600ml 蒸馏水中,定容至 1L。

3. 0.02mol/L 丙二酸溶液 称取 2.08g 琥珀酸溶于 600ml 蒸馏水中,定容至 1L。

4. 0.2mol/L 丙二酸溶液 称取 20.8g 琥珀酸溶于 600ml 蒸馏水中,定容至 1L。

以上四种溶液用 1mol/L NaOH 调节至 pH 7.4,直接用琥珀酸钠及丙二酸钠配制亦可。

5. 0.067mol/L 磷酸盐缓冲液(pH 7.4) 0.067mol/L KH_2PO_4 19.2ml 与 0.067mol/L Na_2HPO_4 80.8ml 混合而成。

6. 0.02% 亚甲蓝溶液。

7. 液体石蜡。

8. 新鲜兔肝。

【操作】

1. 琥珀酸脱氢酶的制备 取家兔肝脏 2g 剪碎,置研钵中,加 0.067mol/L pH 7.4 的磷酸盐缓冲液 4ml 研成糊状,再加 0.067mol/L pH 7.4 磷酸盐缓冲液 2ml 搅匀,过滤,取滤液。

2. 取 5 支试管,编号,按表 8-5 操作。

表 8-5　琥珀酸脱氢酶测定操作表　　　　　　　　　　　　　　　　单位:滴

试剂	管号				
	1	2	3	4	5
肝匀浆液	20	20	20	20	—
0.2mol/L 琥珀酸	4	4	4	—	4
0.02mol/L 琥珀酸	—	—	—	4	—
0.2mol/L 丙二酸	—	4	—	4	—
0.02mol/L 丙二酸	—	—	4	—	—
蒸馏水	4	—	—	—	24
亚甲蓝	2	2	2	2	2

3. 将各管摇匀,再加液体石蜡 10 滴,此时不要振动试管。然后将 5 支试管置 37℃水浴,随时观察颜色变化,并比较其结果。

【结果】

根据颜色消褪程度判断丙二酸对琥珀酸脱氢酶的抑制作用。

【注意事项】

反应体系必须隔绝空气。

【思考题】

1. 为什么要用液体石蜡隔绝空气来进行实验?

2. 何谓竞争性抑制作用?

3. 如何判断丙二酸对琥珀酸脱氢酶的抑制作用?

（宋桂芹）

实验五　精氨酸酶的作用

【目的】

掌握:精氨酸酶作用的检测原理。

熟悉:精氨酸酶作用的检测方法。

【原理】

精氨酸在肝脏中精氨酸酶的作用下,生成鸟氨酸和尿素。生成的尿素再经脲酶催化生成二氧化碳和氨。生成的氨与纳氏试剂反应生成黄色碘化双汞铵沉淀,颜色深浅与尿素的生成量有关,据此可检测精氨酸酶的存在及其作用。

$$精氨酸 + H_2O \xrightarrow{\text{精氨酸酶}} 鸟氨酸 + 尿素$$

$$尿素 + H_2O \xrightarrow{\text{脲酶}} 二氧化碳 + 氨$$

$$氨 + 纳氏试剂 \longrightarrow 碘化双汞铵$$

【试剂】

1. 2% 精氨酸。

2. 纳氏试剂　取 115g HgI_2 和 80g KI，用适量水溶解，再加水至 500ml，与 6mmol/L NaOH 溶液 500ml 混匀，放在暗处备用。如放置时产生沉淀，取上清液应用。

3. 脲酶液　黄豆粉 4g，加 30% 乙醇 40ml 溶解。

4. pH 7.4 磷酸盐缓冲液　取 0.2mol/L Na_2HPO_4 81.0ml 与 0.2mol/L NaH_2PO_4 19ml 混匀即得。

【操作】

1. 精氨酸酶的制备　取 2g 动物肝脏，剪碎，置研钵中，加 15ml 生理盐水，将其研成糊状，用纱布过滤，取滤液。

2. 取试管两支，编号，按表 8-6 操作。

表 8-6　精氨酸酶的作用　　　　　　　　　　　　　　　　　单位：滴

试剂	管号	
	1	2
精氨酸	30	—
水	—	30
磷酸盐缓冲液	5	5
肝匀浆液	10	10

混匀，40℃水浴中保温 30min，取出试管，立即煮沸，冷却，取上清液，分别放入另外两支试管内。

3. 每管内各加脲酶液 10 滴，置 40℃水浴中保温 15min，取出冷却后，各加纳氏试剂 10 滴，观察两管颜色。

【注意事项】

1. 制备精氨酸酶时尽量减少机械损伤。

2. 控制好酶作用的时间和温度。

【思考题】

试述精氨酸酶作用的检测原理。

（宋桂芹）

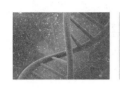

第九章　糖　代　谢

糖是机体一类重要的供能物质。糖代谢主要是葡萄糖在体内的复杂代谢过程,涉及糖的有氧氧化和无氧酵解以供给机体能量需求,此外,还有磷酸戊糖途径、糖原的合成与分解、糖异生途径,并与其他物质代谢密切联系。糖代谢对维持机体,尤其是脑和神经的正常生理功能有重要意义。糖代谢的中心问题是如何维持血糖来源和去路的动态平衡。正常人血糖相对恒定,血液葡萄糖即为血糖,主要受神经和内分泌激素的调节,也是肝脏、肌肉等组织协调的结果。机体在某些病理状态下可引起糖代谢紊乱,使血糖水平过低或过高,并导致患者出现相应症状,严重时可危及生命。通过本章实验内容加深对血糖及其血糖调节和糖代谢的认识,进一步掌握糖代谢的一些研究方法。

实验一　葡萄糖氧化酶法测定血清葡萄糖

【目的】
掌握:葡萄糖氧化酶法测定血清葡萄糖原理、临床意义。
熟悉:葡萄糖氧化酶法测定血清葡萄糖的基本操作过程。

【原理】
葡萄糖氧化酶(glucose oxidase,GOD)利用氧和水将葡萄糖氧化为葡萄糖酸,并释放过氧化氢。过氧化物酶(peroxidase,POD)可将过氧化氢分解为水和氧,并使色原性氧受体 4-氨基安替比林和酚去氢缩合为红色醌类化合物,即 Trinder 反应。红色醌类化合物的生成量与葡萄糖含量成正比。与同样处理的葡萄糖标准液比较,经计算可求出血清葡萄糖含量。

【试剂】

1. 0.1mol/L 磷酸盐缓冲液(pH 7.0)　称取无水磷酸氢二钠 8.67g 及无水磷酸二氢钾 5.3g 溶于蒸馏水 800ml 中,用 1mol/L 氢氧化钠(或 1mol/L 盐酸)调 pH 至 7.0,用蒸馏水定容至 1L。

2. 酶试剂　称取过氧化物酶 1 200U、葡萄糖氧化酶 1 200U、4-氨基安替比林 10mg、叠氮化钠 100mg,溶于磷酸盐缓冲液 80ml 中,用 1mol/L NaOH 调 pH 至 7.0,用磷酸盐缓冲液定容至 100ml,置 4℃保存,可稳定 3 个月。

3. 酚试剂　称取重蒸馏酚 100mg 溶于蒸馏水 100ml 中,用棕色瓶贮存。

4. 5.55mmol/L 葡萄糖标准应用液　吸取葡萄糖标准贮存液 5.55ml 置于 100ml 容量瓶中,用 12mmol/L 苯甲酸溶液稀释至刻度,混匀。

5. 也可用成套试剂盒。

【操作】

取试管3支,按下表9-1操作。

表 9-1　葡萄糖氧化酶法测定血糖操作步骤　　　　　　　　　　　单位: ml

加入物	空白管	标准管	测定管
血清	—	—	0.02
葡萄糖标准应用液	—	0.02	—
蒸馏水	0.02	—	—
酚试剂	1.5	1.5	1.5
酶试剂	1.5	1.5	1.5

混匀,置37℃水浴中,准确保温15min,在波长505nm处比色,以空白管调零,读取各管吸光度。

【计算】

$$血糖(\text{mmol/L}) = \frac{测定管吸光度值}{标准管吸光度值} \times 5.55$$

【参考范围】

空腹血清葡萄糖为3.9~6.1mmol/L。

【注意事项】

1. 葡萄糖氧化酶法可直接测定脑脊液葡萄糖含量,但不能直接测定尿液葡萄糖含量。因为尿液中尿酸等干扰物质浓度过高,可干扰过氧化物酶反应,造成结果假性偏低。

2. 本法用血量甚微,操作中应注意加量准确,以保证结果可靠。

3. 测定标本可用血清或血浆。若用血浆则以草酸钾 - 氟化钠为抗凝剂。取草酸钾 6g,氟化钠 4g,加水溶解至 100ml。吸取 0.1ml 到试管内,在 80℃以下烤干使用,可使 2~3ml 血液在 3~4d 内不凝固并抑制糖分解。

4. 严重黄疸、溶血及乳糜样血清应先制备无蛋白血滤液,然后再进行测定。

【临床意义】

1. 生理性高血糖　可见摄入高糖食物后,或情绪紧张肾上腺分泌增加时。

2. 病理性高血糖

(1)糖尿病:病理性高血糖常见于胰岛素绝对或相对不足的糖尿病患者。

(2)内分泌腺功能障碍:甲状腺功能亢进,肾上腺皮质功能及髓质功能亢进。

(3)颅内压增高:颅内压增高刺激血糖中枢,如颅外伤、颅内出血、脑膜炎等。

(4)脱水引起的高血糖:如呕吐、腹泻和高热等也可使血糖轻度增高。

3. 生理性低血糖　见于饥饿和剧烈运动。

4. 病理性低血糖

(1)胰岛 β 细胞增生或胰岛 β 细胞瘤等,使胰岛素分泌过多。

(2)对抗胰岛素的激素分泌不足,如腺垂体功能减退、肾上腺皮质功能减退和甲状腺功能减退而使生长素、肾上腺皮质激素和甲状腺激素分泌减少。

(3)严重肝病患者,由于肝脏储存糖原及糖异生等功能减退,肝脏不能有效地调节血糖。

【思考题】

1. 葡萄糖氧化酶法为什么不能直接用于尿液标本的测定?
2. 本实验在操作过程中有哪些注意事项?

（朱晓波）

实验二 饱食和饥饿对肝糖原含量的影响

【目的】

掌握:饱食和饥饿对肝糖原含量的影响及其作用机制。

了解:糖原测定的原理和方法。

【原理】

糖原是动物体内糖的储存方式,主要存在于肝和肌肉组织中。肝糖原的正常含量约占肝重的 5%,许多因素可影响肝糖原的含量,如饱食可使其含量增加;而饥饿可使其含量减少。先将肝组织置于浓碱中加热,破坏其他成分而保留肝糖原。糖原在浓硫酸作用下生成的 5- 羟甲基呋喃甲醛,与蒽酮作用生成蓝色化合物,与同样处理的标准葡萄糖进行比较,即可算出糖原含量。

【试剂】

1. 30% 氢氧化钾溶液(分析纯)。
2. 0.9% NaCl 溶液。
3. 0.1mg/ml 标准葡萄糖溶液。
4. 蒽酮试剂 于浓硫酸 100ml 中加蒽酮 0.2g,此试剂不稳定,以当日配用为宜。

【操作】

1. 动物准备 选取 4 只体重在 25g 以上的健康小白鼠,随机分为两组:一组给足量的食料;而另一组于实验前禁食 24h,只供给饮水。
2. 提取糖原 将 4 只小白鼠断头处死,分别快速取出肝脏,用 0.9% 氯化钠溶液洗去残存的血液,然后用滤纸吸干,准确称取 0.5g 肝组织,分别放入盛有 1.5ml 30% 氢氧化钾溶液的试管中,编号后置沸水浴中煮沸 20min(糖原在浓碱溶液中非常稳定,因此,在显色之前先将肝组织放在浓碱中加热,以破坏其他成分而保留肝糖原,肝组织必须至全部溶解为止,否则影响比色),取出后冷却,将各管内容物分别移入 4 个 100ml 的容量瓶中,加蒸馏水定容至刻度,混匀后备用。
3. 糖原的测定 按表9-2操作。

表9-2 糖原含量测定操作表 单位:ml

加入物	饱食管	饥饿管	标准管	空白管
糖原提取液	0.2	0.2	—	—
标准葡萄糖液	—	—	0.2	—
蒸馏水	0.8	0.8	0.8	1.0
0.2% 蒽酮试剂	2.0	2.0	2.0	2.0

摇匀,置沸水浴中 10min,取出后冷却,在 620nm 波长进行比色分析。

【计算】

$$肝糖原(g/100g 肝组织) = \frac{测定管吸光度值}{标准管吸光度值} \times 1 \times 0.1 \times \frac{100}{1} \times \frac{100}{肝重} \times \frac{1}{1\,000} \times 1.11$$

注:式中 1 为糖原溶液的稀释倍数;

　　0.1 是指标准葡萄糖浓度;

　　100/1 是指将糖原定容于 100ml 容量瓶;

　　100/ 肝重是将实验所用肝重换算为每 100g 肝组织;

　　1.11 为本实验中将葡萄糖换算为糖原含量的换算常数。

【注意事项】

此法测定肝糖原含量范围为 1.5%~9%,若低于 1% 时,蛋白质可干扰蒽酮反应,须改用间接法测定,即肝组织消化后,用 95% 乙醇沉淀肝糖原,离心分离后,用蒸馏水 2ml 溶解肝糖原,再按上表操作。

【思考题】

1. 取出肝脏后为什么要迅速用 KOH 消化?

2. 分析实验结果,并解释计算公式。

（朱晓波）

实验三　乳　酸　测　定

【目的】

通过肌肉兴奋后生成乳酸,以证明糖酵解作用。

【原理】

肌糖原的酵解作用,即肌糖原在缺氧的条件下,经过一系列的酶促反应,最后转变成乳酸,并释放能量的过程。

糖原酵解的终产物乳酸可与硫酸共热变成乙醛,后者再与对羟基联苯反应产生紫罗兰色物质,根据颜色的显现而加以鉴定。每毫升溶液含 1~5μg 乳酸即出现明显的颜色反应。

【试剂】

1. 对羟基联苯试剂　称取对羟基联苯 1.0g,溶于 5% NaOH 溶液 10ml,以蒸馏水稀释至 100ml,存于棕色瓶。若对羟基联苯颜色较深,应用丙酮或无水乙醇重结晶。放置时间较长后,会出现针状结晶,应摇匀后使用。

2. 10% 三氯乙酸溶液。

3. 氢氧化钙(粉末)。

4. 浓硫酸。

5. 饱和硫酸铜溶液。

6. 1mol/L 标准乳酸。

【操作】

1. 糖酵解　取新鲜蟾蜍两小腿对应的腓肠肌 2 块,一块立即放入研钵中加入 10% 三氯醋酸 3ml,用少许细沙研成匀浆。另一块肌肉用电子刺激器持续刺激 15min,立即放入研钵中,加 10% 三氯醋酸 3ml,用少许细沙研成匀浆。

2. 沉淀糖 两研钵中各加入 0.2g 氢氧化钙及饱和硫酸铜溶液 10 滴,混匀后,放置 20min,使糖沉淀。内容物分别置离心管中,3 000r/min 离心 5min。

3. 乳酸的测定 各取上清液 1 滴分别置于清洁干燥的两试管中(不可多取),另取 1mol/L 标准乳酸 1 滴于第三试管中,各管小心滴加浓硫酸 1ml,摇匀后置沸水浴中加热 15min。取出冷却,加入 10g/L 对羟联苯 2 滴,摇匀后在 37℃水浴中保温 30min,再置沸水浴中 1min 取出,比较各管颜色深浅。

【注意事项】

1. 对羟基联苯试剂一定要经过纯化,使其呈白色。

2. 乳酸测定中,试管必须洁净、干燥,防止污染,否则影响测定结果。

3. 若有大量糖类和蛋白质等杂质存在,则严重干扰测定,因此实验中应尽量除净这些物质。

【思考题】

1. 动物体中糖的贮存形式是什么?实验时,为什么可以用淀粉代替糖原?

2. 试述糖酵解作用的生理意义。

(朱晓波)

第十章 脂 类 代 谢

脂类是人体内的重要营养素,包括脂肪和类脂。脂肪,又称为甘油三酯,是机体储存能量的主要形式,也是机体重要的供能物质;类脂包括胆固醇(游离胆固醇和结合胆固醇)、磷脂和糖脂等,是生物膜的重要组成成分,参与细胞的识别及信号转导,也是多种生理活性物质的前体。脂类物质的正常代谢,即合成和分解代谢,对维持机体的正常功能至关重要。脂类代谢异常与多种疾病,如肥胖、动脉粥样硬化和冠心病等密切相关。衡量脂类代谢状况的重要依据是血脂水平。

血脂是血浆脂类物质的总称,包括甘油三酯、胆固醇、磷脂和游离脂肪酸等。其中的游离脂肪酸是以白蛋白-脂肪酸复合物的形式在血液中运输,另外几种是以脂蛋白的形式存在、运输和代谢。脂蛋白是由甘油三酯、胆固醇、磷脂和载脂蛋白共同构成的颗粒状结构。通常根据血浆脂蛋白的密度将血浆脂蛋白分为乳糜微粒、极低密度脂蛋白、低密度脂蛋白和高密度脂蛋白等。每种脂蛋白均有各自的代谢特点,同时在代谢上又密切相关。临床上,血脂、血浆脂蛋白和载脂蛋白,即甘油三酯、胆固醇、高密度脂蛋白胆固醇、低密度脂蛋白胆固醇、载脂蛋白 A 和 B 等的测定可用作动脉粥样硬化和冠心病风险程度的评估、高脂蛋白血症的诊断。

实验一 磷酸甘油氧化酶法测定血清甘油三酯

【目的】

掌握:磷酸甘油氧化酶法测定血清甘油三酯的原理。

熟悉:磷酸甘油氧化酶法测定血清甘油三酯的操作方法。

了解:血清甘油三酯测定的临床意义。

【原理】

血清中甘油三酯在脂蛋白脂肪酶(lipoprotein lipase, LPL)的作用下,水解为甘油和游离脂肪酸,甘油由甘油激酶(glycerokinase, GK)作用生成 3-磷酸甘油,再经磷酸甘油氧化酶(glycerophosphate oxidase, GPO)氧化生成磷酸二羟丙酮和过氧化氢(H_2O_2),然后由过氧化物酶(peroxidase, POD)催化 4-氨基安替比林和酚(三者合称 PAP)与 H_2O_2 反应,生成红色醌类化合物(即 Trinder 反应)。醌类化合物的颜色深浅与血清中甘油三酯的浓度成正比,分别测定标准管和测定管的吸光度值,即可计算出血清甘油三酯的含量。本法简称为 GPO-PAP 法,反应方程式如下:

$$甘油三酯 + H_2O \xrightarrow{LPL} 甘油 + 脂肪酸$$

$$甘油 + ATP \xrightarrow{GK} 3-磷酸甘油 + ADP$$

$$3-磷酸甘油 + O_2 \xrightarrow{GPO} 磷酸二羟丙酮 + H_2O_2$$

$$H_2O_2 + 4-氨基安替比林 + 酚 \xrightarrow{POD} 红色醌类化合物 + H_2O$$

【试剂】

不同试剂盒的组成有差异,参见相关说明书。

1. 试剂Ⅰ(RⅠ)干粉

(1)脂蛋白脂肪酶　　　　　≥3 000U/L

(2)甘油激酶　　　　　　　≥200U/L

(3)磷酸甘油氧化酶　　　　≥200U/L

(4)过氧化物酶　　　　　　≥300U/L

(5)腺苷三磷酸二钠　　　　≥0.5mmol/L

2. 试剂Ⅱ(RⅡ)缓冲液

(1)2,4-二氯苯酚　　　　　2.0mmol/L

(2)Tris缓冲液(pH 7.6±1)　0.15mmol/L

3. 甘油三酯校准液　2.26mmol/L(200mg/dl)

【操作】

1. 工作液配制　将RⅠ用适量的(根据包装规格)RⅡ溶解,配成工作液,稳定10min后使用。该工作液室温(15~25℃)条件下可以稳定2d,4~8℃可以稳定2周。

2. 按表10-1操作。

表10-1　GPO-PAP法测定血清TG　　　　　　　单位:ml

加入物	空白管	标准管	测定管
血清	—	—	0.02
校准液	—	0.02	—
蒸馏水	0.02	—	—
工作液	2.0	2.0	2.0

各管混匀后,37℃水浴5min,以空白管调零,波长500nm处测定各管吸光度值。

【计算】

$$血清甘油三酯(mmol/L) = \frac{测定管吸光度}{标准管吸光度} \times 校准液浓度(2.26mmol/L)$$

【参考范围】

不同地区、人种的TG参考值因环境与遗传因素而异。

成人理想范围:<1.70mmol/L(150mg/dl);升高:>1.70mmol/L(150mg/dl)。

【注意事项】

1. 标本可以为血清,肝素抗凝血浆或EDTA抗凝血浆,血清在4℃可储存3d。

2. 按临床检验常规要求采集样本后,应尽快将血浆与红细胞分离,最好在抽血后2h内完成,以减少甘油三酯在血液中的自发水解。

3. 血清甘油三酯水平受饮食影响显著，因此一般要求空腹 12~14h 的血液样本，并且 72h 内不饮酒，否则检测结果会偏高。

4. 方法线性范围为 11.3mmol/L，如果标本中甘油三酯含量超过 11.3mmol/L，须将样品用生理盐水稀释后测定，结果乘以稀释倍数。

5. 血清中存在的游离甘油对甘油三酯的测定结果有一定的影响，一般健康者血清中游离甘油约为 0.11mmol/L，由于血清甘油三酯的含量波动幅度大，其引起的误差可以忽略。

6. 试剂溶解后变混浊或试剂空白吸光度值＞ 0.10，则不能使用。

7. 如果使用分光光度计手工测定，为了节省试剂可以先加入工作液 1ml 反应，在反应结束后，于每管中加入 1.5ml 蒸馏水稀释后比色测定。

【临床意义】

饮食方式、年龄、性别等生理性因素对 TG 水平影响均较大。

1. 血清甘油三酯升高　常见于原发性或继发性高脂蛋白血症、动脉粥样硬化、糖尿病以及肾病综合征等。

2. 血清甘油三酯降低　可见于原发性脂蛋白缺乏症、甲状腺功能亢进、肾上腺功能不全以及消化不良等。

【思考题】

1. 磷酸甘油氧化酶法测定血清甘油三酯的原理是什么？

2. 测定血清甘油三酯是否有其他方法？其原理是什么？

（刘　洁）

实验二　胆固醇氧化酶法测定血清总胆固醇

【目的】

掌握：胆固醇氧化酶法测定血清总胆固醇的原理。

熟悉：胆固醇氧化酶法测定血清总胆固醇的操作方法及注意事项。

了解：血清总胆固醇测定的临床意义。

【原理】

血清中总胆固醇（total cholesterol, TC）包括两部分，游离胆固醇（free cholesterol, FC）和胆固醇酯（cholesterol ester, CE）。CE 在胆固醇酯酶（cholesterol esterase, CHE）的作用下水解为 FC 和游离脂肪酸（free fatty acid, FFA），FC 再经胆固醇氧化酶（cholesterol oxidase, CHOD）氧化生成 Δ^4- 胆甾烯酮和过氧化氢（H_2O_2），H_2O_2 在 4- 氨基安替比林和酚存在时，经过氧化物酶（peroxidase, POD）作用，生成红色的醌类化合物，其显色程度与血清中 TC 的浓度成正比。具体反应方程式如下：

$$胆固醇酯 + H_2O \xrightarrow{CHE} 胆固醇 + 脂肪酸$$

$$胆固醇 + O_2 \xrightarrow{CHOD} \Delta^4\text{- 胆甾烯酮} + H_2O_2$$

$$H_2O_2 + 4\text{- 氨基安替比林} + 酚 \xrightarrow{POD} 红色醌类化合物 + H_2O$$

【试剂】

不同试剂盒的组成有差异，参见相关说明书。

1. 试剂Ⅰ(RⅠ)干粉

(1)胆固醇酯酶　　　　　　　≥400U/L

(2)胆固醇氧化酶　　　　　　≥500U/L

(3)过氧化物酶　　　　　　　≥200U/L

(4)4-氨基安替比林　　　　　1mmol/L

2. 试剂Ⅱ(RⅡ)缓冲液

(1)3,5-二氯-2-羟基苯磺酸　4mmol/L

(2)磷酸盐缓冲液(pH 7.0±1)　0.1mmol/L

3. 总胆固醇校准液(定值见标签)

【操作】

1. 工作液配制　将RⅠ用适量的(根据包装规格)RⅡ溶解,配成工作液,稳定10min后使用。该工作液室温(15~25℃)条件下可以稳定8h,4~8℃可以稳定1周。

2. 按表10-2操作。

表10-2　CHOD-PAP法测定血清TC　　　　　　　　　　　单位:ml

加入物	空白管	标准管	测定管
血清	—	—	0.02
校准液	—	0.02	—
蒸馏水	0.02	—	—
工作液	2.0	2.0	2.0

混匀后,37℃水浴5min,于波长500nm处以空白管调零,读取各管吸光度值。

【计算】

$$血清总胆固醇(mmol/L)=\frac{测定管吸光度}{标准管吸光度} \times 校准液浓度$$

【参考范围】

成人理想范围: < 5.18mmol/L(200mg/dl);

边缘升高: 5.18~6.19mmol/L(200~239mg/dl);

升高: ≥ 6.22mmol/L(240mg/dl)。

【注意事项】

1. 标本可以为血清,肝素抗凝血浆或EDTA抗凝血浆。

2. 方法线性范围为19.38mmol/L,如果血清总胆固醇浓度超过此范围时,用生理盐水稀释后测定,结果乘以稀释倍数。

3. 试剂中酶的质量影响测定结果。如果试剂出现混浊或不再符合线性要求,则不能使用。

4. H_2O_2 与其他氧化反应发生竞争关系,如胆红素、维生素C、血红蛋白。

5. 如果使用分光光度计手工测定,为了节省试剂可以先加入工作液1ml反应,在反应结束后,于每管中加入1.5ml蒸馏水稀释后比色测定。

【临床意义】

影响TC水平的因素有:年龄与性别、饮食、遗传因素、运动、精神紧张等。

1. 血清胆固醇升高 病理性胆固醇升高即高胆固醇血症,可分为原发性和继发性两大类。原发性如家族性高胆固醇血症、家族性 ApoB 缺陷症等;继发性如糖尿病、肾病综合征、甲状腺功能减退等。高胆固醇血症是冠心病的主要危险因素之一。

2. 血清胆固醇降低 即低胆固醇血症,也可分为原发性和继发性两大类。前者如家族性无 β 或低 β 脂蛋白血症;后者如贫血、败血症、甲亢、肝脏疾病及营养不良等。

【思考题】

1. 胆固醇氧化酶法测定血清总胆固醇的原理是什么?

2. 临床检测血清总胆固醇有何实际应用价值?

（刘 洁）

实验三 免疫透射比浊法测定血清载脂蛋白B100

【目的】

掌握:免疫透射比浊法测定血清载脂蛋白 B100 的原理及标准曲线绘制的方法。

熟悉:血清载脂蛋白 B100 测定的临床意义。

了解:免疫透射比浊法测定血清载脂蛋白 B100 的方法评价。

【原理】

抗原抗体按一定比例反应时,在溶液内生成细小颗粒的抗原抗体复合物均匀分散在溶液介质内。当光线通过这一混浊液时,混浊液内的颗粒能吸收光线,光线被吸收的量与混浊颗粒的量成正比,此方法称为免疫透射比浊法。血清载脂蛋白 B100(ApoB100)与试剂中的 ApoB100 抗体相结合,在一定条件下形成不溶性免疫复合物,使溶液混浊,混浊度与 ApoB100 的量成正比,以此作为定量的依据。

【试剂】

1. 样品稀释液 0.01mol/L 的磷酸盐缓冲液(pH 7.4)中含 0.15mol/L 氯化钠,40g/L PEG-6000 及表面活性剂适量(如 Tween20),用 G5 玻芯漏斗抽滤后备用。

2. 兔抗人 ApoB100 抗血清应用液 抗血清效价以 1:32~1:64 为宜。临用前取抗血清 200μl 加 0.9% NaCl 液 700μl,混匀待用。4℃放置 1 周有效。

3. 参考血清 购买符合国际标准的定值血清,−20℃保存。

【操作】

1. ApoB100抗体液制备 取抗血清 100μl,加相应的 ApoB100 缓冲液 900μl 混合。

2. 按表10-3操作。

表 10-3 免疫终点法测定 ApoB100　　　　单位:μl

加入物	空白管	标准管	测定管
血清	—	—	5
参考血清	—	5	—
磷酸盐缓冲液	5	—	—
抗血清应用液	1 000	1 000	1 000

混匀后,25~37℃放置 10min,于波长 340nm 处比浊,以空白管调零读取各管吸光度值。计算结果或根据标准曲线查得结果。

3. 标准曲线的绘制　根据免疫比浊法原理,吸光度与浓度之间一般是 3 次方程曲线关系,应取多点(3~9 点),按 $y=a+bx+cx^2+dx^3$ 的 3 次方程回归曲线进行定标,制作参考工作曲线。

以 5 点定标为例,标准曲线制备方法如下:

(1)制备 5 种不同浓度的标准液:取参考血清,用 0.9% 生理盐水倍比稀释成 5 个不同浓度,第 1 管为原参考血清浓度,其他 4 管分别为第 1 管的 1/2、1/4、1/8、1/16。

(2)测定:与标本同样操作,测定出各标准管的吸光度值。

(3)绘制标准曲线:以浓度对吸光度值按曲线回归计算作图,绘制标准曲线。

【计算】

以测定管吸光度值对照标准曲线,查得 ApoB100 含量;用非线性 Logit-log 5P 或拟合曲线处理,计算 ApoB100 含量。

【参考范围】

血清 ApoB100 参考范围:0.5~1.1g/L。

【注意事项】

1. 购买效价高、单价特异的 ApoB100 抗血清。

2. 保持抗原、抗体合适的比例。

3. 通过标准曲线法测定 ApoB100 较准确。免疫透射比浊法应以多点(5~7 点)定标,按曲线回归运算。

4. 标本应是及时分离的空腹血清。

【临床意义】

在一般情况下,大约有 90% 的 ApoB100 分布在 LDL 中,故血清 ApoB100 主要代表 LDL 水平,它与血清 LDL-C 水平呈明显正相关,ApoB100 水平高低的临床意义也与 LDL-C 相似。ApoB100 水平增高是心脑血管疾病、高脂血症及动脉硬化发生的危险因素。

【思考题】

1. 试述免疫透射比浊法标准曲线的绘制方法。

2. 试述临床测定 ApoB100 的意义。

(刘　洁)

实验四　血清脂蛋白琼脂糖凝胶电泳

【目的】

掌握:血清脂蛋白的分类和临床意义。

熟悉:琼脂糖凝胶电泳的原理与操作。

了解:各类脂蛋白的半寿期和主要功能。

【原理】

本实验是以琼脂糖凝胶为支持物分离血清脂蛋白的电泳方法。血清脂蛋白在 pH 8.6 时带负电荷,在电场中向正极移动。由于血清中各种脂蛋白的分子大小、分子形状、带电量多少等不同,因而在同一电场中泳动速度不同。琼脂糖凝胶电泳可将血清脂蛋白分为 α- 脂蛋白、前 β- 脂蛋白、β- 脂蛋白、乳糜微粒四条区带。染色后即可见到清晰的色带。

【试剂】

1. 凝胶缓冲液　pH 8.6,离子强度 0.05。巴比妥钠 10.3g,1mol/L 盐酸 8ml,加蒸馏水定容至 1L。

2. 琼脂糖凝胶　4g/L,用凝胶缓冲液稀释,沸水浴加热溶解。

3. 电泳缓冲液　pH 8.6,离子强度 0.075。巴比妥钠 15.5g,1mol/L 盐酸 12ml,加蒸馏水定容至 1L。

4. 染色液　10g/L,苏丹黑 B 的石油醚 - 乙醇(1∶4,V/V)溶液。

【操作】

1. 预染血清　血清 0.2ml 中加入苏丹黑 B 染色液 0.02ml 及无水乙醇 0.01ml,混匀后置 37℃水浴染色 30min,2 000r/min 离心 5min。

2. 制备琼脂糖凝胶板　将已配制好的 4g/L 的琼脂糖凝胶置沸水浴中加热融化,用吸管吸取凝胶溶液约 3ml 浇注在载玻片上,静置半小时后凝固(天热时需延长,也可放入冰箱内数分钟以加速凝固)。

3. 加样　在已凝固的琼脂糖凝胶板距一端 2.5cm 处,用宽约 1.5cm 的滤纸条折叠四层的棱做一小槽,然后用微量加样器将预染好的血清加入槽内。

4. 电泳　将点样的凝胶板平行放于电泳槽中,点样端置于阴极侧,凝胶板两端分别用 4 层在电泳缓冲液中浸透的纱布搭桥,接通电源,电压 100~120V,电泳约 30~40min,即可见分离的色带。

【结果与计算】

各种脂蛋白在凝胶板上形成染色区带,自阴极起,位于加样原点的是乳糜微粒,然后依次为 β- 脂蛋白、前 β- 脂蛋白和 α- 脂蛋白。健康人血清通常出现除乳糜微粒以外的 2~3 条区带。

【注意事项】

1. 保证血清新鲜,采血后 2h 内测定,可提高前 β- 脂蛋白的分离效果。

2. 应根据具体情况确定电泳时的电压和时间,一般 α- 脂蛋白距离原点 2~3cm 为宜。

【临床意义】

正常成人血清琼脂糖凝胶电泳,一般空腹血标本无乳糜微粒,其余各区带的浓度比为 β- 脂蛋白> α- 脂蛋白>前 β- 脂蛋白。异常脂蛋白血症检测的临床意义见表 10-4。同时异常脂蛋白分型时应参考血脂及载脂蛋白测定结果。

表 10-4　血清脂蛋白电泳检测的临床意义

高脂蛋白血症分型	α- 脂蛋白	前 β- 脂蛋白	β- 脂蛋白	乳糜微粒
I	正常或降低	正常或降低	正常或降低	明显增高
IIa	正常	正常或降低	明显增高	无
IIb	正常	增高	明显增高	无
III	正常	由 β 至前 β 的宽 β 带		无

续表

高脂蛋白血症分型	α-脂蛋白	前β-脂蛋白	β-脂蛋白	乳糜微粒
Ⅳ	正常或降低	明显增高	正常或降低	无
Ⅴ	正常	明显增高	降低	明显增高

注：Ⅲ型高脂蛋白血症患者其特征是血清中中密度脂蛋白（IDL）增加，血清脂蛋白电泳图谱显示β-脂蛋白与前β-脂蛋白带融合，呈一个宽而浓染的色带，称为宽β带。

【思考题】
1. 为什么正常人血清脂蛋白电泳时看不到乳糜微粒区带？
2. 脂蛋白电泳操作时应注意哪些事项？
3. 简述脂蛋白的分类和功能。

（闫智宏）

实验五 血清脂蛋白（a）的测定

【目的】
掌握：免疫透射比浊法测定血清脂蛋白（a）[LP（a）]的原理。
熟悉：免疫透射比浊法测定血清LP（a）的操作方法及注意事项。
了解：免疫透射比浊法测定血清LP（a）的临床意义。

【原理】
血清中待测的LP（a）作为抗原，与试剂中特异性抗人LP（a）抗体结合，形成不溶性的抗原-抗体免疫复合物，使反应产生浊度，在波长340nm处测定吸光度，吸光度值的大小，即浊度的高低在合适抗体浓度存在时与抗原含量成比例，与同样操作的LP（a）校准品比较，即可求出血清中LP（a）的含量。

【试剂】
1. LP（a）试剂
（1）试剂Ⅰ（RⅠ）：磷酸盐（PBS）缓冲液60mmol/L，pH 8.0；聚乙二醇6000（PEG-6000）30g/L；NaCl 100mmol/L；EDTA 1.0mmol/L；表面活性剂、防腐剂。
（2）试剂Ⅱ（RⅡ）：PBS缓冲液100mmol/L，pH 8.0；兔抗人LP（a）抗体；稳定剂、防腐剂。
2. LP（a）校准液 LP（a）的浓度为1 000mg/L定值人血清。

【操作】
1. LP（a）不同浓度校准液的制备，方法见表10-5。

表10-5 不同浓度校准液的配制

校准液	1 000mg/L校准液/μl	蒸馏水/μl	转换因子
1	50	200	0.2
2	100	150	0.4
3	150	100	0.6
4	200	50	0.8
5	250	—	1.0

2. 本实验采用自动生化分析仪进行测定,具体步骤为:样品与试剂 I 混合,温育一段时间后读取特定波长处的吸光度值,作为 A_1,加入试剂 II 混合,反应一段时间后测定吸光度值,作为 A_2,计算吸光度差值 $\Delta A(A_2-A_1)$,根据 ΔA 计算样品中 LP(a)浓度。主要测定条件(参数)如下:

样品:12μl;

试剂:R I:210μl;R II:30μl;

波长:340nm(主波长);800nm(副波长);

反应温度:37℃;

温育时间:5min;

反应时间:5min;

反应类型:两点法。

注:不同实验室具体测定条件会因所使用的仪器和试剂而异,在保证方法可靠的前提下,应按仪器和试剂说明书设定测定参数,进行不同浓度校准品、空白样品、血清样品的分析。

【计算】

使用多点标准非线性/样条函数校准模式由仪器自动生成校准曲线后测定血清样品中 LP(a)的含量。

【参考范围】

血清 LP(a)参考范围:正常人群中 Lp(a)数据呈明显偏态分布。虽然个别人可高达 1 000mg/L 以上,但 80% 的正常人在 200mg/L 以下。文献中的平均数多在 120~180mg/L。通常以 300mg/L 为分界,高于此水平者冠心病危险性明显偏高。

【注意事项】

1. 由于 LP(a)与纤维蛋白溶酶原(PLG)的结构具有相似性和基因同源性,二者存在交叉免疫反应,这对免疫化学测定结果会有影响。

2. LP(a)中的标志性载脂蛋白(a)[Apo(a)]具有多种多态性,抗体对不同分子大小的 Apo(a)反应性和亲和性间的差异可导致测定结果存在差异。

3. 试剂与样品量可根据需要按比例改变。

【临床意义】

LP(a)是一种特殊独立的血浆脂蛋白,与低密度脂蛋白结构相近,其水平主要由遗传因素决定,基本不受性别、年龄、饮食、营养及环境因素影响。同一个体的 LP(a)水平相对恒定,不同个体的差异很大。家族性高 LP(a)与冠心病发病倾向相关。目前,临床上将高 LP(a)水平作为动脉粥样硬化性心脑血管性疾病的独立危险因素,测定血清 LP(a)水平可用于评估该类疾病发生的危险性。

【思考题】

1. 简述血清 LP(a)测定的临床意义。

2. 简述免疫透射比浊法测定血清 LP(a)的原理。

(侯丽娟)

第十一章　维　生　素

维生素是机体维持正常功能所必需,但在体内不能合成或合成很少必须由食物供给的一组低分子量有机物质。依其溶解性可分为脂溶性维生素和水溶性维生素两大类。脂溶性维生素包括 A、D、E、K。水溶性维生素除 C 外,均属于 B 族维生素,多作为酶的辅助因子发挥作用。维生素既不构成机体组织成分,也不是供能物质,然而在调节物质代谢和维持生理功能方面发挥重要作用。长期缺乏某种维生素时会导致维生素缺乏症。自然界维生素广泛存在。本章进行了维生素 B_1、维生素 B_2 及维生素 C 分析,以期了解维生素存在的广泛性及常见维生素的一般分析方法。

实验一　维生素 B_1 的荧光测定法

【目的】

掌握:荧光法测定维生素 B_1 的原理。

熟悉:荧光法测定维生素 B_1 的方法。

【原理】

维生素 B_1(硫胺素)属于水溶性维生素,在碱性高铁氰化钾溶液中,能被氧化成一种蓝色的荧光化合物——硫色素,在紫外线下,硫色素发出荧光。用正丁醇提取硫色素,而后在紫外照射下其产生蓝色荧光,荧光强弱与硫色素含量成正比。

【试剂】

1. 1% 的高铁氰化钾溶液,存放于棕色瓶中。

2. 6mol/L NaOH 溶液。

3. 正丁醇。

4. 0.2% 维生素 B_1 溶液　称取 0.2g 维生素 B_1 用蒸馏水稀释至 100ml。

【操作】

1. 取试管两支,编号,按下表操作。

表 11-1　维生素 B_1 荧光测定法操作步骤　　　　　　　　　　　单位:ml

管号	0.2% 维生素 B_1	蒸馏水	1% $K_3Fe(CN)_6$	6mol/L NaOH
1	0.5	—	0.5	0.5
2	—	0.5	0.5	0.5

2. 将试管混匀后,再各加正丁醇 0.5ml,仔细振荡,静置。待溶液分层后,紫外光下观

察比较上层正丁醇溶液有无蓝色荧光。

【思考题】

1. 什么食物中含较多的维生素 B_1？

2. 维生素 B_1 在生物体内代谢中起什么作用？维生素 B_1 缺乏症有何症状？

（朱晓波）

实验二　维生素 B_2 的荧光测定法

【目的】

掌握：荧光法测定维生素 B_2 的原理。

熟悉：荧光法测定维生素 B_2 的方法。

【原理】

维生素 B_2（核黄素）在 440~500nm 波长光照射下发生黄绿色荧光。在稀溶液中其荧光强度与维生素 B_2 的浓度成正比。利用硅镁吸附剂对维生素 B_2 的吸附作用去除样品中的干扰荧光测定的杂质，然后洗脱维生素 B_2，测定其荧光强度。试液再加入联二亚硫酸钠（$Na_2S_2O_4$），将维生素 B_2 还原为无荧光的物质，再测定试液中残余荧光杂质的荧光强度，两者之差即为食品中维生素 B_2 所产生的荧光强度。

【试剂和材料】

1. 试剂

（1）0.1mol/L 盐酸。

（2）1mol/L 氢氧化钠。

（3）0.1mol/L 氢氧化钠。

（4）20%（w/V）联二亚硫酸钠溶液。

（5）洗脱液：丙酮∶冰醋酸∶水（5∶2∶9）。

（6）0.04% 溴甲酚绿指示剂。

（7）3% 高锰酸钾溶液；3% 过氧化氢溶液。

（8）2.5mol/L 醋酸钠溶液。

（9）10% 木瓜蛋白酶：用 2.5mol/L 醋酸钠溶液配制。使用时现配制。

（10）10% 淀粉酶：用 2.5mol/L 乙酸钠溶液配制。使用时现配制。

（11）维生素 B_2 标准液的配制

1）维生素 B_2 标准储备液（25μg/ml）：将标准品维生素 B_2 粉状结晶置于真空干燥器中。经过 24h 后，准确称取 25mg，置于 1L 容量瓶中，加入 1.2ml 冰醋酸和适量蒸馏水。将容量瓶置于温水中摇动，待其溶解，冷却至室温，用蒸馏水稀释至 1L，移至棕色瓶中，加少许甲苯覆盖于溶液表面，于冰箱中保存。

2）维生素 B_2 标准应用液（1.00μg/ml）：吸取 2.00ml 维生素 B_2 标准储备液，置于 50ml 棕色容量瓶中，用水稀释至刻度。避光，贮于 4℃ 冰箱，可保存 1 周。

2. 材料　新鲜猪肝或干黄豆；硅镁吸附剂 60~100 目。

【操作方法】

1. 样品提取

（1）水解：称取 2~10g 样品（约含 10~200μg 维生素 B_2）于 100ml 三角瓶中，加 0.1mol/L 盐酸 50ml，搅拌均匀。用 40ml 瓷坩埚为盖扣住瓶口，于 121℃高压水解样品 30min。水解液冷却后，滴加 1mol/L 氢氧化钠，用 0.04% 溴甲酚绿作外指示剂调至 pH 为 4.5。

（2）酶解：含有淀粉的水解液：加入 10% 淀粉酶溶液 3ml，于 37~40℃保温约 16h（含高蛋白的水解液：加 10% 木瓜蛋白酶溶液 3ml，于 37~40℃约 16h）。

（3）过滤：上述酶解液定容至 100ml，过滤。此提取液在 4℃冰箱中可保存 1 周。

2. 氧化去杂质　取一定体积的样品提取液及维生素 B_2 标准应用液（视样品中维生素 B_2 的含量约 1~10μg 维生素 B_2）分别于 20ml 的带盖刻度试管中，加水至 15ml。各管加 0.5ml 冰乙酸，混匀。加 3% 高锰酸钾溶液 0.5ml，混匀，放置 2min，使氧化去杂质。滴加 3% 双氧水溶液数滴，直至高锰酸钾的颜色褪掉。剧烈振摇此管，使多余的氧气逸出。

3. 维生素 B_2 的吸附和洗脱

（1）维生素 B_2 吸附柱：硅镁吸附剂约 1g 用湿法装入柱内，占柱长 1/2~2/3（约 5cm）为宜（吸附柱下端用一团脱脂棉垫上），勿使柱内产生气泡。

（2）过柱与洗脱：将全部氧化后的样液及标准应用液通过吸附柱后，用约 20ml 热水洗去样液中的杂质。然后用 5.00ml 洗脱液将样品中维生素 B_2 洗脱并收集于一带盖 10ml 刻度试管中，再用水洗吸附柱，收集洗出之液体并定容至 10ml，混匀后待测荧光。

4. 测定

（1）于激发光波长 440nm，发射光波长 525nm 测量样品管及标准管的荧光值。

（2）待样品及标准的荧光值测量后，在各管的剩余液（约 5~7ml）中加 0.1ml 20% 联二亚硫酸钠溶液，立即混匀，在 20s 内测出各管的荧光值，作为各自的空白值。

【计算】

按下式计算样品中维生素 B_2 的含量：

$$X=\frac{(A-B)\times S}{(C-D)\times m}\times f\times\frac{100}{1\,000}$$

式中：X—样品中含维生素 B_2 的量，mg/100g；

　　A—样品管荧光值；

　　B—样品管空白荧光值；

　　C—标准管荧光值；

　　D—标准管空白荧光值；

　　f—稀释倍数；

　　m—样品的质量，g；

　　S—标准管中的维生素 B_2 含量，μg；

　　100/1 000—将样品中维生素 B_2 量由 μg/g 折算成 mg/100g 的折算系数。

【注意事项】

维生素 B_2 极易被光破坏，实验操作应尽可能避光。

【思考题】

1. 什么食物中含较多的维生素 B_2？

2. 维生素 B_2 在生物体内代谢中起什么作用？

（朱晓波）

实验三 2,6-二氯酚靛酚法测定维生素C含量

【目的】

掌握:2,6-二氯酚靛酚法测定维生素C的原理。

熟悉:2,6-二氯酚靛酚法测定维生素C的方法。

【原理】

维生素C又称抗坏血酸,它易溶于水,在空气中不稳定,遇碱、热和重金属离子尤易被氧化破坏,故常用无氧化作用的稀酸溶液来提取。

维生素C具有强还原性,能使2,6-二氯酚靛酚还原褪色。因此利用氧化型2,6-二氯酚靛酚可滴定还原型维生素C的量,在酸性溶液中其终点为微红色。

【试剂】

1. 2%盐酸溶液。

2. 白陶土。

3. 标准维生素C(0.5mg/ml) 精确称取25mg标准维生素C,溶于2%盐酸25ml,移入50ml的容量瓶中并用2%盐酸稀释至刻度。

4. 0.001mol/L 2.6-二氯酚靛酚溶液 称取氧化型2,6-二氯酚靛酚2.5g,溶于约1 000ml蒸馏水中,加NaHCO₃ 2.1g充分振摇,装入棕色瓶内,置冰箱内保存过夜。临用前过滤。用标准维生素C标定其浓度。

吸取标准维生素C溶液5ml,置于50ml锥瓶中,加2%盐酸5ml,用配制的2,6-二氯酚靛酚滴定,然后将2,6-二氯酚靛酚稀释为1ml=维生素C 0.088mg,贮于棕色瓶中。置冰箱中可保存1周。

【操作】

1. 提取 用扭力天平准确称取新鲜样品(白菜、枣、橘子等)10g,置研钵中加入少量2%盐酸(5~10ml)。充分研磨提取(勿溅出溶液),如此研磨提取3~4次,n次提取液通过两层纱布经漏斗滤入50ml的容量瓶中(勿使提取液由纱布滴在瓶外)。最后用2%盐酸稀释至刻度。

2. 脱色 若有色样品提取液的颜色妨碍滴定终点的观察,则可以将提取液倒入干燥锥瓶中,加白陶土(1g/20ml样品液),充分振摇约5min,过滤。

3. 滴定 取50ml锥瓶3个,各加脱色的滤液5ml,用2,6-二氯酚靛酚溶液滴定(滴定宜迅速以减少还原型维生素C的氧化),直至出现微红色半分钟内不褪色为滴定终点,记录3份样品滴定的毫升数,取其平均值。

【计算】

$$维生素C(mg/100g样品)=2,6-二氯酚靛酚毫升数 \times 0.088 \times \frac{50ml}{5ml} \times \frac{100g}{10g}$$

式中:1ml 2,6-二氯酚靛酚相当于维生素C 0.088mg。

【思考题】

1. 维生素C为何具有易氧化的特性?

2. 维生素C有何生理功能?缺乏时有何表现?

(朱晓波)

第十二章 核　　酸

核酸(nucleic acid)是重要的生物大分子,包括脱氧核糖核酸(deoxyribonucleic acid, DNA)和核糖核酸(ribonucleic acid, RNA)两大类。核酸是一切生物繁殖和发育的蓝本,担负着生命信息的贮存和传递,核酸的研究是分子生物学中最重要的研究领域。因此,核酸的提取、纯化、扩增以及检测和分析,是分子生物学中最重要、最基本的操作。本章将重点阐述的实验内容包括:DNA及RNA的提取与鉴定、大肠杆菌感受态细胞的制备及转化、PCR扩增目的基因、逆转录PCR技术、实时荧光定量PCR技术、DNA的酶切分析、检测DNA的Southern印迹杂交技术及检测RNA的Nouthern印迹杂交技术等11个实验。旨在培养学生掌握基本的分子生物学实验技能。

实验一　DNA的琼脂糖凝胶电泳

【目的】

掌握:琼脂糖凝胶电泳分离核酸的原理和方法。

熟悉:核酸染色的方法。

了解:琼脂糖凝胶电泳的其他用途。

【原理】

DNA分子在pH高于其等电点的溶液中带负电荷,在电场中向阳极移动。琼脂糖凝胶电泳是以琼脂糖作为支持介质的一种电泳技术,DNA分子在电场中通过琼脂糖凝胶而泳动,除了电荷效应以外,还有分子筛效应。当DNA分子大小及构象不同时,在电场中迁移速率也不同,因而达到分离的目的。琼脂糖凝胶浓度与线性DNA分子大小(bp)的最佳分辨范围如表12-1所示,所需DNA样品量为0.5~1.0μg。琼脂糖凝胶电泳分离后的DNA可用荧光染料染色,如溴化乙锭(EB)。溴化乙锭分子可插入DNA双螺旋结构的两个碱基之间,形成一种荧光络合物,在254nm波长紫外光照射下,呈现橙黄色的荧光。用溴化乙锭检测DNA,可检出0.01~0.1ng的DNA含量。

表 12-1　琼脂糖凝胶浓度与线性 DNA 分子大小(bp)的最佳分辨范围

琼脂糖凝胶浓度 /(g/100ml)	线性 DNA 的最佳分辨范围 /bp
0.5	1 000~30 000
0.7	800~12 000
1.0	500~10 000

续表

琼脂糖凝胶浓度 /（g/100ml）	线性 DNA 的最佳分辨范围 /bp
1.2	400~7 000
1.5	200~3 000
2.0	50~2 000

【试剂】

1. Tris- 硼酸 -EDTA 缓冲液（TBE 缓冲液），pH 8.3 称取 10.78g Tris，5.50g 硼酸，0.93g EDTA-2Na，溶于去离子水，定容至 1 000ml。

2. 琼脂糖 1g 溶于 TBE 缓冲液中加热配成 100ml。

3. 0.05% 溴酚蓝 -50% 甘油溶液（5× 上样缓冲液） 取一定量的 0.1% 溴酚蓝水溶液，与等体积甘油混合而成。

4. 0.5μg/ml 溴化乙锭染色液 称取 5mg 溴化乙锭，用去离子水溶解，定容至 100ml。从中取 1ml，用去离子水稀释至 100ml。

5. DNA 分子量标准（DNA maker）。

6. 大小未知的待测 DNA 溶液。

【操作】

1. 琼脂糖凝胶液的制备 称 1g 琼脂糖，置于三角烧瓶中，加入 100ml TBE 缓冲液，瓶口扣上一小烧杯，加热至沸腾，琼脂全部融化。取出摇匀，即为 1% 琼脂糖。

2. 凝胶板的制备 将制胶磨具置于水平工作台面上，将样品梳插进制胶磨具内，距一端约 0.5cm。梳子底边于制胶磨具底表面保持 0.5~1mm 的间隙。待琼脂糖冷至 65℃左右，沿三角烧瓶壁加入 EB 5μl，轻轻旋转三角烧瓶以使凝胶和 EB 充分混匀，然后小心地倒入制胶磨具内，使凝胶缓慢地展开形成一层约 3mm 厚均匀胶层，静置 0.5h。待凝固完全后，用滴管在梳齿附近加入少量缓冲液润湿凝胶，双手均匀用力垂直轻轻拔出样品梳，即在胶板上形成相互隔开的样品槽。将凝胶连同制胶磨具放入电泳槽平台上。倒入 TBE 缓冲液直至浸没过凝胶面 2~3mm。

3. 加样 将适量的待测 DNA 样品液与 5× 上样缓冲液以 4∶1 的体积比混合，用移液枪分别加入到凝胶板的加样槽内。每个槽加 10μl 左右。加样时，使样品集中沉于槽底部。DNA 分子量标准（DNA maker）取 5μl 直接加样。

4. 电泳 加样完毕，将靠近样品槽一端连接负极，另一端连接正极，接通电源，开始电泳。样品进胶后，应控制电压降不高于 5V/cm（电压值 V/ 电泳板两级之间距离比）。当溴酚蓝条带移动到距离凝胶前沿约 1cm 处，停止电泳。

5. 观察与拍照 小心地取出凝胶，将胶板放至凝胶成像系统的样品板上，在紫外线灯下进行观察。DNA 存在的位置呈现橘红色荧光，肉眼可观察到清晰的条带，拍照记录下电泳图谱。

【结果与计算】

打印凝胶电泳图，贴于实验报告上，并对实验结果进行讨论，分析所测未知 DNA 的大小。

【注意事项】

1. 制备琼脂糖凝胶溶液时，要完全融化混匀琼脂。

2. 点样后在凹槽内移液枪不能倒吸。

3. 溴化乙锭是 DNA 诱变剂和致癌物质, 配制和使用 EB 染色液时, 应戴乳胶手套, 不要将该溶液洒在桌面或地面上。凡是污染了溴化乙锭的器皿, 必须经专门处理后, 才能进行清洗或弃去。

【思考题】

1. 影响电泳的主要因素有哪些?

2. 常用的 DNA 琼脂糖凝胶电泳缓冲液有哪些?

3. 上样缓冲液由哪些成分组成? 各有何作用?

（黄 勇）

实验二 真核细胞基因组 DNA 的提取与鉴定

【目的】

掌握: 经典酚三氯甲烷抽提法提取基因组 DNA 的原理, 鉴定 DNA 浓度、纯度及完整性的方法。

熟悉: 经典酚三氯甲烷抽提法提取基因组 DNA 的操作步骤及注意事项。

了解: 提取基因组 DNA 的其他方法。

【原理】

以含 EDTA、SDS 的裂解液裂解细胞, 经过蛋白酶 K 消化后, 用 pH 8.0 的 Tris 饱和酚抽提蛋白质, 使 DNA 进入水相与蛋白质成分分开, 离心后取上层水相, 无水乙醇沉淀 DNA。采用紫外分光光度法鉴定 DNA 溶液的浓度及纯度, 通过琼脂糖凝胶电泳判断 DNA 样品的完整性。

【试剂】

1. PBS 缓冲液(0.01mol/L) NaCl 8.0g, KCl 0.2g, Na_2HPO_4 1.44g, KH_2PO_4 0.24g, 调节 pH 至 7.6, 补加蒸馏水至 1L。

2. DNA 裂解液 200mmol/L NaCl, 20mmol/L Tris-HCl, 50mmol/L EDTA, 1% SDS, 20g/mg 无 DNase 的 RNase(注意: 裂解缓冲液的前三种成分可预先混合并于室温保存, RNase 在用前适量加入)。

3. 三氯甲烷。

4. Tris 饱和酚(pH 8.0)。

5. 10mg/ml 蛋白质酶 K。

6. 70% 乙醇溶液。

7. 无水乙醇。

8. 5×Tris 硼酸缓冲液(5×TBE), pH 8.0 Tris 27g, 硼酸 13.8g, 10ml 0.5mol/L EDTA(pH 8.0), 用少量蒸馏水溶解后定容至 500ml。

9. 10mg/ml 溴化乙锭(EB)。

10. 电泳级琼脂糖。

11. 6×上样缓冲液 0.25% 溴酚蓝, 0.25% 二甲苯青, 40%(w/V)蔗糖水溶液, 4℃保存。

12. DNA 分子量标准 DL 15000 购于生物公司。

13. TE 缓冲液（pH 8.0）　10mmol/L Tris-HCl（pH 8.0），1mmol/L EDTA（pH 8.0）。

14. 全血　本实验采用新鲜兔全血。

【操作】

1. 300μl EDTA 抗凝全血加 1 000μl PBS，充分混匀，8 000r/min 离心 5min。

2. 弃上清液，加 1 000μl PBS，充分混匀，8 000r/min 离心 5min。

3. 弃上清液，加 300μl DNA 裂解液，10μl 蛋白酶 K，充分混匀，56℃水浴 2h。

4. 加 500μl 25∶24 的酚三氯甲烷混合液，混匀，13 000r/min 离心 10min。

5. 取上清液，加等量的 25∶24 的酚三氯甲烷混合液，混匀，13 000r/min 离心 10min。

6. 取上清液，加 2 倍体积的无水乙醇，轻摇混匀，直到出现絮状沉淀（未见沉淀提示 DNA 量不多），15 000r/min 离心 3min。

7. 去上清液，加 500μl 70% 的乙醇，充分混匀，15 000r/min 离心 3min。

8. 去上清液，晾干，加 50μl TE 完全溶解备用。

9. DNA 溶液浓度及纯度鉴定　在紫外分光光度仪上测量 A_{260} 和 A_{280} 的值，以 A_{260}/A_{280} 的比值检测 DNA 纯度。

10. 使用 1.0% 琼脂糖凝胶电泳检测 DNA 样品的完整性　操作详见第十二章实验一。

【结果与计算】

1. 判断基因组 DNA 的完整性。

2. DNA 的浓度（μg/μl）$= \dfrac{A_{260} \times 50 \times 稀释倍数（60）}{1\ 000}$

3. DNA 的纯度 A_{260}/A_{280} 应介于 1.7~2.0 之间。

【注意事项】

1. 所有用品均需要高温高压处理，以灭活 DNA 酶。

2. 所用试剂均需要用无菌蒸馏水配制。

3. 溴化乙锭（EB）具有强毒性，使用时应戴手套，并且尽量避免对周围环境的污染。

4. 在提取基因组 DNA 过程中，不可剧烈振荡，避免大片段 DNA 分子发生断裂。

5. 在检测 DNA 样品纯度时，若其 A_{260}/A_{280} 低于 1.7，表明有蛋白质污染；若 A_{260}/A_{280} 高于 2.0，表明 RNA 污染，需加入 RNA 酶进行降解。

【思考题】

1. 经典酚三氯甲烷抽提法提取真核细胞基因组 DNA 有哪些注意事项？

2. 经典酚三氯甲烷抽提法提取真核细胞基因组 DNA 的主要步骤有哪些？

3. 如何鉴定 DNA 样品的浓度、纯度及完整性？

（黄　勇）

实验三　质粒 DNA 的提取、纯化和鉴定

【目的】

掌握：碱裂解法抽提大肠杆菌中质粒 DNA 的原理；鉴定 DNA 浓度、纯度及完整性的方法。

熟悉：碱裂解法提取质粒 DNA 的操作步骤及注意事项。

了解：提取质粒 DNA 的其他方法。

【原理】

碱裂解法抽提质粒 DNA 是基于染色体 DNA 与质粒 DNA 的变性与复性的差异而达到分离的目的。当环境 pH 为 12.6 时，染色体 DNA 发生变性，氢键断裂，双链解旋分离为单链。在此条件下，质粒 DNA 的大部分氢键也会发生断裂，但由于其特定的二级结构（超螺旋共价闭合环状结构），变性后两条互补链不会完全分离。当以 pH 4.8 的醋酸钠高盐缓冲液调节其 pH 至中性后，变性的质粒 DNA 又恢复为原来的超螺旋构型，而染色体 DNA 不能发生复性，形成缠联的网状结构。根据它们沉降系数的差异，通过离心，染色体 DNA 会发生沉淀而被去除，再通过酚 / 三氯甲烷抽提、无水乙醇沉淀，可得到纯化的质粒 DNA。最终通过琼脂糖凝胶电泳检测质粒 DNA 完整性，紫外分光光度法鉴定其浓度及纯度。

【试剂】

1. 携带有质粒的大肠杆菌。

2. LB 液体培养基　胰蛋白胨 10g，酵母提取物 5g，NaCl 5g，加蒸馏水 800ml，搅拌至完全溶解。用 5mol/L 的 NaOH（约 0.2ml）调 pH 至 7.0。用蒸馏水定容至 1L，高压灭菌 20min，4℃储存。

3. LB 固体培养基　胰蛋白胨 10g，酵母提取物 5g，NaCl 5g，琼脂 15g，加蒸馏水 800ml，搅拌至完全溶解。用 5mol/L 的 NaOH（约 0.2ml）调 pH 至 7.0。用蒸馏水定容至 1L，高压灭菌 20min，4℃储存。

4. 溶液 I [25mmol/L Tris-HCl（pH 8.0），10mmol/L EDTA-2Na（pH 8.0），50mmol/L 葡萄糖] 1mol/L Tris-HCl（pH 8.0）12.5ml，0.5mol/L EDTA-2Na（pH 8.0）10ml，葡萄糖 4.730g，加 ddH$_2$O 至 500ml，高压灭菌 20min，4℃储存。

5. 溶液 II（0.2mol/L NaOH，1%SDS）　2mol/L NaOH 1ml，10% SDS 1ml，加 ddH$_2$O 至 10ml，现用现配。

6. 溶液 III 5mol/L 醋酸钾 160ml，冰醋酸 11.5ml，加 ddH$_2$O 至 100ml。

7. 三氯甲烷。

8. Tris 饱和酚（pH 8.0）。

9. 酚 / 三氯甲烷 / 异戊醇 =25：24：1（体积比）。

10. 3mol/L NaAc（pH 4.8）　称取 49.2g 无水乙酸钠，加 140ml 双蒸水加热溶解，用约 40ml 冰乙酸调 pH 至 4.8，双蒸水定容至 200ml。

11. 无水乙醇。

12. 70% 乙醇。

13. TE 缓冲液（pH 8.0）　见第十二章实验二。

14. 10mg/ml RNase A（无 DNase）　取 10mg RNase A 于 1ml TE 缓冲液中，沸水加热 15min，分装后 –20℃储存。可直接购买成品。

15. 琼脂糖凝胶电泳试剂　见第十二章实验一。

16. DNA 分子量标准 DL 2000　购于生物公司。

【操作】

1. 质粒 DNA 的提取与纯化

（1）菌落培养：挑取生长于 LB 固体培养基上的 *E.coli* 单菌落，接种于 3.0ml 含相应抗生素（例如含氨苄青霉素）的 LB 液体培养基中，37℃过夜振荡培养（约 12~14h）。

（2）收集菌体：取 1.5ml 培养物于一个 1.5ml 微量离心管中，室温 8 000r/min 离心 1min，将上清液倒掉。可采取倒置并轻微振动的方法尽量使上清液清除干净。

（3）裂解菌体：将得到的细菌沉淀物重新溶解于 100μl 预冷的溶液 I 中，剧烈振荡，使菌落分散均匀。再加入 200μl 新鲜配制的溶液 II，颠倒混匀数次，室温静置 5min，溶液变黏稠。

（4）调 pH 至中性：加入 150μl 预冷的溶液 III，颠倒混匀数次，冰浴 5min，溶液中出现沉淀。

（5）收集含质粒 DNA 的上清液：10 000r/min 离心 5min，将上清液转移至一个新的离心管中。

（6）酚 / 三氯甲烷抽提：在上清液中加入等体积的酚 / 三氯甲烷 / 异戊醇（25：24：1）混合液，颠倒混匀，4℃ 12 000r/min 离心 5min。吸取上清液移至另一离心管中，重复上述步骤再抽提一次，取上清液。

（7）乙醇沉淀质粒 DNA：将上清液转移至另一离心管中，加入 1/10 体积 3mol/L 醋酸钠（pH 4.8）和 2.5 倍体积预冷的无水乙醇，颠倒混匀，室温放置 2min，4℃ 12 000r/min 离心 15min。

（8）洗涤质粒 DNA：弃上清，用 1ml 预冷的 70% 乙醇溶液洗涤沉淀 1~2 次，8 000r/min 离心 5min，弃上清，将沉淀（质粒 DNA）于温箱或超净台中干燥。

（9）用 50μl TE 溶解沉淀，加 5μl 10mg/ml RNase A，37℃水浴 30min 降解 RNA，随后将质粒 DNA 溶液 –20℃保存。

2. 质粒 DNA 浓度及纯度鉴定　取质粒 DNA 溶液 5μl，加入 295μl 双蒸水，在紫外分光光度仪上分别测定 260nm 和 280nm 处的吸光值。

3. 琼脂糖凝胶电泳检测质粒 DNA　取质粒 DNA 溶液 5μl，加上样缓冲液 1μl，混匀，以 DNA 分子量标准（DNA marker）为对照，在 1% 琼脂糖凝胶中电泳，用紫外检测仪观察结果。

【结果与计算】

1. 判断质粒 DNA 的完整性。

2. 质粒 DNA 的浓度（μg/μl）= $\dfrac{A_{260} \times 50 \times \text{稀释倍数}}{1\,000}$

3. 质粒 DNA 的纯度 A_{260}/A_{280} 应介于 1.7~2.0 之间。

【注意事项】

1. 实验中用到的试剂、器皿和实验用具要求严格灭菌。

2. 酚 / 三氯甲烷 / 异戊醇抽提离心后，吸取上清时不可将蛋白层及其下面液体吸出。

3. 用不同浓度的乙醇抽提并洗涤 DNA 后，要尽量将残留乙醇完全去除，否则不利于 DNA 沉淀的溶解。

【思考题】

1. 碱裂解法提取质粒的基本原理是什么？

2. 质粒提取过程中加入酚 / 三氯甲烷 / 异戊醇和无水乙醇的作用分别是什么？

（贾晓晖）

实验四 从组织或培养的细胞中分离总RNA

【目的】

掌握：酸性酚-异硫氰酸胍-三氯甲烷法提取纯化RNA的基本原理。鉴定RNA浓度、纯度及完整性的方法。

熟悉：酸性酚-异硫氰酸胍-三氯甲烷法提取纯化RNA的操作步骤及注意事项。

了解：采用TRIzol试剂提取细胞或组织总RNA的操作方法。

【原理】

高浓度强RNase变性剂异硫氰酸胍、β-巯基乙醇和去污剂十二烷基肌氨酸钠联合使用可迅速裂解细胞，使存在于细胞质和细胞核中的RNA释放出来，并使RNA与核糖体蛋白解离。细胞裂解液中除RNA外，还有核DNA、蛋白质和细胞碎片。在pH 4.0的条件下，用酚/三氯甲烷抽提，可将RNA与其他细胞组分分开，再通过异丙醇沉淀、75%乙醇洗涤，可得到纯化的总RNA。

【试剂】

1. 焦磷酸二乙酯（diethylpyrophosphoric acid，DEPC）水 每1L ddH$_2$O中加入1ml DEPC，充分混匀，过夜放置（6~8h），随后高压灭菌20min，去除残留的DEPC。

2. 磷酸缓冲液（PBS）。

3. 液氮。

4. 0.75mol/L柠檬酸钠（pH 7.0） 称取22g柠檬酸钠（2H$_2$O），溶于80ml无菌双蒸水中，用浓盐酸调pH至7.0，加双蒸水至100ml，高压灭菌。

5. 10%十二烷基肌氨酸钠 称取10g十二烷基肌氨酸钠，溶于80ml无菌双蒸水中，加0.1% DEPC处理过夜，定容至100ml，高压灭菌。

6. 14.4mol/L β-巯基乙醇 直接购买。

7. 2mol/L乙酸钠（pH 4.0）在80ml水中溶解272.1g三水乙酸钠，用冰乙酸调节pH至4.0，加水定容到1 000ml，分装后高压灭菌。

8. 变性液[4mol/L异硫氰酸胍，25mmol/L柠檬酸钠，0.85%（m/V）十二烷基肌氨酸钠，0.1mol/L β-巯基乙醇] 250g异硫氰酸胍、0.75mol/L柠檬酸钠（pH 7.0）17.6ml和26.4ml 10%十二烷基肌氨酸钠溶于293ml蒸馏水中。在磁力搅拌器上65℃混匀，直至完全溶解。将变性液4℃储存，每次临用前加14.4mol/L β-巯基乙醇（每50ml溶液加入0.36ml）。

9. 水饱和酚（pH 4.0）。

10. 三氯甲烷。

11. 异丙醇。

12. 75%乙醇。

13. 琼脂糖凝胶电泳试剂 见第十二章实验一。

【操作】

1. 样品制备

（1）组织样品的匀浆变性：取新鲜组织500mg，迅速剪成小块置于研钵中，用液氮冷冻并研磨至粉末状，加入变性液5ml（每100mg组织加1ml变性液），混悬，放入匀浆器中，冰浴下缓慢进行匀浆 15~20 次。

（2）细胞样品收集变性：①贴壁生长的细胞：弃去培养液，用 PBS 漂洗 3 次，将 PBS 去除干净，加变性液至培养瓶中（每 10^7 个细胞加变性剂 1ml），轻轻摇动至细胞裂解，溶液变黏稠；②悬浮生长的细胞：1 200r/min 离心 10min，弃上清，用 PBS 漂洗细胞沉淀 3 次，去除 PBS 后加入变性液振摇至细胞裂解，溶液变黏稠；③若不能马上提取 RNA，也可将细胞按常规方法收集后，冻存于液氮或 –80℃ 冰箱中备用。

2. RNA 抽提

（1）将上述裂解液转移至离心管中，立即加入 0.1ml 2mol/L 乙酸钠（pH 4.0），1ml 水饱和酚，0.2ml 三氯甲烷 - 异戊醇。加入每种组分后，都需颠倒混匀。

（2）将匀浆剧烈振荡 10s，冰浴 15min，使核蛋白质复合体彻底裂解。

（3）4℃ 9 000r/min 离心 20min，将含 RNA 的上层水相转移至一新离心管中。

3. 沉淀 RNA

（1）加入与转移液等体积的异丙醇，充分混匀，–20℃ 沉淀 RNA 1h 以上。

（2）4℃ 9 000r/min 离心 30min，轻轻倒掉上清液，加入 0.3ml 变性液重新溶解 RNA 颗粒，以进一步灭活残留的 RNA 酶。

（3）加入等体积异丙醇，–20℃ 沉淀 RNA 1h 以上。

（4）将混合液 4℃ 12 000r/min 离心 10min，弃上清，用 75% 乙醇洗涤沉淀 2 次，再次离心，吸取残留乙醇，并开盖放置于超净工作台中数分钟，使乙醇完全挥发。注意 RNA 沉淀不可过度干燥，否则不易溶解。

（5）加入 40μl DEPC 水溶解 RNA 沉淀，将 RNA 溶液 –80℃ 储存。

4. 总 RNA 鉴定

（1）RNA 的浓度及纯度测定：取 RNA 溶液 5μl，加入 295μl DEPC 水，在紫外分光光度仪上分别测定 260nm 和 280nm 处的吸光值。

（2）RNA 完整性检测：取 RNA 溶液 5μl，加上样缓冲液 1μl，混匀，在 1% 琼脂糖凝胶中电泳，用紫外检测仪观察结果。

【结果与计算】

1. RNA 样品的浓度（μg/μl）$= \dfrac{A_{260} \times 40 \times 稀释倍数}{1\,000}$

2. RNA 样品的纯度 A_{260}/A_{280} 应介于 1.8~2.0 之间，较理想的比值应接近 2.0。

3. RNA 样品的完整性 琼脂糖凝胶电泳分离真核细胞总 RNA 后，在紫外线灯下可以清楚地观察到 28S rRNA 和 18S rRNA 两条带，同时还可以看到一条由 tRNA、5.8S rRNA 和 5S rRNA 组成的较模糊、迁移较快的带。如果 RNA 没有被降解，28S rRNA 条带的亮度应该为 18S rRNA 条带亮度的 2 倍，并且这两条带都比较整齐，没有弥散现象。由于细胞中 mRNA 含量很低，所以 mRNA 是不可见的，除非过量上样。

【注意事项】

1. 在样品研磨过程中要保持其处于冷冻状态，以减少 RNA 降解。

2. 整个提取过程中要戴手套、口罩，或者在超净工作台中操作，尽量避免外源 RNase 的污染。

3. DEPC 可以抑制 RNase 活性，因此实验中用到的器具都要用 0.1% DEPC 溶液室温过夜处理或 37℃ 保温 2h，再经高压灭菌（15~20min）使 DEPC 降解后才可使用；溶液必须用 DEPC 水配制。DEPC 为剧毒物质，使用时应在通风橱中操作。

4. 目前，多数实验室采用商品化的 TRIzol 试剂分离总 RNA，它是酸性酚 - 异硫氰酸胍 - 三氯甲烷法的改进方案。采用 TRIzol 试剂抽提总 RNA 产率高、纯度好，操作过程快捷、简便，适用于从多种组织或细胞中快速分离总 RNA。

【思考题】

1. 变性液中异硫氰酸胍的作用是什么？

2. 在提取 RNA 过程中，如何去除 RNase 的干扰？

（黄　勇）

实验五　DNA 的限制性内切酶消化

【目的】

掌握：限制性内切酶的特性。

熟悉：限制性内切酶在 DNA 重组技术中的作用。

了解：限制性内切酶酶解和琼脂糖凝胶电泳的操作方法。

【原理】

限制性核酸内切酶（restriction endonuclease，RE）主要存在于原核生物细胞中，多数来自细菌。根据其结构和作用特点的不同，可将限制性内切酶分为 Ⅰ、Ⅱ、Ⅲ 三种类型，其中 Ⅰ 型和 Ⅲ 型酶兼具有限制和修饰两种功能，在基因工程中很少应用。常用的是 Ⅱ 型酶，只具有限制作用。它能在 DNA 分子内部的特异位点识别并切割双链 DNA，其位点的序列可知、固定，在基因工程操作中被作为切割 DNA 分子的手术刀，用来制作 DNA 限制性图谱，分离 DNA 限制性片段，进行 DNA 体外重组等，是最为重要的工具酶。

本实验中选用限制酶 *Hind*Ⅲ 对 λDNA 进行酶切。*Hind*Ⅲ 的识别位点是 A↓AGCTT。λDNA 经过 *Hind*Ⅲ 酶切后得到 8 个片段，长度分别为 23.1kB、9.4kB、6.6kB、4.4kB、2.3kB、2.0kB、0.56kB 和 0.12kB。酶切产物经过 1% 的琼脂糖凝胶电泳分离，在紫外检测仪上即可观察结果。

【试剂】

1. λDNA　购买或自行提取纯化 λDNA。

2. 限制性内切酶 *Hind*Ⅲ 及其缓冲液　购买成品。

3. 琼脂糖　进口或国产电泳用琼脂糖均可。

4. 5×Tris 硼酸电泳缓冲液（5×TBE）、6×上样缓冲液、溴化乙锭（EB）溶液　同十二章实验一。

5. DNA 分子量标准　DL 2000 和 DL 15000。

【操作】

1. 限制性内切酶消化　取清洁干燥并经灭菌的微量离心管（最好选用 0.5ml）一支，加入质粒 DNA 1μg 和相应的 10× 限制性内切酶缓冲液 2μl，*Hind*Ⅲ 酶 1μl，加双蒸水使总体积至 20μl。用指轻弹管壁混匀，用微量离心机瞬时离心，使溶液集中于管底。将微量离心管置于适当支持物上，37℃ 水浴 1h。

2. 琼脂糖凝胶电泳　取 5μl 酶切产物进行 1% 的琼脂糖凝胶电泳,电压保持在 1~5V/cm。当溴酚蓝指示条带移动到距凝胶前沿约 2cm 时,停止电泳。

3. 检测与观察　将凝胶取出,在紫外检测仪上观察结果。

【结果】

在紫外线灯下观察,DNA 片段存在处显示出肉眼可辨的橘红色荧光条带。

【注意事项】

1. 酶切时所加的 DNA 溶液体积不能太大,否则 DNA 溶液中其他成分会干扰酶反应。

2. 进行酶切时,要在适宜的温度下(常为 37℃)进行。最好选用限制酶专用缓冲液,以达到最佳的酶切效果。

3. 理论上,1U 的限制性内切酶在推荐的反应条件下,60min 内可以完全消化 1μg 纯化的 DNA 样品。市场销售的酶一般浓度很大,为节约起见,使用前用酶反应缓冲液(1×)进行稀释。另外,酶通常保存在 50% 的甘油中,实验中应将反应液中甘油的浓度控制在 1/10 以下,否则酶活性将受影响。

4. 紫外光对 DNA 分子有切割作用,若需从胶中回收 DNA 做进一步测定,应尽量缩短照射时间,并采用长波长紫外线灯(300~360nm)。

5. EB 是强诱变剂,并有毒性,配制和使用时都应戴手套,并且不要把 EB 洒到桌面或地面上。凡是污染了 EB 的容器和物品,必须经专门处理后才能清洗或丢弃。

【思考题】

1. 简述限制性内切酶特性及其在基因重组中的作用。

2. 应用限制性内切酶消化 DNA 需要注意哪些问题?

(贾晓晖)

实验六　大肠杆菌感受态细胞的制备和转化

【目的】

掌握:CaCl₂ 法制备感受态细胞的方法和外源质粒 DNA 转化入大肠杆菌的操作技术。

熟悉:制备感受态细胞的注意事项。

了解:试剂的组成及配制。

【原理】

为了使重组 DNA 分子复制扩增,需将重组体导入受体细胞。常用的受体细胞是大肠杆菌。受体细胞经特殊方法处理,使之细胞膜结构改变、通透性增加并具备接受外源 DNA 的能力,成为感受态细胞(competent cell)。以质粒 DNA 或以它为载体构建的重组 DNA 分子导入细菌的过程称为转化(transformation)。

将细菌置于 0℃、低渗 CaCl₂ 溶液中时,细菌细胞壁和膜的通透性增强,菌体膨胀成球形。外源 DNA 与 Ca^{2+} 形成抗 DNase 的羟基 - 钙磷酸复合物黏附于细胞表面,再经 42℃ 短暂的热冲击处理(热休克)后能促进细胞吸收外源 DNA 复合物。然后在 LB 液体培养基中生长 1h 左右后,球状菌细胞复原,同时转化子中的抗药性基因亦得以表达,再将菌液涂布于含抗生素的选择性培养基平板上,转化子可分裂、增殖形成菌落。本实验以 E.coli DH5α 菌株为受体细胞,外源 DNA 为 pUC18 质粒,由于 pUC18 质粒带有氨苄青霉素抗性基因(Amp^r),可通过氨苄青霉素(Amp)抗性来筛选转化子。如受体细胞没有转入 pUC18,则在含 Amp 的培养基上不能生长,反之则已导入了 pUC18。转化子扩增后,可提取转化的质粒,进行电泳、酶切等进一步鉴定。

【试剂】

1. LB 液体培养基　LB 液体培养基(Luria-Bertani 液体培养基,即肉汤培养基),含有胰蛋白胨 10g、酵母提取物 5g、NaCl 5g,加去离子水 800ml,搅拌使其完全溶解,用 5mol/L NaOH 溶液调节 pH 至 7.0,加入去离子水至总体积为 1 000ml,高压灭菌 20min,4℃保存。

2. LB 固体培养基　先按 LB 液体培养基配方配制液体培养基,然后加入琼脂 15g/L,高压灭菌 20min,取出后在无菌状态下铺制平板。

3. Amp 母液　取氨苄青霉素钠溶于去离子水中,配成 25mg/ml 溶液。过滤灭菌,分装储存在 −20℃。

4. 含 Amp 的 LB 固体培养基　胰蛋白胨 10g,酵母提取物 5g,NaCl 5g,琼脂 15g,加去离子水 800ml,搅拌使其完全溶解,用 5mol/L NaOH 溶液调节 pH 至 7.0,加入去离子水至总体积为 1 000ml,高压灭菌 20min,冷却至 60℃左右,加入 Amp 母液,使终浓度为 50μg/ml,摇匀后铺板,4℃保存。

5. 0.1mol/L CaCl$_2$ 溶液　称取 1.1g CaCl$_2$(无水、分析纯),溶于 50ml 去离子水中,定容至 100ml,高压灭菌,4℃保存 1 周。

6. 含 15% 甘油的 0.1mol/L CaCl$_2$　称取 1.1g CaCl$_2$(无水、分析纯),溶于 50ml 去离子水中,加入 15ml 甘油,定容至 100ml,高压灭菌。

【材料】

1. *E. coli* DH5α 菌株。

2. pUC18 质粒 DNA。

【操作】

1. 感受态细胞的制备

(1)受体菌的培养:从 37℃培养 12~16h 的 LB 平板上挑取一个 *E. coli* DH5α 单菌落,接种于 3~5ml LB 液体培养基中,37℃下振荡培养 12h 左右,直至对数生长期。取该菌悬液 1ml 接种于 100mlLB 液体培养基中,37℃振荡培养 2~3h 至 OD$_{600}$ 在 0.5 左右。

(2)将菌液分装至 50ml 离心管中,冰浴 10min,然后于 4℃下 4 000r/min 离心 10min。

(3)弃去上清,倒置于滤纸上 1min,控干残留的培养液。

(4)用冰预冷的 0.1mol/L 的 CaCl$_2$ 溶液 10ml 轻轻悬浮细胞,冰浴 30min,4℃下 4 000r/min 离心 10min。

(5)弃去上清,倒置控干,加入 4ml 冰预冷的含 15% 甘油的 0.1mol/L 的 CaCl$_2$ 溶液重悬沉淀,冰浴 15min,即成感受态细胞悬液。

(6)感受态细胞分装成 100μl 的小份,贮存于 −70℃可保存半年。

2. 转化

(1)将 1μl(含量为 50ng 左右)pUC18 质粒加入已制备的 −70℃保存的 100μl DH5α 感受态菌体溶液中;冰浴 20min。

(2)42℃水浴中热激活 90s;热激活后迅速冰浴 20min。

（3）向管中加入 1ml 无抗生素 LB 液体培养基，混匀后 37℃振荡培养 1h，使细菌恢复正常生长状态，并表达质粒编码的抗生素抗性基因（Amp^r）。

（4）取 100μl 已转化的感受态细菌，涂于含 Amp 50μg/ml 琼脂平板上，同时取 100μl 已转化的感受态细菌，涂于不含 Amp 的琼脂平板上，于 37℃下正面向上放置 0.5h，以吸收过多的液体，然后倒置培养 12~16h。

（5）对照实验：①受体菌对照组（感受态细胞悬液 + 无菌双蒸水）：以同体积的无菌双蒸水代替 DNA 溶液，其他操作与上面相同。此组正常情况下在含抗生素的 LB 平板（LB 固体培养基）上应没有菌落出现，在不含抗生素的 LB 平板上，应产生大量菌落。②质粒对照组（0.1mol/L CaCl$_2$ 溶液 + 质粒 DNA）：以同体积的 0.1mol/L CaCl$_2$ 溶液代替感受态细胞悬液，其他操作与上面相同。此组正常情况下在含抗生素或不含抗生素的 LB 平板上均应没有菌落出现。

【结果】

37℃培养 12~16h，取出培养板，观察菌落生长情况。实验结果分析如表 12-2 所示。

表 12-2　各实验组在培养基上的菌落生长情况及结果分析

组别	不含抗生素培养基	含抗生素培养基	结果说明
转化实验组	有大量菌落长出	有菌落长出	质粒进入受体菌产生抗药性
受体菌对照组	有大量菌落长出	无菌落长出	本实验未产生耐药性突变株
质粒 DNA 对照组	无菌落长出	无菌落长出	质粒 DNA 溶液不含杂菌

由表 12-2 可知，转化实验组在含抗生素培养基中长出的菌落即为转化子。随机挑选长势良好的单菌落于含有 Amp 的 5ml LB 培养基中扩增，37℃振荡培养 12~16h。然后提取转化的质粒，可进行电泳、酶切等进一步鉴定。

【注意事项】

1. 防止杂菌和杂 DNA 的污染　整个操作过程均应在无菌条件下进行，所用的实验耗材均应经高压灭菌处理，且注意防止被其他试剂、DNA 酶或杂 DNA 污染，以免为以后的筛选、鉴定带来不必要的麻烦。

2. 细胞生长状态和密度　制备感受态细胞时，不要使用经过多次转接或储于 4℃的培养菌，最好从 −70℃甘油保存的菌种中直接转接用于制备感受态细胞的菌液。细胞生长密度以每毫升培养液中的细胞数在 5×10^7 个范围内为最佳，可通过监测培养液的 OD$_{600}$ 来控制，DH5α 菌株的 OD$_{600}$ 为 0.5 时，比较合适，密度过高或不足均会影响转化效率。

3. 质粒 DNA 的质量和浓度　用于转化的质粒 DNA 应主要是共价闭合环状的 DNA 分子（cccDNA）。转化效率与外源 DNA 的浓度在一定范围内成正比，但当加入外源 DNA 的量过多或体积过大时，转化效率就会降低。一般情况下，DNA 溶液的体积不应超过感受态细胞体积的 5%。

4. 制备感受态细胞的过程中，不要剧烈振荡，尤其是悬浮细胞时，要避免用漩涡混合器。

5. 做转化菌 42℃热休克并冷却时，时间要准，动作要迅速。

6. 转化菌涂布平板时菌量不要太多，培养时间不要超过 16h，否则抗生素会被消耗掉，未转化菌也会生长。

【思考题】

1. 何谓感受态细胞？何谓转化？

2. 制备感受态细胞时应注意哪些事项？

3. 如果实验中对照组本不该长出菌落的培养基上长出了一些菌落，将如何解释这种现象？

（贾晓晖）

实验七 聚合酶链式反应技术体外扩增DNA

【目的】

掌握：PCR 的基本原理和基本操作。

熟悉：PCR 技术的注意事项。

了解：PCR 技术的主要应用。

【原理】

聚合酶链式反应（polymerase chain reaction，PCR）技术原理类似于 DNA 的天然复制过程，体外复制位于两段已知序列之间的 DNA 片段（靶序列），其特异性主要取决于与靶序列互补的一对寡核苷酸引物，通过 DNA 聚合酶催化 DNA 的合成反应。

PCR 的一个循环包括 3 个步骤，即变性、退火和延伸。①变性（denaturation）：即模板 DNA 的变性，是指将反应混合液加热至 94℃左右，使模板 DNA 双链发生变性形成单链的过程，以便形成的单链模板 DNA 与引物结合，为下一步作准备。②退火（annealing）：即单链模板 DNA 与引物的结合（复性）。将反应混合液温度降至引物的熔解温度（Tm）以下，使引物能与模板单链 DNA 中的互补序列配对结合，形成引物 - 模板的局部双链。③延伸：即引物的延伸。将反应体系温度上升至 72℃左右，DNA 模板 - 引物结合物在 *Taq*DNA 聚合酶的作用下，以四种脱氧核糖核苷酸（dNTPs）为底物，以靶序列为模板，按照碱基互补配对原则，合成一条新的与模板 DNA 链互补的复制链。通过变性 - 退火 - 延伸的一个循环可使靶 DNA 数量增加一倍，由于每次循环的产物又作为下一循环扩增的模板，所以反应产物量以指数级增长。理论上，1 分子的模板经过 n 个循环可得到 2^n 个拷贝的产物。

本实验以人类基因组中肠型脂肪酸结合蛋白（intestinal fatty acid binding protein，I-FABP 即 *FABP2*）基因的 PCR 扩增为例，扩增片段长度为 304bp。扩增所用的上游引物序列 F 5′-ACAGGTGTTAATATAGTGAAAAGG-3′；下游引物序列 R 5′-ATTGGCTTCTTCATG TGATGAAGG-3′。

【试剂】

1. 模板 DNA　本实验需要提取人类基因组 DNA。

2. 引物　上、下游引物浓度均为 5μmol/L。

3. 10×PCR 缓冲液　含 $MgCl_2$，浓度为 25mmol/L。

4. *Taq* DNA 聚合酶 5U/μl。

5. dNTP 混合物 10mmol/L（每种 dNTP 均为 2.5mmol/L）。

6. 灭菌双蒸水。

7. 琼脂糖凝胶电泳试剂同第十二章实验一。

【操作】

1. 引物设计与稀释　引物是 PCR 反应成功与否的关键因素之一。设计引物时应遵循引物设计原则,使用 Primer 等软件进行设计。公司合成的引物通常为干粉,使用前应先离心,再打开管盖用去离子水溶解。通常配成贮存液浓度为 100μmol/L,少量分装,−20℃保存;使用浓度为 5μmol/L,在反应体系中的终浓度为 0.4μmol/L 左右。

2. 模板 DNA 的提取　标本可来源于组织或血液等,按十二章实验二的方法提取人类基因组 DNA。反应体系中模板 DNA 量一般为 50~100ng。

3. PCR 反应体系制备　为确保结果的可靠性,最好每次反应均应设有阳性对照、阴性对照和空白对照,以阳性模板 DNA 作为阳性对照,以不含有被扩增核酸的样品作为阴性对照,以不加模板的试剂管作为空白对照。一般情况下至少要加空白对照。将准备好的模板、缓冲液、引物等依次加入 0.2ml 灭菌 PCR 管中,以 50μl PCR 反应体系为例,操作如表 12-3 所示。加完所有成分后,用手指轻弹 PCR 管底部,使溶液混匀。瞬时离心以使溶液集中于管底。

表 12-3　PCR 反应体系的制备　　　　　　　　　　　　　　　单位: μl

加入物	测定管	空白对照管
10×PCR 缓冲液	5	5
dNTPs	4	4
上游引物 F	5	5
下游引物 R	5	5
Taq DNA 聚合酶	0.4	0.4
模板(0.1μg/μl)	5	—
ddH$_2$O 补足至	50	50

4. PCR 扩增反应　混匀后,将 PCR 管放到 PCR 仪中,设定 PCR 反应程序:94℃预变性 5min;94℃变性 30s,55℃退火 30s,72℃延伸 1min(30 个循环);72℃平衡 8min;4℃保存。然后,执行扩增。

5. PCR 产物的检测　取 PCR 扩增产物 5μl,进行 1.5% 琼脂糖凝胶电泳,用 DNA 分子量标准来判断 DNA 扩增片段的大小。经凝胶成像系统观察,并记录结果。琼脂糖凝胶电泳操作详见第十二章实验一。

【结果分析】

根据琼脂糖凝胶电泳结果判断阳性和阴性结果。如图 12-1 所示,M 为 2 000bp DNA 分子量标准,被检测的 DNA 样品管可见一条约 304bp 的扩增条带;空白对照管无扩增产物条带。

【注意事项】

1. 常规 PCR 的模板可以是染色体 DNA,也可以是克隆的质粒 DNA。由于 PCR 技术具有高的灵敏度,只需几个 DNA 分子作模板即可大量扩增,易产生假阳性结果,所以应注意防止反应体系受痕量 DNA 的污染。PCR 反

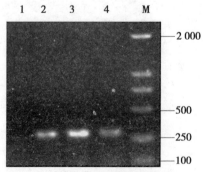

M 为 2 000bp DNA 分子量标准;泳道 1 为空白对照;泳道 2、3、4 均为基因组 DNA 样品。

图 12-1　琼脂糖凝胶电泳检测
PCR 产物

应需在没有 DNA 污染的专用 PCR 室进行。临床 PCR 实验室应进行分区,即试剂准备区、标本处理区、扩增区及产物分析区。实验前应用紫外线消毒以防止 DNA 污染。

2. 应戴手套操作。操作中所用的 PCR 管、离心管、吸头等都只能一次性使用。每加一种反应物,应更换新的吸头。

3. 为保证核酸提取和扩增的有效性,避免假阳性和假阴性结果的出现,实验过程中应至少带一份与样本同基质的阳性质控,其结果是检测核酸提取及其扩增有效性的综合反应;同时,至少带一份与样本同基质的阴性质控,其结果可以判断在整个 PCR 反应过程中是否有核酸污染。

4. 引物设计要合理。一般引物长度为 18~30 个核苷酸;引物间的 G+C 含量应为 40%~60%,而且避免引物内部产生二级结构;避免在 PCR 反应过程中产生引物二聚体;避免引物 3′ 端出现 3 个连续的 G 或 C。

5. PCR 扩增结果若出现非特异性的扩增条带,应进一步优化反应条件,包括改变退火温度和时间、调整 Mg^{2+} 浓度、dNTPs 浓度、Taq DNA 聚合酶、模板 DNA 量等。dNTPs 浓度过高会降低反应的特异性,浓度过低则影响 PCR 的扩增效率;Taq DNA 聚合酶过多会增加反应的碱基错配率;Taq DNA 聚合酶活性有赖于 Mg^{2+} 存在,Mg^{2+} 浓度过高会降低反应的特异性,过低则影响扩增效率;模板 DNA 量太多,会降低模板与引物形成的杂交双链的特异性,导致假阳性结果。

【思考题】

1. 如何计算退火温度?

2. 用 PCR 扩增目的基因,要想得到特异性产物需注意哪些问题?

3. PCR 反应体系中主要成分有哪些? 在 PCR 反应过程中各起什么作用?

4. 如何确保设计引物的特异性?

（常晓彤）

实验八　逆转录 PCR 技术

【目的】

掌握:逆转录 - 聚合酶链式反应(reverse transcription-polymerase chain reaction,RT-PCR)的基本原理和基本操作。

熟悉:RT-PCR 技术的注意事项。

了解:RT-PCR 技术的主要应用。

【原理】

RT-PCR 是以 RNA(细胞内总 RNA 或 mRNA)为初始模板,经逆转录反应产生 cDNA,再以 cDNA 为模板进行 PCR 扩增,从而获取目的基因或检测基因在转录水平的表达。RT-PCR 使 RNA 检测的灵敏度提高几个数量级,使一些极为微量 RNA 样品分析成为可能。

本实验以检测人类 3- 磷酸甘油醛脱氢酶(glyceraldehyde-3-phosphate dehydrogenase,GAPDH)mRNA 为例。扩增片段长度为 450bp。扩增所用的上游引物序列 F 5′-ACCACAGTCCATGCCATCAC-3′;下游引物序列 R 5′-TCACCACCCTGTTGCTGTA-3′。

【试剂】

1. 实验标本可来源于人类组织或血液或培养的细胞。

2. 提取总 RNA 的试剂同第十二章实验四。

3. 逆转录合成 cDNA 试剂

（1）DEPC（焦碳酸二乙酯）。

（2）DEPC 处理的去离子水。

（3）随机引物 50μmol/L：购于试剂公司。

（4）dNTP 混合物（每种 dNTP 均为 2.5mmol/L）：购于试剂公司。

（5）RNA 酶抑制剂（RNase inhibitor）40U/μl：购于试剂公司。

（6）M-MLV 逆转录酶 20U/μl：购于试剂公司。

（7）M-MLV 5× 逆转录缓冲液：250mmol/L Tris-HCl（pH 8.3），375mmol/L KCl，15mmol/L $MgCl_2$，50mmol/L DTT。购于试剂公司。

4. PCR 扩增 cDNA 试剂 [本实验以检测 3-磷酸甘油醛脱氢酶（GAPDH）mRNA 为例]。

（1）引物：由引物合成公司合成，并根据合成的引物浓度，用灭菌双蒸水将引物稀释至 5μmol/L 的浓度。

（2）Taq DNA 聚合酶 5U/μl：购于试剂公司。

（3）10×PCR 缓冲液（含 $MgCl_2$，浓度为 25mmol/L）：购于试剂公司。

（4）dNTP 混合物（每种 dNTP 均为 2.5mmol/L）：购于试剂公司。

（5）灭菌双蒸水。

5. DNA 分子量标准 DL 2000

6. 琼脂糖凝胶电泳试剂同第十二章实验一。

【操作】

1. 总 RNA 的提取

（1）采用酸性酚-异硫氰酸胍-三氯甲烷法从组织或细胞标本中提取总 RNA。操作详见第十二章实验四。

（2）总 RNA 纯度及含量鉴定：紫外吸收法。

取 5μl RNA 溶液稀释到 295μl 水中，在紫外分光光度计上分别于 260nm 和 280nm 处进行纯度及含量测定。纯的 RNA 样品 OD_{260}/OD_{280} 比值应为 1.8~2.0。其中 RNA 含量（μg/ml）=OD_{260}×核酸稀释倍数（60）×40/1 000。以 1×TBE 为缓冲液，取 3μl RNA 于 1% 琼脂糖凝胶（含 EB）进行电泳，在凝胶成像系统观察 RNA 完整性及质量。

2. 逆转录合成 cDNA 的第一条链 将模板 RNA、随机引物、5×逆转录缓冲液、dNTP 混合液、RNA 酶抑制剂、M-MLV 逆转录酶、DEPC 处理的去离子水在室温（15~25℃）解冻，解冻后迅速置于冰上。使用前将每种溶液漩涡震荡混匀，瞬时离心以收集残留在管壁的液体。逆转录反应过程如表 12-4 所示。

表 12-4 逆转录反应体系的制备

加入物	测定管	阴性对照
总 RNA	1.0μg	—
随机引物（50μmol/L）	1.0μl	1.0μl

续表

加入物	测定管	阴性对照
DEPC 处理的去离子水至	12.5μl	12.5μl
70℃解链 10min，自然冷却至室温（稍离心）再加入		
5× 逆转录缓冲液	4.0μl	4.0μl
dNTP 混合物（各 2.5mmol/L）	2.0μl	2.0μl
RNA 酶抑制剂（40U/μl）	1.0μl	1.0μl
M-MLV 逆转录酶（20U/μl）	0.5μl	0.5μl
加 DEPC 处理的去离子水至	20.0μl	20.0μl

42℃反应 1h，70℃灭活 15min，以灭活逆转录酶，取 2.5μl cDNA 做 PCR。

3. PCR 扩增反应 逆转录后的 PCR 扩增反应体系如表 12-5 所示。

表 12-5 逆转录后的 PCR 扩增反应体系的制备 单位：μl

加入物	测定管	对照管 1	2
cDNA	2.5	2.5	—
10× PCR 缓冲液（含 MgCl$_2$）	2.5	2.5	2.5
dNTP（各 2.5mmol/L）	2.0	2.0	2.0
上游引物 F（5μmol/L）	2.5	2.5	2.5
下游引物 R（5μmol/L）	2.5	2.5	2.5
Taq DNA 聚合酶（5U/μl）	0.2	0.2	0.2
ddH$_2$O 补足至	25.0	25.0	25.0

扩增条件：94℃预变性 3min；94℃变性 30s，55℃退火 30s，72℃延伸 30s（30 个循环）；72℃平衡 8min。4℃保存。

4. RT-PCR 扩增产物的检测 琼脂糖凝胶电泳检测 PCR 扩增产物：取 PCR 扩增产物 5μl，同时点样 5μl DNA 分子量标准 DL 2000 作对照，进行 1.5% 的琼脂糖凝胶电泳，经凝胶成像系统观察，并记录结果。

【结果分析】

1. RNA 的琼脂糖凝胶电泳 1% 琼脂糖凝胶电泳观察 RNA 条带，检测 RNA 完整性。如果 18S 和 28S 条带完整、清晰，并且 28S 带的宽度和亮度约是 18S 的两倍，则说明 RNA 完整无降解，即满足进一步 PCR 实验需求。

2. PCR 扩增结果 根据 1.5% 琼脂糖凝胶电泳结果判断阳性和阴性结果。如图 12-2 所示，阴性对照管 1 和空白对照管 2，无扩增产物条带；被检测的样品表达管，可见一条约 450bp 的扩增条带，与预期结果一致。

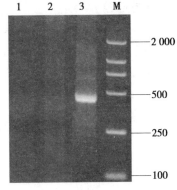

M 为 2 000bp DNA 分子量标准；1 和 2 泳道分别为阴性对照管 1 和空白对照管 2；泳道 3 被检测的样品。

图 12-2 琼脂糖凝胶电泳检测 RT-PCR 产物

【注意事项】

1. 高质量的 RNA 样品,是进行 RT-PCR 的关键。提取样品中的 RNA 必须营造一个没有 RNA 酶的环境,避免内源性和外源性 RNA 酶的污染。具体注意事项详见第十二章实验四。

2. 基因表达具有时间和空间特异性,并不是每种组织或细胞都表达所有的基因。本实验所检测的 *GAPDH* 基因为一种管家基因,为组成性表达,因此,在研究某种目的基因表达时,常被作为内参对照,与目的基因同时检测。

3. 在逆转录反应中,以 RNA 为模板,合成 cDNA 的第一条链,形成 RNA-DNA 杂化双链。杂化双链中的 RNA 链不影响后续的 PCR 反应,无需用碱或 RNase 处理去除。

4. RT-PCR 分为一步法和两步法,两种方法各有优缺点,可根据具体的实验要求进行选择。一步法 RT-PCR 是逆转录过程与 PCR 扩增过程在同一反应中完成,步骤少、耗时短,且降低了由步骤多而致 RNA 酶污染的机会。但缺点是一次反应只能检测 1 个基因。两步法 RT-PCR,是将逆转录过程与 PCR 扩增过程分两步进行,先用通用引物将 RNA 逆转录成 cDNA,再用不同基因的特异性引物进行 PCR 扩增,一次逆转录后产生的 cDNA 可用于检测多种不同的基因,方法更加方便灵活,而且逆转录和 PCR 反应条件可以分别进行优化。本实验中介绍的是用两步法 RT-PCR 检测 *GAPDH* 基因。

5. 用于逆转录的引物主要有 Oligo(dT)、随机六聚体引物和基因特异性引物三种。三者各有优缺点,前两者为通用引物,其中 Oligo(dT) 只能将含 Poly(A) 尾的真核生物 mRNA 逆转录,逆转录生成的 DNA 都起始自 mRNA 的 3′ 端,长度受逆转录酶催化效率的限制,反应效率较低;随机引物以全部 RNA 为模板,特异性较低,得到的 cDNA 也比较复杂,但因可与 RNA 链中多个区域配对,可得到更长片段的 cDNA。特异性引物最为精确且最灵敏,但得到的 cDNA 只用来检测某单个基因。在具体的实验中,应根据起始模板的来源、目的基因的拷贝数、是否检测其他基因等情况来选择其中的某一种,或是将两种通用引物按一定比例进行组合使用。

6. PCR 扩增的注意事项同第十二章实验七。

【思考题】

1. 简述 RT-PCR 技术的实验原理。
2. 要想取得 RT-PCR 实验的成功,应注意哪些问题?
3. RT-PCR 技术主要应用于哪些方面?

(常晓彤)

实验九　实时荧光定量 PCR 技术

【目的】

掌握:实时荧光定量 PCR(real time fluorescence quantitative PCR,qRT-PCR)技术的基本原理和操作。

熟悉:qRT-PCR 技术的注意事项和主要应用。

了解:常用的 qRT-PCR 检测方法。

【原理】

实时荧光定量 PCR 技术是在 PCR 反应体系中加入荧光基团,通过荧光信号实时监测整个 PCR 过程,从而对起始模板进行定量分析的方法。与常规 PCR 相比,qRT-PCR 具有更高的灵敏度和特异性。常用的 qRT-PCR 检测方法有荧光染料法、荧光探针法等。本实验介绍荧光染料法实时定量 RT-PCR 检测基因表达的方法。

SYBR Green I 荧光染料可嵌入双链 DNA 的小沟部位,在游离状态下只发射微弱的荧光,但与双链 DNA 结合后荧光则大大增强。荧光染料 SYBR Green I 的最大吸收波长约为497nm,发射波长最大约为 520nm。在 PCR 反应体系中,加入 SYBR Green I 荧光染料,经过引物的延伸阶段,染料就可以结合到新合成的双链 DNA 中,经激发即可发出绿色荧光。荧光信号的增加与 PCR 产物的增加是同步的,通过荧光定量 PCR 仪,对每个扩增过程中产生的荧光信号进行采集,实时监测记录 PCR 反应全过程,最后通过软件分析即可对不同样品中待测基因的初始模板进行定量检测。在实时荧光定量 PCR 中有两个重要参数:荧光阈值(Xct)和 Ct 值,Xct 即在荧光扩增曲线上人为设定的一个值,一般把荧光阈值设置为 3~15 个循环的荧光信号的标准差的 10 倍。Ct 值,即每个反应管内的荧光信号到达设定的阈值时所经历的循环数。每个模板的 Ct 值与该模板的起始拷贝数的对数存在线性关系,起始拷贝数越多,Ct 值越小。

本实验以检测大鼠小肠组织中肠型脂肪酸结合蛋白(intestinal fatty acid binding protein, I-FABP 即 *FABP2*)基因的转录水平表达为例,学习荧光染料法 qRT-PCR 技术。

【试剂】

1. 实验标本　肥胖大鼠和正常体重大鼠小肠组织标本。

2. 提取总 RNA 的试剂同第十二章实验四。

3. Quant 逆转录试剂盒。

4. SYBR Green I 荧光定量试剂盒。

【操作】

1. 引物的设计与合成

(1)内参引物和基因特异引物的设计与合成:根据 NCBI/Genebank 中大鼠 *FABP2* 基因序列(NM_013068)、大鼠 *GAPDH* 基因序列(NM_017008),采用 Primer 5.0 软件设计引物,oligo7 软件评价引物设计结果,在 NCBI 网站分析引物特异性。PCR 引物由生物公司合成。

(2)荧光定量实验用大鼠 *GAPDH* 内参对照引物,扩增长度为 87bp。

上游引物 F: 5'-TGCACCACCAACTGCTTAGC-3'

下游引物 R: 5'-GGCATGGACTGTGGTCATGAG-3

(3)荧光定量实验用大鼠 *FABP2* 基因特异性引物,扩增长度为 108bp。

上游引物 F: 5'-ACAGCTGACATCATGGCA TTT-3'

下游引物 R: 5'-TCCAAGCTTCCTCTTCACCA-3'

2. 小肠组织 RNA 的提取　采用酸性酚 - 异硫氰酸胍 - 三氯甲烷法(或 TRIzol 试剂)从小肠组织标本中提取总 RNA。提取方法、质量的鉴定和浓度的测定操作详见第十二章实验四。

3. RNA 的逆转录　将模板 RNA、引物、$10 \times RT$ 缓冲液、dNTP 混合液、RNA 酶抑制剂、无 RNase ddH$_2$O 在室温(15~25℃)解冻,解冻后迅速置于冰上。使用前将每种溶液漩涡震荡混匀,瞬时离心以收集残留在管壁的液体。逆转录反应过程如表 12-6 所示。

表 12-6 逆转录反应体系的制备

加入物	加样体积
5 × RT 缓冲液	4.0μl
dNTP 混合物(各 2.5mmol/L)	2.0μl
RNA 酶抑制剂(40U/μl)	1.0μl
Oligo-dT(10μmol/L)	2.0μl
Quant 逆转录酶(20U/μl)	1.0μl
模板 RNA	50ng~2μg
加 RNase-Free ddH$_2$O 至	20.0μl

混匀各组分,漩涡震荡时间不超过 5s,瞬时离心以收集管壁残留的液体;37℃孵育60min,合成 cDNA;70℃灭活 15min,以灭活逆转录酶。

后续实验为实时荧光定量 PCR,逆转录产物的加入量不超过 PCR 体系终体积的 1/10。因此,逆转录结束后,一部分 cDNA 产物稀释 10 倍保存于 –20℃用于荧光定量实验,其余保存于 –80℃。

4. 实时荧光定量 PCR 采用 SYBR Green I 荧光定量 PCR 试剂盒推荐的 25μl 反应体系,同一标本设 3 个重复管,引物使用已合成的大鼠 *FABP2* 基因引物,大鼠 *GAPDH* 基因引物。

(1)将 2×荧光定量预混反应混合物、50×荧光定量 PCR 参比染料、模板 cDNA、引物、无 RNase ddH$_2$O 在室温下平衡溶解,并将所有试剂彻底混匀;

(2)将已溶解试剂置于冰上进行实时 PCR 反应液的配制,实时荧光定量 PCR 反应体系12-7 所示。

表 12-7 qPCR 反应体系的制备

加入物	加样体积
2 × 反应混合物	12.5μl
FABP2-F 或 *GAPDH*-F(10μmol/L)	0.75μl
FABP2-R 或 *GAPDH*-R(10μmol/L)	0.75μl
5 × ROX Reference Dye	2.5μl
稀释后的 cDNA 模板	5.0μl
加 RNase-Free ddH$_2$O 至	25.0μl

(3)加样完毕,盖好八联管盖,轻柔混匀,短暂离心,确保所有组分均在管底。

(4)将反应板置于荧光定量 PCR 仪,开始反应。

采用两步法 PCR 反应程序进行试验。反应程序:95℃预变性 15min;95℃变性 10s,60℃退火 20s,72℃延伸 20s,采集荧光信号,共 40 个循环。同时设无模板的 PCR 反应体系作为阴性对照。

5. 熔解曲线分析荧光定量实验结束后进行熔解曲线分析,以排除是否有引物二聚体和非特异性产物对实验产生的影响。

熔解曲线反应条件为:95℃15s,60℃30s,95℃15s,从 60℃递增至 95℃,在上升过程中连续测定每个循环的荧光强度以获得熔解曲线。

荧光阈值的设置使用机器默认值，即前 3~15 个循环的荧光信号的标准差的 10 倍，或手动设定为大于荧光背景值和阴性对照的荧光最高值或进入指数期的最初阶段。

6. 实时荧光定量 PCR 数据采用 $2^{-\triangle\triangle Ct}$ 方法进行处理，以判定小肠组织 *FABP2* mRNA 转录情况，首先计算各样本 *FABP2* 基因与内参 *GAPDH* 基因的 Ct 差值，即 $\triangle Ct = Ct$ 目的基因 $-Ct$ 内参基因，然后计算出各组样本 $\triangle Ct$ 的平均值，再用肥胖组样本的 $\triangle Ct$ 值减去对照组样本 $\triangle Ct$ 值，即得 $\triangle\triangle Ct$ 值，最后采用 $2^{-\triangle\triangle Ct}$ 公式计算各样本中 *FABP2* 的相对表达量。

【结果分析】

1. 重复性、扩增效率和特异性的判断 逆转录合成的 cDNA 产物，经 10 倍稀释后，行实时荧光定量 PCR 扩增。若重复性实验结果显示，每个样本 3 个复孔的 Ct 值之间的误差不到 1 个循环，变异系数 CV 为 0.12%~2.9%，则说明实验重复性良好，实验体系稳定可靠。若 *FABP2* 基因和内参 *GAPDH* 基因的 PCR 扩增产物熔解曲线显示曲线呈单一峰形，说明无引物二聚体和非特异性扩增产物出现（图 12-3A），则说明特异性好，如果出现双峰，则考虑反应中产生了引物二聚体或非特异性扩增。*FABP2* cDNA 扩增曲线为一组典型的倒 S 形曲线，即指数期，线性增长期，平台期均典型明显，证明扩增效率较高（图 12-3B 和 12-3C）。

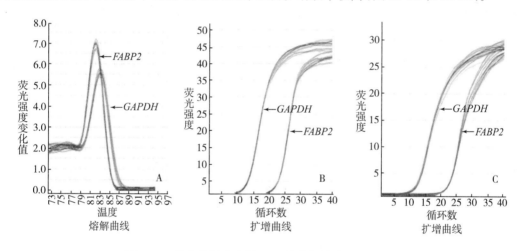

图 12-3 荧光染料法定量 PCR 的熔解曲线和扩增曲线

2. 实验样本中 *FABP2* 基因表达相对值计算 表 12-8 结果显示，与对照组比较，肥胖组大鼠小肠组织中 *FABP2* mRNA 表达水平均明显降低，差异有统计学意义（$P < 0.05$）。

表 12-8 *FABP2* 基因在转录水平表达的相对定量结果

组别	$\triangle Ct$	$\triangle\triangle Ct$	$2^{-\triangle\triangle Ct}$
对照组	-2.94 ± 0.13	0	1
肥胖组	$-2.05 \pm 0.19^{*}$	0.89	0.54

注：$^{*}P < 0.05$。

【注意事项】

1. 荧光定量 PCR 的扩增产物长度不要太长，最好在 75~200bp 之间，这样能简化热循环反应条件,减少反应时间。另外,在进行定量 PCR 之前,一般先采用常规 PCR 进行预实验,以建立 PCR 扩增参数,优化反应体系,以达到特异性扩增目的基因的目的。

2. 用于荧光定量 PCR 的样本和试剂均应在冰浴上进行溶化,在充分混匀后进行瞬时高速离心,以免放置时间过长造成浓度不均匀。为达到较好的实验结果,一般使用商品化的 qRT-PCR 反应混合物(master mixture)。

3. 为降低实验误差,使实验结果获得很好的准确性和重复性,需要制备 qRT-PCR 反应混合液(包括 H_2O、混合物和引物),而且每个样本需设置重复管,最好重复 3 次或以上。

4. 在进行定量 PCR 扩增时,每次实验都要做无模板对照,以验证整个过程中无污染发生。

5. 操作时,应使用不含荧光物质的一次性手套(经常更换),一次性移液器吸头。最好使用高质量的 PCR 管,低质量管的管间差异可能会很大。

6. 基因分析的定量方法有绝对定量法和相对定量法。绝对定量法是通过样本的 Ct 值、利用已知的标准曲线来推算测试样本中目的基因的量。求得待测样品靶基因的拷贝数。如果想要明确得到样本的初始浓度或病毒载量,使用绝对定量法最佳。相对定量法以确定某个靶基因在待测样本中的表达相对于相同靶基因在参考样本中的变化,相对定量法需要用内参基因对样本初始浓度差异进行均一化校正,其方法常用双标准曲线法和 $2^{-\triangle\triangle Ct}$ 方法,其中 $2^{-\triangle\triangle Ct}$ 方法计算比较简单,无需使用标准曲线,但要求靶基因和内参对照的 PCR 扩增效率接近 100% 且偏差在 5% 以内,否则计算结果将产生较大偏差。

【思考题】

1. 荧光定量 PCR 实验应注意哪些问题?

2. 绝对定量与相对定量有什么区别?

3. 荧光定量 PCR 有哪些临床应用?

(常晓彤)

实验十　Southern 印迹技术

【目的】

掌握:分子杂交的基本原理;Southern 印迹(毛细管转移法)的原理及方法;随机引物法标记探针的基本原理。

熟悉:Southern 印迹杂交技术操作步骤及注意事项。

了解:杂交分子的检测方法。

【原理】

核酸分子杂交是指具有一定同源性的两条 DNA 链或两条 RNA 链或一条 DNA 链和一条 RNA 链,按照碱基互补配对的原则缔合成异质双链的过程。根据其反应环境和研究对象的不同可分为多种类型,如 Southern 印迹、Northern 印迹、菌落杂交、原位组织杂交等。

Southern 印迹(Southern blotting)是一种膜上检测 DNA 的杂交技术。其基本原理是首先用一种或多种限制性内切酶对待测 DNA 样品进行消化,消化后的片段经标准琼脂糖凝胶电泳按片段大小分离,然后将 DNA 片段进行原位变性(碱变性),再从凝胶中转移到固相支持物上(通常为硝酸纤维素膜或尼龙膜)。附着于固相支持物表面的 DNA 片段可与标记的

DNA、RNA 探针或寡核苷酸探针杂交,通过特定的检测方法分析与探针互补杂交的 DNA 片段的大小及序列特征。

Southern 印迹关键环节是将经电泳分离的 DNA 片段转移到固相支持物上,即核酸印迹转移,其常用方法有三种:毛细管转移法、电转移法、真空转移法。

本实验采用毛细管转移法。毛细管转移法(Southern 印迹)由 Southern 于 1975 年建立,是最传统的 DNA 转移方法,其基本原理是 DNA 片段由液流携带从凝胶中转移并聚集于固相支持物表面(见第六章"图 6-1")。该方法所需设备简单,对实验条件要求不高,但转移时间长,尤其对于分子量较大的 DNA 片段,例如大于 15kb 的 DNA 片段的毛细管转移至少要进行 18h。

本实验使用质粒做探针,采用随机引物法用 α-^{32}P 进行标记。其基本方法是在反应体系中加入变性的待标记的 DNA 片段和随机引物,在 α-^{32}P dCTP 和其他 3 种脱氧核苷三磷酸存在下,用大肠杆菌 DNA 聚合酶 I 的 Klenow 大片段,按照碱基互补配对原则,沿 5′→3′ 方向合成模板的互补链即标记探针。通过变性使探针与模板解离,最终可得到若干大小不等的放射性标记的 DNA 探针。

本实验以 pBR322 质粒的酶切片段作为样品,经琼脂糖凝胶电泳和碱变性后,采用毛细管转移法将待测 DNA 样品转移到硝酸纤维素膜上,吸附在膜上的单链 DNA 片段与 α-^{32}P 标记的 pBR322 质粒 DNA 探针杂交,通过放射自显影检测杂交信号。

【试剂】

1. 适当的限制性核酸内切酶。

2. 质粒 pBR322。

3. 琼脂糖凝胶电泳试剂 见第十二章实验一。

4. DNA 分子量标准 DL 2000 购于生物公司。

5. 变性液 1.5mol/L NaCl, 0.5mol/L NaOH。

6. 中和液 1.0mol/L Tris-HCl(pH 7.4), 1.5mol/L NaCl。

7. 转移液(20×SSC) 3mol/L NaCl, 0.3mol/L 枸橼酸钠,用 HCl 调 pH 至 7.0。

8. 50×封闭剂溶液 1% 聚蔗糖(ficoll 400), 1% 聚乙烯吡咯烷酮(PVP), 1% BSA,过滤后 -20℃保存。

9. α-^{32}P dCTP 比活性 3 000Ci/mmol。

10. 随机引物 用 TE 配缓冲液制成 75ng/μl 溶液。

11. 5×随机引物缓冲液(5×buffer) 250mmol/L Tris-HCl(pH 8.0), 25mmol/L MgCl$_2$, 10mmol/L TT, 1mmol/L HEPES, -20℃保存。

12. 大肠杆菌 DNA 聚合酶 I Klenow 大片段 5U/μl。

13. dATP、dTTP、dGTP, 各 5mmol/L。

14. 10mg/ml 牛血清白蛋白(BSA)。

15. 缓冲液 A 50mmol/L Tris-HCl(pH 7.5), 50mmol/L NaCl, 5mmol/L EDTA(pH8.0), 5% SDS。

16. 硫酸葡聚糖。

17. 10mg/ml 鲑精 DNA。

18. 去离子甲酰胺。

19. 显影剂 将蒸馏水 800ml 加热至 50℃,依次加入对甲氨基酚磷酸盐(咪吐尔)4.0g,

无水亚硫酸钠 65.0g,对苯二酚(海德尔)10.0g,无水碳酸钠 45.0g,溴化钾 5.0g,用蒸馏水定容至 1 000ml,置棕色瓶中 4℃保存。

20. 定影液　将蒸馏水 800ml 加热至 50℃,依次加入硫代硫酸钠(海波)240.0g,无水硫酸钠 15.0g,98% 乙酸 15ml,硫酸钾铝(明矾)15.0g,定容至 1 000ml,置棕色瓶中 4℃保存。

【操作】

1. 样品 DNA 的制备　用一种或几种限制性核酸内切酶消化适量样品 DNA,方法同第十二章实验五。

2. 酶切片段琼脂糖凝胶电泳　取样品 DNA 溶液 8µl,加 6× 上样缓冲液 2µl,混匀,以 DNA 分子量标准(DNA marker)为对照,在 1% 琼脂糖凝胶中电泳 20min,紫外检测仪鉴定。

3. 转膜

(1)电泳分离 DNA 片段后,将凝胶转移到一平盘中,用刀片切去凝胶边缘的无用部分,将凝胶的左下角切去一块作为方位标记。

(2)碱变性:①将凝胶浸泡于适量变性液中(完全浸没),室温放置 45min,不间断轻轻摇动;②用蒸馏水漂洗凝胶,然后将其浸泡于适量中和液中,室温放置 30min,不间断轻轻摇动。随后,换一次新鲜中和液继续浸泡凝胶 15min。

(3)在直径 10cm 的小培养皿中铺一层厚吸水纸,吸水纸的长度为 15~20cm,将小培养皿放入直径为 20cm 的大培养皿中,大培养皿中盛有适量 20×SSC 溶液,使滤纸两边浸入 SSC 溶液中,使其被均匀浸润,并用玻璃棒将滤纸轻轻推平以去除气泡。

(4)剪一张每边均比凝胶大 1mm 的硝酸纤维素膜或尼龙膜,同时剪去位置和大小与凝胶相似的一角,用蒸馏水润湿后放入 20×SSC 溶液中浸泡至少 5min。

(5)从中和液中取出凝胶,底面朝下放置于小培养皿的滤纸中央,用石蜡膜围绕凝胶四周做屏障,但不要覆盖凝胶,防止转移过程中产生短路而降低转移效率。

(6)用适量 20×SSC 溶液将凝胶湿润。将浸泡好的硝酸纤维素膜或尼龙膜小心覆盖于凝胶上,并使两者切角重叠。为避免产生气泡,应当先使膜的一角与凝胶接触,再缓慢地将膜放于凝胶上。

(7)将两张预先用 20×SSC 溶液浸湿与硝酸纤维素膜或尼龙膜大小相同的滤纸覆盖于膜上,避免气泡产生。

(8)裁一叠与转移膜大小相同的纸巾(约 5~8cm 厚),覆盖于滤纸上,在纸巾上压一玻璃板,其上放置一定重物(500g 左右)。

(9)静置 10~24h 使其充分转移,其间更换纸巾 3~4 次。

(10)移走纸巾和滤纸,将凝胶和硝酸纤维素膜置于一张干燥的滤纸上,并且标明加样孔的位置。

(11)剥离凝胶,将膜浸泡于 6×SSC 溶液中 5min,以除去凝胶碎块。

(12)用滤纸吸干膜表面的转移液,将其夹在两层干燥的滤纸中置于 80℃烘箱内烘烤 2h,使 DNA 固定于膜上。将膜用铝箔包好室温下置于真空中备用。

4. 探针制备

(1)待标记的双链 DNA 变性:在一个 0.5ml 的离心管中依次加 15µl DNA 溶液(含模板 DNA50ng)和 1µl 随机引物,盖紧离心管,混匀后置沸水浴中煮 3min,迅速冰浴。

(2)加 dNTP 混合液 2µl(dATP、dTTP、dGTP 各取 2µl,混匀后吸取 2µl),5× 随机引物缓

冲液(5×buffer)10μl,BSA 2μl,α-^{32}P dCTP 5μl,加双蒸水至 50μl,混匀。

（3）聚合反应:加大肠杆菌 DNA 聚合酶 I Klenow 片段 1μl,混匀,瞬时离心使反应液聚集于管底,室温温育 1h。

（4）终止反应:加入 10μl 缓冲液 A,终止反应,置 –20℃保存备用。

杂交前,将标记好的探针置于沸水浴中加热 5min,然后迅速置于冰浴中。

5. 杂交反应

（1）制备预杂交液:包括 6×SSC,5×封闭剂,0.5% SDS,100μg/ml 变性的鲑精 DNA,50% 甲酰胺。

（2）将结合了 DNA 的硝酸纤维素膜或尼龙膜浸泡于 6×SSC 溶液中,使其充分湿润。

（3）将膜放在杂交瓶中,按 200μl/cm^2 膜加入预杂交液,在杂交炉中 42℃保温 1~2h。

（4）配制杂交液:包括 6×SSC,0.5%SDS,100μg/ml 变性的鲑精 DNA,50% 甲酰胺,10% 硫酸葡聚糖。

（5）取出杂交瓶,将预杂交液倒掉,按 80μl/cm^2 膜加入杂交液和变性的 α-^{32}P 标记探针。在杂交炉中 42℃保温 12~16h 或过夜。

（6）取出杂交后的膜,迅速放于盛有大量 2×SSC 溶液和 0.1% SDS 溶液的培养皿中,室温下振荡漂洗两次:第一次 5min,第二次 15min。

（7）将膜转移至盛有大量 0.1×SSC 溶液和 0.1% SDS 溶液的培养皿中,37℃振荡漂洗 30~60min。

（8）将膜转移至盛有大量 0.1×SSC 溶液和 0.1% SDS 溶液的培养皿中,65℃振荡漂洗 30~60min。

（9）室温下将膜用 0.1×SSC 溶液短暂漂洗后用滤纸吸取残留液体。

6. 放射自显影

（1）将膜用保鲜膜包好。

（2）在暗室中将膜放置在增感屏前屏上,光面向上,压 1~2 张 X 线片,再压上增感屏后屏,光面向 X 线片。

（3）盖上压片盒,放入 –70℃,自显影 16~24h。

（4）取出 X 线片,显影 1~5min,定影 5min;用水冲洗后晾干。

（5）如曝光不足,可再压片重新曝光。

【结果】

1. 转膜前后分别在紫外线灯下观察条带数目、大小。

2. 以结果 1 作为对照,判断 X 线片上条带数目和大小。

【注意事项】

1. 选择适当的限制性内切酶,以得到合适长度的 DNA 片段。

2. 剪膜时要戴手套,不可用手直接触摸;滤膜一定要充分浸润,否则不能使用。

3. 转膜时滤纸与培养皿之间、滤纸与凝胶之间、凝胶与滤膜之间都不能产生气泡。

4. 滤膜与凝胶接触后就不能再移动。

5. α-^{32}PdCTP 具有放射性,操作时应在特殊防护下进行。

6. 标记探针的长度和反应产物的长度与加入随机引物的量成反比。随机引物延伸合成 DNA 是从多个起点开始的,加入随机引物的量越多,合成起点越多,得到的片段长度就越短,以标准方法标记得到的标记产物长度平均为200~400bp。若需要较长的探针,可适当减少引物的量。

7. 标记探针是单链DNA或RNA模板的互补链。

8. 与其他标记方法相比,随机引物法适用范围较广,既可用于双链DNA分子标记,也可用于单链DNA或RNA分子标记,并且标记探针的比活性相对较高。

【思考题】

1. 分子杂交技术的基本原理是什么?

2. 毛细管转移法的基本原理是什么?

3. 随机引物法标记探针的原理是什么?操作中的注意事项有哪些?

(郝　敏)

实验十一　Northern 印迹技术

【目的】

掌握: Northern 印迹的基本原理。

熟悉: Northern 印迹的操作步骤及注意事项。

了解: Northern 印迹与 Southern 印迹的异同。

【原理】

Northern 印迹(Northern blotting)是一种用于检测特异 RNA 片段的印迹杂交技术。经过不断改进和完善,目前该技术已成为研究真核细胞基因表达的基本方法。Northern 印迹原理与 Southern 印迹杂交相似,其基本步骤为:①提取组织或细胞中总 RNA 作为检测样品;②变性电泳;③转膜;④预杂交;⑤ Northern 杂交;⑥杂交分子检测;⑦结果分析。

Northern 印迹采用变性剂来去除 RNA 分子内部形成的"发夹"式二级结构,以精确分析 RNA 分子的大小。常用的变性剂有乙二醛和甲醛。

本实验将 RNA 样品通过甲醛变性后,经标准琼脂糖凝胶电泳进行分离,再转移到尼龙膜上,用地高辛标记的 DNA 特异探针与固定于膜上的 mRNA 进行杂交,经 NBT/BCIP 显色法检测杂交分子后,对杂交信号进行分析。

【试剂】

1. TRIzol 试剂　单相裂解液(包含异硫氰酸胍和酚),直接购买。

2. 37%~40% 的甲醛溶液。

3. 甲醛凝胶电泳上样缓冲液(DEPC 水配制)　0.25% 溴酚蓝溶液,0.25% 二甲苯青,1mmol/L EDTA(pH 8.0),50% 甘油溶液,分装 4℃保存。

4. 溴化乙锭(EB)染液(DEPC 水配制)　10mg/ml,4℃保存。

5. 5×MOPS 电泳缓冲液　0.1mol/L MOPS[3-(N-吗啉)丙磺酸],10mmol/L 乙酸钠(pH 7.0),5mmol/L EDTA(pH 8.0)。

6. 去离子甲酰胺。

7. 分子质量标记物(marker)　购于生物公司。

8. 随机引物法标记地高辛核酸探针试剂盒和免疫检测试剂。

（1）随机引物法标记地高辛核酸探针试剂：包括随机引物法标记地高辛核酸探针的主要试剂成分，如随机引物，Dig-dNTP 标记物，DNA 聚合酶 I Klenow 大片段。

（2）地高辛杂交缓冲液。

（3）免疫显色试剂：①碱性磷酸酶标记的抗地高辛抗体复合物 150U/μl；②洗液（washing buffer）：0.1mol/L 马来酸，0.15mol/L NaCl，用固体 NaOH 调 pH 至 7.5；③ 10 × 阻断剂（blocking solution）：使用时用洗液稀释至 1×；④抗体液（用前配制）：用 1× 阻断剂稀释碱性磷酸酶标记的抗地高辛抗体复合物至 150mU/ml（1：5 000）；⑤检测液（detection buffer）：0.1mol/L Tris-HCl（pH 9.5），0.1mol/L NaCl，50mmol/L $MgCl_2$；⑥硝基氮蓝四唑（NBT）溶液：NBT 173mmol/L，二甲基甲酰胺（DMF）10%；⑦ 5- 溴 -4- 氯 -3- 吲哚磷酸液（BCIP）：BCIP 115.3mmol/L，DMF 100%；⑧显色液（用前配制）：检测液 3.3ml，NBT 15μl，BCIP 11μl；⑨ TE 缓冲液（pH 8.0）：10mmol/L Tris-HCl，1mmol/L EDTA。

【操作】

1. 总 RNA 的提取与定量　采用 TRIzol 试剂一步法分离总 RNA（也可采用酸性酚 - 异硫氰酸胍 - 三氯甲烷法，同十二章实验四）

（1）收集细胞（约 $5 \times 10^6 \sim 1 \times 10^7$）加入 1ml Trizol，充分匀浆，并在冰中放至细胞溶解。若为组织样品，50~100μg 组织加 1ml TRIzol，用组织匀浆器进行匀浆。

（2）加入 200μl 三氯甲烷，振荡 15s，室温静置 2min。4℃ 12 000r/min 离心 15min。

（3）转移上层水相至一新的 1.5ml 离心管中，加 600μl 异丙醇混匀后，在冰上静置 10min，4℃ 12 000r/min 离心 10min，弃上清。

（4）1ml 75% 乙醇溶液（DEPC 处理的双蒸水配制）清洗沉淀后，4℃ 7 500r/min 离心 5min，弃上清。

（5）1ml 无水乙醇清洗沉淀，4℃ 7 500r/min 离心 5min，弃上清。室温晾干沉淀，加适量无 RNase 酶的水溶解。

（6）RNA 样品纯度、浓度及完整性的鉴定同第十二章实验四。

2. 甲醛变性凝胶电泳分离 RNA 样品

（1）RNA 样品的变性处理：取 RNA 样品液 4.5μl（含总 RNA 15μg），加入 5×MOPS 电泳缓冲液 2.0μl，37% 甲醛溶液 3.5μl，去离子甲酰胺 10.0μl，65℃ 温育 15min，冰浴冷却 5min，离心 5s，加甲醛凝胶上样缓冲液 2μl，混匀待用。

（2）制备 1% 琼脂糖变性胶（含甲醛 2.2mol/L）：琼脂糖 0.3g，DEPC 水 18.6ml，加热融化。保温状态下加入 5×MOPS 电泳缓冲液 6.0ml，37% 甲醛溶液 5.4ml（甲醛终浓度为 ），2μl EB，混匀后把胶倒入胶板，使其静置冷却凝固 10~15min，缓慢拔出梳子。

（3）RNA 的电泳：将凝胶放入电泳槽中，加入 1×MOPS 缓冲液没过凝胶。在加样孔中依次加入足量的 RNA 样品和相对分子质量标记物，采用 5V/cm 的电压进行电泳，根据指示剂迁移的位置判断是否终止电泳。

印迹转移前剪切下含相对分子质量标记物泳道的凝胶条，于紫外线灯下在凝胶条旁放一根尺子拍照，记下分子质量标记物的位置，以便杂交后确定杂交带的分子质量大小。

3. 转膜与固定　RNA 由凝胶中转移到固相支持物上的方法与 Southern 印迹方法一样，具体操作见第十二章实验十。值得注意的是在印迹转移前，含甲醛的凝胶必须用 DEPC 水淋洗数次以去除甲醛。如果琼脂糖浓度大于 1%，或凝胶厚度大于 0.5cm，或待分析的 RNA 大于 2 500nt,需用 0.05mol/L NaOH 浸泡凝胶 20min(部分降解 RNA,以提高其转移的效率),浸泡后用 DEPC 水淋洗,并用 2×SSC 浸泡凝胶 45min,然后进行转移。

转移完成后,为满足杂交实验的要求,必须将转移后的 RNA 固定到杂交膜上。可采用紫外交联仪(254mm 波长的紫外线)照射尼龙膜上结合有核酸的一面,使尼龙膜与核酸分子之间形成共价结合,对于湿润的尼龙膜总照射剂量参考值为 $1.5J/cm^2$,干燥的尼龙膜约为 $0.15J/cm^2$。

4. 杂交

(1)探针的制备:以 *GAPDH* 基因作为探针,来源见第十二章实验八。

(2)随机引物法标记地高辛核酸探针:取 1μg 模板 DNA 加 ddH_2O 至 16μl,煮沸 10min 使 DNA 变性后迅速冷却。将地高辛高效引物混合液充分混匀后,加 4μl 至模板中,离心混匀,37℃孵育 1~20h,65℃ 10min 终止反应。

(3)杂交:①预热适量体积的杂交液(10ml/100cm² 膜)至杂交温度 42℃,将预杂交膜侵入其中,不间断轻轻摇动 30min;②变性地高辛标记的 DNA 探针(25ng/ml 地高辛杂交缓冲液):煮沸 5min,迅速冰浴冷却;③加变性探针于预热的地高辛杂交缓冲液中(2.5ml/100cm² 膜),充分混匀,避免起泡沫;④将杂交液倒掉,加入探针 / 地高辛杂交缓冲液混合液至膜上,42℃孵育 6~16h,不间断轻轻摇动。

(4)洗膜:①取出杂交后的膜,迅速放于盛有 2×SSC 和 0.1% SDS 溶液的培养皿中,室温振荡漂洗 2 次,每次 5min;②将膜转移至盛有 0.1×SSC 和 0.1% SDS 溶液的培养皿中,68℃振荡漂洗 2 次,每次 15min。

(5)免疫检测:①室温下,用洗液(washing buffer)洗膜 1~5min;②在 100ml 阻断剂(blocking solution)中室温孵育 30min;③在 20ml 抗体液(antibody solution)中室温孵育 30min;④用洗液漂洗两次,每次 5min;⑤在 20ml 检测液中平衡 2~5min;⑥杂交产物检测(NBT/BCIP 显色法):加入临用前配好的显色液,37℃显色数分钟至 1d,当出现色带时,用 10ml TE 缓冲液洗膜 5min 以终止反应。NBT/BCIP 是碱性磷酸酶的最佳底物组合之一,产物为蓝色,不溶于水、乙醇及二甲苯的沉淀物。⑦照相后,将膜于室温下自然干燥或 80℃烤干,避光储存。

【结果】

1. 将杂交的 mRNA 分子在电泳中的迁移位置与分子质量标记物进行比较,判断细胞中特定基因转录产物的大小。

2. 比较杂交信号的强弱,判断该基因表达的强弱即 mRNA 丰度的高低。

【注意事项】

1. 由于 RNA 非常不稳定,极易降解,因此在杂交过程中要尽量避免 RNase 的污染,具体措施见第十二章实验四。

2. 甲醛具有很强挥发性和毒性,应在通风橱中小心使用。

3. 电泳分离 RNA 时,一般 RNA 点样量 10~30μg。如果待测 mRNA 为低丰度,则需将点样量增大 1 倍。

【思考题】

1. 获取目的基因的方法主要有哪些?

2. 除随机引物法标记探针,还有哪些探针标记方法?

(郝　敏)

第十三章　综合性实验

综合性实验是指实验内容涉及本课程的综合知识或与本课程相关课程知识的实验,是学生在掌握一定基本原理和技能的基础上,综合运用某些实验方法和技术,进行一个相对完整的科学研究。综合性实验旨在培养学生的综合分析能力、科研思路和创新思维,提高学生分析问题、解决问题的能力。

本章共涵盖 6 个实验,内容涉及酶的提取与测定、蛋白质的分离与纯化、激素对血糖浓度的影响、蛋白印迹技术、基因多态性分析以及目的基因的克隆表达,其中 *FABP2* 基因多态性分析实验由河北北方学院生物化学教研室自行设计。

实验一　碱性磷酸酶的提取、比活性及 K_m 值的测定

【目的】

掌握:碱性磷酸酶比活性的测定原理和方法;碱性磷酸酶 K_m 值的测定原理和方法。

熟悉:从生物样品中提取分离纯化酶的一般技术。

【原理】

酶与蛋白质的提取、分离及纯化的方法相似,一般有盐析法、有机溶剂沉淀法、层析法、电泳法等。通常需要多种方法配合使用,才能得到高纯度的酶。

本实验采用有机溶剂沉淀法从兔肝中分离纯化碱性磷酸酶(alkaline phosphatase,ALP)。先用低浓度的乙酸钠使细胞膜发生低渗破裂制备匀浆,同时加入乙酸镁对 ALP 有保护和稳定作用,再加入正丁醇可使部分杂蛋白变性,过滤除去杂蛋白即为含有 ALP 的粗提液。由于 ALP 能溶于低浓度的乙醇或丙酮而不溶于较高浓度的乙醇或丙酮,故用不同浓度的冷丙酮和冷乙醇通过多次重复分离提取,即可获得纯度较高的 ALP。

国际酶学委员会规定,酶的比活性(specific activity)是指每毫克蛋白质所含有的酶活性单位(U/mg pr)。因此,分别测定单位体积样品中的酶活性单位数和蛋白质含量,即可计算酶的比活性。酶的比活性越高,意味着酶的纯度也就越高。

样品中 ALP 的活性可通过磷酸苯二钠法测定。样品中的 ALP 可分解磷酸苯二钠产生游离的酚和磷酸盐,在碱性溶液中酚与 4- 氨基安替比林作用,经铁氰化钾氧化生成红色的醌类化合物,根据颜色深浅即可测定 ALP 活性的大小。

ALP 活性单位(金氏单位)定义为:100ml 血清,在 37℃与底物作用 15min,每产生 1mg 的酚为 1 个酶的活性单位。

样品中蛋白质的含量测定可用福林 - 酚试剂法(或考马斯亮蓝法)。酶促反应的初速度

(v)受底物浓度、温度、pH 和酶浓度等多种因素的影响,当温度、pH 和酶浓度等条件恒定时,酶促反应的初速度(v)与底物浓度$[S]$之间的关系可用米曼氏方程式表示:

$$v = \frac{V_{max}[S]}{K_m+[S]}$$

本实验采用双倒数作图法,将米氏方程两边取倒数得:

$$\frac{1}{v} = \frac{K_m}{V_{max}} \times \frac{1}{[S]} + \frac{1}{V_{max}}$$

以 $1/v$ 对 $1/[S]$ 作图得一直线,其延长线在横坐标的截距为 $-1/K_m$,通过测定一系列不同底物浓度时的酶促反应速度,即可求出 ALP 的 K_m 值。

【试剂】

1. 0.5mol/L 乙酸镁溶液　乙酸镁 107.25g 溶于蒸馏水中,定容至 1 000ml。

2. 0.1mol/L 乙酸钠溶液　乙酸钠 8.2g 溶于蒸馏水中,定容至 1 000ml。

3. 0.01mol/L 乙酸镁 - 乙酸钠溶液　0.5mol/L 乙酸镁溶液 20ml 及 0.1mol/L 乙酸钠溶液 100ml,混匀后用蒸馏水定容至 1 000ml。

4. 0.01mol/L Tris- 乙酸镁缓冲液(pH 8.8)　三羟甲基氨基甲烷(Tris)12.1g,用蒸馏水溶解并定容至 1 000ml,即为 0.1mol/L Tris 溶液。取 0.1mol/L Tris 溶液 100ml,加蒸馏水约 800ml,0.5mol/L 乙酸镁溶液 20ml,混匀后用 1% 乙酸调 pH 至 8.8,用蒸馏水定容至 1 000ml。

5. 正丁醇(AR)。

6. 丙酮(AR)。

7. 95% 乙醇(AR)。

8. 0.1mg/ml 蛋白标准液　准确称取牛血清白蛋白 10mg,用 pH 8.8 Tris 溶液定容至 100ml。

9. 碱性铜试剂。

甲液:取 Na_2CO_3 2g 溶于 0.1mol/L NaOH 溶液 100ml 中。

乙液:取 $CuSO_4 \cdot 5H_2O$ 0.5g 溶于 100ml 1% 酒石酸钾(或钠)中。

取 50ml 甲液,1ml 乙液混合后使用。此液临用前配制。

10. 酚试剂　于 1 500ml 圆底烧瓶内加入钨酸钠($Na_2WO_4 \cdot 2H_2O$)100g,钼酸钠($Na_2MoO_4 \cdot 2H_2O$)25g,溶于 700ml 蒸馏水中,再加入 85% 磷酸 50ml 及浓 HCl 100ml,混合后,接冷凝器于烧瓶上,缓慢加热回流 10h。再加 $Li_2SO_4 \cdot H_2O$ 150g,蒸馏水 50ml,溴水数滴,继续煮沸 15min 除去剩余的溴(因溴有毒,此步应在通风橱内进行),待冷却后稀释至 1 000ml,过滤,滤液应呈淡黄色(如呈绿色则不能用),此为贮存液,储于棕色瓶中。使用时用 NaOH 滴定,以酚酞为指示剂,适当稀释约 1 倍,终浓度为 1mol/L,此试剂置于 4℃冰箱可长期保存。

11. 20mmol/L 磷酸苯二钠基质液　磷酸苯二钠 2.18g(磷酸苯二钠 · $2H_2O$ 则应称取 2.54g),用煮沸冷却的蒸馏水溶液定容至 500ml。加三氯甲烷 2ml 置棕色瓶中 4℃保存。

12. 1mg/ml 酚标准贮存液　重蒸酚 0.1g,溶解于 pH 8.8 Tris 液中,并定容至 100ml。

13. 0.1mg/ml 酚标准应用液　取贮存液 10ml 用 pH 8.8 Tris 液稀释至 100ml。此液仅能保存 1~2d。

14. 铁氰化钾溶液　铁氰化钾 2.5g 和硼酸 17g,各溶于 400ml 蒸馏水中,溶解后两液混合,加蒸馏水至 1 000ml,置棕色瓶中 4℃保存。

15. 0.1mol/L 碳酸盐缓冲液（pH 10.0）无水碳酸钠 6.36g 及碳酸氢钠 3.36g，4- 氨基安替比林 1.5g 溶于 800ml 蒸馏水中，最后加蒸馏水至 1 000ml。贮存于棕色瓶中。

【操作】

1. ALP 提取、分离与纯化　操作流程如下（在 0~4℃操作为宜）。

新鲜兔肝 2g
↓　剪碎后置玻璃匀浆器中加 0.01mol/L 乙酸镁 - 乙酸钠溶液 6.0ml，制备匀浆。
兔肝匀浆
↓　兔肝匀浆作为 A 液。取 A 液 0.1ml 于另一试管中，加 pH 8.8 Tris 缓冲液 4.9ml，此为稀释 A 液（A′=1∶50），供测比活性用。剩余 A 液加正丁醇 2.0ml，搅拌 3min，室温放置 20min，用滤纸过滤。
滤液
↓　置于刻度离心管中，记录体积，加等体积的冷丙酮，立即混匀，3 000r/min 离心 5min，弃去上清。
沉淀
↓　加 0.5mol/L 乙酸镁溶液 4.0ml，搅拌溶解，记录体积，此为 B 液。取 B 液 0.1ml 于另一试管中，加 pH 8.8 Tris 缓冲液 4.9ml，此为稀释 B 液（B′=1∶50），供测比活性用。
B 液
↓　剩余 B 液缓慢加冷 95% 乙醇溶液，使乙醇终浓度为 30%，混匀，3 000r/min 离心 5min，取上清液入离心管，记录体积。
上清液
↓　缓慢加冷 95% 乙醇溶液，使乙醇终浓度为 60%，混匀，3 000r/min 离心 5min，弃去上清。
沉淀
↓　加 0.5mol/L 乙酸镁溶液 3.0ml 溶解，记录体积，此为 C 液。取 C 液 0.1ml 于另一试管中，加 pH 8.8 Tris 缓冲液 1.9ml，此为稀释 C 液（C′=1∶20），供测比活性用。
C 液
↓　逐滴加冷丙酮至终浓度为 33%，混匀，3 000r/min 离心 5min，弃去沉淀。
上清液
↓　逐滴加冷丙酮至终浓度为 50%，混匀，4 000r/min 离心 10min，弃去上清。
沉淀
↓　加 pH 8.8 Tris 缓冲液 4.0ml 溶解，记录体积，此为 D 液。取 D 液 0.5ml 于另一试管中，加 pH 8.8 Tris 缓冲液 2.0ml，此为稀释 D 液（D′=1∶5），供测比活性用。
D 液　D 液用 pH 10.0 的碳酸盐缓冲液稀释 5~7 倍，可供测 K_m 值用。

2. ALP 比活性的测定　取 6 支试管，按表 13-1 操作。

（1）ALP 活性的测定

表 13-1　ALP 活性测定　　　　　　　　　　　　　　单位：ml

试剂	空白管	标准管	测定管（4 支）
蒸馏水	0.1	—	—
0.1mg/ml 酚标准液	—	0.1	—
待测酶液	—	—	0.1
碳酸缓冲液	1.0	1.0	1.0

续表

试剂	空白管	标准管	测定管（4支）
	混匀，37℃预温5min		
20mmol/L基质液	1.0	1.0	1.0
	混匀，37℃水浴准确保温15min		
铁氰化钾溶液	3.0	3.0	3.0

混匀，室温放置10min，空白管调零，510nm波长读取各管吸光度。

（2）蛋白质含量的测定　按表13-2操作。

表13-2　福林-酚试剂法测定蛋白含量　　　　　　　　单位：ml

试剂	空白管	标准管	测定管（4支）
碳酸缓冲液	1.0	—	—
0.1mg/ml蛋白标准液	—	1.0	—
待测酶液	—	—	1.0
碱性铜试剂	5.0	5.0	5.0
	混匀，室温放置10min		
酚试剂	0.5	0.5	0.5

混匀，室温放置30min，空白管调零，650nm波长读取各管吸光度。

【结果与计算】

$$待测酶液中ALP活性（U/100ml）= \frac{测定管吸光度}{标准管吸光度} \times 10 \times 稀释倍数$$

$$待测酶液中蛋白质含量（mg/100ml）= \frac{测定管吸光度}{标准管吸光度} \times 10 \times 稀释倍数$$

$$ALP的比活性（U/mg蛋白质）= \frac{每100ml待测酶液中ALP的活性单位（U/100ml）}{每100ml待测酶液中蛋白质含量（mg/100ml）}$$

3. ALP 的 K_m 值测定

（1）按表13-3配制不同底物浓度的基质液，表中最后一栏是酶活性测定时的最终底物浓度。

表13-3　不同浓度基质液的配制方法

试管编号	20mmol/L基质液/ml	蒸馏水/ml	浓度/（mmol/L）	[S]/（mmol/L）
1	0.40	2.10	3.20	1.52
2	0.60	1.90	4.80	2.29
3	0.80	1.70	6.40	3.05
4	1.00	1.50	8.00	3.81
5	1.20	1.30	9.60	4.57
6	1.50	1.00	12.00	5.71
7	2.00	0.50	16.00	7.62
8	2.50	0.00	20.00	9.52

（2）测定不同底物浓度时的酶促反应速度，按表13-4配制。

表13-4 不同底物浓度时酶促反应速度的测定 单位：ml

试剂	空白管	标准管	1	2	3	4	5	6	7	8
蒸馏水	0.1	—	—	—	—	—	—	—	—	—
酚标准液	—	0.1	—	—	—	—	—	—	—	—
ALP液	—	—	0.1	0.1	0.1	0.1	0.1	0.1	0.1	0.1
碳酸缓冲液	1.0	1.0	1.0	1.0	1.0	1.0	1.0	1.0	1.0	1.0
混匀，37℃预温5min										
8号 基质液	1.0	1.0	—	—	—	—	—	—	—	1.0
1号 基质液	—	—	1.0	—	—	—	—	—	—	—
2号 基质液	—	—	—	1.0	—	—	—	—	—	—
3号 基质液	—	—	—	—	1.0	—	—	—	—	—
4号 基质液	—	—	—	—	—	1.0	—	—	—	—
5号 基质液	—	—	—	—	—	—	1.0	—	—	—
6号 基质液	—	—	—	—	—	—	—	1.0	—	—
7号 基质液	—	—	—	—	—	—	—	—	1.0	—
37℃水浴准确保温15min										
铁氰化钾液	3.0	3.0	3.0	3.0	3.0	3.0	3.0	3.0	3.0	3.0

混匀，室温放置10min，空白管调零，510nm处测各管吸光度。

注意：加入的8种不同浓度的基质液需要在37℃预温5min。

（3）作图：所测各管的吸光度（A）代表各管反应速度（v）。以各管A的倒数$1/A$（即$1/v$）为纵坐标，以最终底物浓度[S]的倒数$1/[S]$为横坐标作图，求ALP的K_m值。

【注意事项】

1. 本实验可根据不同的学时要求做出安排，既可作为综合性实验连续进行，也可分二次进行。第一次实验做ALP的提取，得到不同提取阶段的A液、B液、C液和D液；第二次对提取的酶液进行ALP比活性和K_m的测定。

2. 如分二次进行，所得的各阶段ALP提取液可短期放置4℃冰箱内贮存，供测比活性用。

3. 操作中加入的有机溶剂量要准确。

4. 因为在室温下有机溶剂可使酶失活，所以提取过程必须在低温下进行。冷乙醇、丙酮试剂应逐滴缓慢加入，混匀后立即离心，避免剧烈搅拌或振荡引起酶蛋白变性。

5. 由于各实验室所用试剂等各种条件的差异，酶活性可能有所不同，在测定K_m实验前应做预实验，确定合适的稀释倍数，以避免因酶活性过大，在规定的反应时间内底物分解过快，所测得的数值与反应初速度相差甚远，使其K_m值不准；或因酶活性过低，低于检测方法的最低检测限，不能测出结果。按本实验条件，用第8管基质液做实验，所测的吸光度应调节在0.8以下。

149

【思考题】

1. 测定酶的比活性有何意义？
2. 列举酶提取及纯化的方法。
3. 试述 K_m 值的定义及其检测方法。

（张效云）

实验二　血清白蛋白和 γ- 球蛋白的分离、纯化与鉴定

【目的】

掌握：盐析法、凝胶层析法、离子交换层析法分离纯化蛋白质的基本原理和操作技术。

熟悉：醋酸纤维素薄膜电泳法的原理和基本方法。

了解：蛋白质分离、纯化与鉴定的总体思路。

【原理】

蛋白质的分离、纯化与鉴定是研究蛋白质化学性质及生物学功能的重要手段之一。不同蛋白质的分子质量、溶解度及在一定条件下带电荷的状况均有所不同。利用蛋白质这些性质的差异，可采用盐析法、凝胶层析法、离子交换层析法及电泳技术对蛋白质进行分离、纯化与鉴定。

1. 盐析（粗提）　血清中含有白蛋白和各种球蛋白（α-、β- 和 γ- 球蛋白等），由于血清中不同蛋白质的颗粒大小、所带电荷的多少和亲水程度不同，导致在高浓度盐溶液中的溶解度不同。因此，可利用它们在中性盐溶液中溶解度的差异而进行沉淀分离，此法称为盐析法。本实验应用不同浓度的硫酸铵分段盐析法可将血清中白蛋白、球蛋白初步分离。半饱和硫酸铵溶液可使球蛋白沉淀，清蛋白仍溶解在溶液中，离心可将二者分离，沉淀的球蛋白加少量水可使其重新溶解。

2. 脱盐　盐析法得到的蛋白质含有高浓度的中性盐，会妨碍蛋白质进一步纯化，因此，必须脱盐。常用的脱盐方法有：透析法和凝胶层析法。本实验采用葡聚糖凝胶 G-25（Sephadex G-25）层析法脱盐，该法是利用蛋白质与无机盐类之间分子质量的差异脱盐。当样品通过层析柱时，分子量较大的蛋白质因为不能通过网孔而进入凝胶颗粒，沿着凝胶颗粒间的间隙流动，所以流程较短，向前移动速度较快，最先流出层析柱；反之，盐的分子量较小，可通过网孔进入凝胶颗粒，所以流程长，向前移动速度较慢，流出层析柱的时间滞后。分段收集蛋白质洗脱液，即可得到脱盐的蛋白质。

3. 纯化（离子交换层析）　脱盐后的球蛋白包括 α-、β- 和 γ- 球蛋白等多种蛋白质，利用它们的等电点不同，脱盐后的球蛋白再经二乙基氨基乙基（DEAE）纤维素层析柱进一步分离纯化。因球蛋白中 α- 及 β- 球蛋白的 pI < 6.5，在 pH 6.5 的醋酸铵缓冲液中为阴离子，可与阴离子交换剂 DEAE 纤维素进行阴离子交换而被结合，而 γ- 球蛋白的 pI > 6.5，在 pH 6.5 的醋酸铵缓冲液中为阳离子，不与 DEAE 纤维素进行交换结合，直接从层析柱流出，故经 DEAE 纤维素阴离子交换层析流出的第一部分蛋白质为纯化的 γ- 球蛋白。提高醋酸铵缓冲液的浓度到 0.06mol/L，DEAE 纤维素层析柱上的 a- 球蛋白和 β- 球蛋白可被洗脱下来。将醋酸铵缓冲液的浓度提高至 0.3mol/L，则白蛋白被洗脱下来，此时收集的流出液即为较纯的白蛋白。

经 DEAE 纤维素阴离子交换柱纯化的白蛋白、γ- 球蛋白溶液通常体积较大，浓度较低，常需浓缩，本实验选用聚乙二醇 2000 浓缩的方法。血清白蛋白、γ- 球蛋白分离、纯化、浓缩后，采用醋酸纤维薄膜电泳法鉴定其纯度。

【试剂】

1. 饱和（NH_4）$_2SO_4$ 溶液　称取硫酸铵 850g 置于 1 000ml 蒸馏水中，加热搅拌溶解，室温中放置过夜，瓶底析出白色结晶，上清液即为饱和硫酸铵溶液。

2. 葡聚糖凝胶 G-25 处理　按每 100ml 凝胶床需干的葡聚糖凝胶 G-25 25g 计算，取所需的量置于锥形瓶中，每克干胶加入蒸馏水约 30ml，轻轻摇匀并于沸水浴中加热 1h，或于室温浸泡 24h，搅拌后稍静置，倾去上清细粒，用蒸馏水洗涤数次。

3. 0.3mol/L pH 6.5 醋酸铵（NH_4AC）缓冲液　称取 NH_4AC 23.12g，加蒸馏水 800ml，用稀氨水或稀醋酸调 pH 至 6.5，定容至 1 000ml（注意：不得加热）。

4. 0.06mol/L pH 6.5 NH_4AC 缓冲液　取试剂 3 用蒸馏水稀释 5 倍。

5. 0.02mol/L pH 6.5 NH_4AC 缓冲液　取试剂 4 用蒸馏水稀释 3 倍。

（上述 3 种缓冲液要确保浓度和 pH 的准确性，稀释后要重调 pH）

6. 1.5mol/L NaCl-0.3mol/L NH_4AC 溶液　称取 NaCl 87.7g，用 0.3mol/L pH 6.5 的 NH_4AC 缓冲液溶解并定容至 1 000ml。

7. 20% 磺基水杨酸溶液。

8. 纳氏（Nessler）试剂　取 115g HgI_2 和 80g KI，用适量水溶解，再加水至 500ml，与 6mmol/L NaOH 溶液 500ml 混匀，放在暗处备用。如放置时产生沉淀，取上清液应用。

9. 醋酸纤维薄膜电泳实验的全套试剂，见第七章实验五。

10. DEAE 纤维素处理　按 100ml 柱床体积称取 DEAE 纤维素 14g，每克加 0.5mol/L HCl 15ml 搅拌，放置 30min。HCl 处理时间不可太长，否则 DEAE 纤维素变质。加约 10 倍量的蒸馏水搅匀，放置片刻，待纤维素下沉后，倾弃含细微悬浮物的上层液，如此反复洗数次。沉淀 30min，虹吸上层液，如此水洗至上层液 pH ＞ 4 为止。加等体积 1mol/L NaOH，使 NaOH 最终浓度为 0.5mol/L，搅拌后，放置 30min，以虹吸吸去上层液体，同上用蒸馏水反复洗至 pH ＜ 7 为止，虹吸吸去上层液体。然后加入 0.02mol/L pH 6.5 的醋酸铵缓冲液使之平衡，置冰箱内备用。

11. 聚乙二醇 2000。

【操作】

1. （NH_4）$_2SO_4$ 盐析　取血清 2.0ml 置于一试管中，缓慢滴入饱和（NH_4）$_2SO_4$ 溶液 2.0ml，边加边摇，混匀后于室温中放置 10min，4 000r/min 离心 10min。用滴管小心吸出上清液置于试管中，即为粗白蛋白液。离心管底部的沉淀加入 1.6ml 蒸馏水，振荡溶解，即为粗球蛋白液。

2. 凝胶层析脱盐

（1）葡聚糖凝胶 G-25 层析柱的准备：取层析柱垂直夹于铁架上，关紧下端口，加蒸馏水少许，缓慢加入膨胀处理过的凝胶悬液，待底部凝胶沉积到 1~2cm 时，再打开出口，继续加入凝胶，待凝胶下沉至 10~15cm 高（如果凝胶分层或是柱内混有气泡，可用玻璃棒插入到凝胶床表面下，轻轻搅动，并使凝胶床表面平整），用 0.02mol/L pH 6.5 醋酸铵缓冲液洗脱平衡，关闭下端口。

（2）上样与洗脱：打开下口夹，使凝胶床面上的缓冲液流出，待液面降到凝胶床表面时，关闭出水口。用滴管吸取盐析所得白蛋白溶液，在距离凝胶床面 1mm 处沿管内壁轻轻转动加入样品，切勿搅动凝胶床面。然后打开下端口，使样品进入凝胶床内，直到与凝胶床面平齐为止。立即用 1ml 0.02mol/L pH 6.5 醋酸铵缓冲液冲洗柱内壁，待缓冲液进入凝胶床后再加少量缓冲液。如此重复 2 次，以洗净内壁上的样品溶液。然后再加入适量缓冲液于凝胶床上，调流速约 10 滴 /min，开始洗脱。用小试管收集流出的液体，每管收集 20 滴，收集 10 管后关闭下端口。

（3）洗脱液中蛋白质与 NH_4^+ 的检查：取多孔黑、白反应板各一块，按洗脱液的顺序每管取 1 滴，分别滴入反应板中，在黑色反应板中加 20% 磺基水杨酸 2 滴，出现白色混浊或沉淀即有蛋白质析出，由此可估计蛋白质在洗脱各管中的分布及浓度。于白色反应板中加入纳氏试剂 1 滴，以观察 NH_4^+ 出现的情况。合并含有蛋白质的各管，即为已脱盐的白蛋白溶液，γ- 球蛋白的脱盐同白蛋白的操作。

（4）层析柱再生平衡：收集蛋白质溶液后的凝胶层析柱继续用 0.02mol/L pH 6.5 NH_4AC 缓冲液流洗，用纳氏试剂检测层析柱流出液，当流出液用纳氏试剂检查 NH_4^+ 为阴性后，继续洗涤 2~3ml。凝胶层析柱即可再生平衡，可再次使用。

3. DEAE 纤维素阴离子交换层析纯化

（1）装柱与洗脱：经处理后的 DEAE 纤维素按上法装柱，并用 0.02mol/L pH 6.5 醋酸铵缓冲液平衡，调流速 20 滴 /min。将脱盐后含 γ- 球蛋白的溶液加于 DEAE 纤维素阴离子交换柱上，用 0.02mol/L pH 6.5 醋酸铵缓冲液洗脱，分管收集洗脱液，检查各管蛋白质分布情况（装柱、上样、洗脱、收集洗脱液及蛋白质检查等操作步骤及有关注意事项同上）。当有蛋白质出现时，立即连续收集，每管 10 滴，此不被 DEAE 纤维素吸附的蛋白质即为纯化的 γ- 球蛋白，留取其中蛋白质浓度高的洗脱管待浓缩。DEAE 纤维素层析柱不必再生，可直接用于白蛋白纯化。

（2）白蛋白的纯化：将脱盐后的白蛋白溶液上柱后，用 0.06mol/L pH 6.5 醋酸铵缓冲液洗脱，流出约 6ml（其中含 α- 球蛋白及 β- 球蛋白）后，将柱上的缓冲液液面降至与纤维素床表面平齐。再改用 0.3mol/L pH 6.5 醋酸铵缓冲液洗脱，分管收集洗脱液，检查各管的蛋白质分布情况。在洗脱液中检出有蛋白质出现时，立即连续收集，每管 10 滴，此即为纯化的白蛋白液，留取其中蛋白质浓度高的洗脱管待浓缩。

（3）DEAE 纤维素层析柱再生平衡：先用约 6ml 1.5mol/L NaCl-0.3mol/L NH_4AC 溶液流洗，再用 0.02mol/L pH 6.5 NH_4AC 液约 10ml 流洗平衡即可。

4. 蛋白溶液浓缩　将待浓缩的白蛋白和 γ- 球蛋白溶液放入处理过的透析袋中，置入培养皿内，覆盖适量聚乙二醇 2000，经过一定时间后即可观察到明显的浓缩现象。使用后的聚乙二醇，可通过干燥回收。

5. 醋酸纤维素薄膜电泳鉴定　电泳样品包括五种：血清、葡聚糖凝胶 G-25 脱盐后的球蛋白、葡聚糖凝胶 G-25 脱盐后的白蛋白、DEAE 纤维素阴离子交换柱纯化并浓缩的 γ- 球蛋白和 DEAE 纤维素阴离子交换柱纯化并浓缩的白蛋白。

电泳具体方法：参见第七章实验五：血清总蛋白醋酸纤维素薄膜电泳。

【结果】

通过醋酸纤维素薄膜电泳图谱，比较五种样品的电泳结果。

【注意事项】

1. 装柱时,不能有气泡和分层现象,凝胶悬液尽量一次加完,不要使液面低于凝胶床表面以致空气进入凝胶床。

2. 凝胶层析加样时切莫将床面冲起,不能搅动或破坏凝胶床表面的平整。

3. 脱盐洗脱时流速不可过快,否则分子小的物质来不及扩散,随分子大的物质一起被洗脱下来,达不到分离目的。

4. 在整个洗脱过程中,始终应保持层析柱床面上有一段液体,不得使凝胶干结。

5. 洗脱时应注意及时收集样品,切勿使蛋白质峰溶液流失,特别是收集 γ- 球蛋白时。

6. 盐析时上清液尽量全部吸出,但不可吸出沉淀物。

【思考题】

1. 如果电泳结果证实白蛋白、γ- 球蛋白的分离效果不理想,应从哪些方面分析原因?

2. 写出血清 γ- 球蛋白分离纯化的操作流程,并说明各分离、纯化步骤所依据的原理。

(侯丽娟)

实验三　激素对血糖浓度的影响

【目的】

掌握:血糖浓度的内分泌调节。

熟悉:葡萄糖氧化酶法测定血糖的实验原理;家兔采血和注射方法。

了解:葡萄糖氧化酶法测定血糖的注意事项。

【原理】

人和动物体内血糖的浓度主要受激素的调控。影响血糖浓度的激素包括两大类:降低血糖浓度的激素和升高血糖浓度的激素。胰岛素是降低血糖的激素,胰高血糖素、肾上腺素、去甲肾上腺素、肾上腺皮质激素、生长激素、甲状腺激素是升高血糖的激素,两类激素的作用相互拮抗又彼此协调,共同维持着血糖浓度的相对恒定。本实验通过给家兔注射肾上腺素和胰岛素,对比注射前后血糖浓度的变化,观察激素对血糖浓度的影响。

本实验采用葡萄糖氧化酶法测定血糖浓度,其实验原理参见第九章实验一。

【试剂】

1. 胰岛素注射液 40U/ml。

2. 肾上腺素注射液 1mg/ml。

3. 葡萄糖氧化酶法测定血糖的相关试剂,参见第九章实验一。

4. 75% 酒精。

【操作】

1. 实验动物准备　取饥饿 16h 的正常家兔两只,分别编号 1 和 2,称重并记录(一般2~3kg)。

2. 注射激素前采血　可采用耳缘静脉采血法:耳缘静脉处去毛,然后用 75% 乙醇擦拭耳缘静脉消毒并使血管充血(亦可用二甲苯擦拭以达到扩张血管的目的),再用消毒干棉球擦干。用一次性注射器在耳缘静脉取血约 2ml,置于一次性试管中(注:一次性试管标明胰前、肾前)，采血完毕后用干棉球压迫血管止血。

3. 注射激素后采血　将1号家兔皮下注射胰岛素，剂量按1.5U/kg体重计算，2号家兔皮下注射肾上腺素，剂量按0.4mg/kg体重计算，注射胰岛素40min、肾上腺素20min后，再次在耳缘静脉按上述方法取血。一次性试管标明胰后、肾后(注意：注射胰岛素的兔子应继续观察30min，如发生休克，立即注射250g/L葡萄糖10ml)。

4. 血标本处理及血糖的测定　将采集的四份血标本(胰前、肾前、胰后、肾后)2 500r/min离心10min后分离血清，采用葡萄糖氧化酶法测定血糖浓度，具体操作按表13-5进行。

表13-5　葡萄糖氧化酶法测定血糖　　　　　　　　　　　　　　　　单位：ml

加入物	空白管	标准管	测定管
血清	—	—	0.02
葡萄糖标准应用液	—	0.02	—
蒸馏水	0.02	—	—
酚试剂	1.5	1.5	1.5
酶试剂	1.5	1.5	1.5

混匀，置37℃水浴中，准确保温15min，在波长505nm处比色，以空白管调零，读取各管吸光度。

【结果与计算】

1. 血糖$(mmol/L)=\dfrac{测定管吸光度值}{标准管吸光度值}\times 5.55$

2. 分析胰岛素和肾上腺素分别对血糖浓度的影响。

【注意事项】

1. 采血及注射激素时，应尽量使家兔保持安静，否则，肾上腺素分泌增多，血糖浓度升高，对实验结果有影响。

2. 采血后及时分离血清并在取血后2h内完成测定，以避免血清中葡萄糖被细胞利用而降低。

3. 采血量要适当，采血量过少不能满足实验需要，过多可伤及家兔。

【思考题】

1. 胰岛素和肾上腺素分别对血糖浓度有何调节作用？

2. 为何家兔需预先饥饿？

3. 家兔取血为什么首选耳缘静脉？

4. 注射不同激素后为什么取血时间不同？

5. 试述血糖浓度的调节机制。

(侯丽娟)

实验四　蛋白质印迹

【目的】

掌握：蛋白质印迹的原理和与蛋白质印迹相关的技术原理（如 SDS-PAGE 电泳技术、转膜技术等）；蛋白质印迹的操作方法。

熟悉：蛋白质印迹技术的注意事项。

了解：蛋白质印迹技术的应用。

【原理】

蛋白质印迹（Western blotting）又称为免疫印迹（immunoblotting），是在凝胶电泳和固相免疫测定的基础上发展起来的一种鉴别蛋白质的分子杂交技术，即将含有目的蛋白（抗原）的样品经过 SDS-PAGE 凝胶电泳分离后，通过转移电泳原位转印至固相载体（例如硝酸纤维素（nitrocellulose，NC）膜、尼龙膜及聚偏二氟乙烯（polyvinylidene-fluoyide，PVDF）膜）上，固相载体上的蛋白质利用抗原抗体免疫反应，经过底物显色、化学发光或放射自显影，检测电泳分离的某种特定蛋白成分的存在、表达水平及含量。Western 印迹实验过程包括：蛋白质样品的制备、凝胶电泳分离待测蛋白质、转膜、靶蛋白的免疫学检测四个基本步骤。

本实验以培养细胞中蛋白质样品的制备为例，采用 PVDF 膜作为固相载体，利用湿转方式转膜，化学发光检测方法鉴定待测蛋白质的表达水平。

【试剂】

1. 细胞裂解液　Tris-HCl 50mmol/L（pH 8.0），NaCl 150mmol/L，1.0%NP-40 或 Triton-x-100，脱氧胆酸钠 0.5%，SDS 0.1%，叠氮化钠 0.02%，抑肽酶 1μg/ml，胃蛋白酶抑制剂 A 1μg/ml，苯甲基磺酰氟（phenylmethylsulfonyl fluoride，PMSF）100μg/ml（PMSF 在水溶液中不稳定，应在用前加入）。

2. 0.01mol/L PBS　NaCl 8.0g，KCl 0.2g，Na_2HPO_4 1.44g，KH_2PO_4 0.24g，调节 pH 至 7.6，补加蒸馏水至 1L。

3. 转移缓冲液　Tris 3.03g，甘氨酸 14.4g，甲醇 200ml，加蒸馏水至 1L。

4. Tris 缓冲液（TBS）　Tris 2.42g，NaCl 8g，溶于 700ml 蒸馏水中，再用 HCl 调 pH 至 7.6，补加蒸馏水至 1L。

5. Tween-TBS 漂洗液（TBST）　前述 TBS 中加 Tween-20 使浓度为 0.1%。

6. 封闭液　1g 牛血清白蛋白（BSA）或脱脂奶粉溶于 100ml TBS-T 中。

7. 第一抗体（一抗）　待测蛋白质抗体和内参抗体。

8. 第二抗体（二抗）　辣根过氧化物酶标记的羊抗鼠 IgG（goat anti-rat IgG/HRP）。

9. 显色液　ECL 化学发光显色液，等体积的溶液 A 和 B 混合后使用。

10. SDS-PAGE 试剂同第七章实验九。

【操作】

1. 蛋白质样品（抗原）的制备　以培养细胞中蛋白质样品的制备为例。

收集细胞，用预冷的 PBS 洗涤细胞 3 次，然后加入冰浴的细胞裂解液 500μl（每 1×10^7 个细胞，加细胞裂解液 500μl），冰浴裂解 30~60min，12 000r/min，4℃离心 10min，将上清液吸入一新的预冷的微量离心管中，-70℃保存备用。

2. 蛋白质样品进行电泳分离　方法按第七章实验九 SDS-PAGE 电泳的操作步骤进行。注意：加样时，可重复点样 2 块胶，以备电泳结束后，一份用于免疫鉴定，一份用于蛋白质染色显带，以利于相互对比，分析实验结果。

3. 转膜

（1）转膜前准备：准备滤纸及垫片，分别浸入转移缓冲液中平衡 30min；裁剪适当大小的 PVDF 膜（5.5cm × 8cm），甲醇浸泡 5min，然后按 1：4 体积比向浸泡膜的容器中加蒸馏水至甲醇终浓度为 20%（边加边摇），将膜转入转移缓冲液中慢摇浸泡 15min。

（2）凝胶平衡：将电泳后的凝胶置于转移缓冲液中平衡 10min。

（3）打开湿转芯，按照黑面 - 垫片 - 滤纸 - 胶 - 膜 - 滤纸 - 垫片 - 白面的顺序放好，并且每层都要用玻璃棒赶走气泡，要黑对黑，白对白插入湿转槽中，之后加入转移缓冲液。

（4）盖好盖子，接通电源，调节电压 100V，时间 1~1.5h，转移槽中可放入冰盒或在冷藏柜中进行。

4. 靶蛋白的免疫学检测

（1）封闭：转移后的 PVDF 膜置于封闭液中，封闭 1.5~2h 或 4℃过夜，以封闭膜上的非特异性结合点。

（2）靶蛋白与第一抗体反应：将一抗用封闭液作 1：500~1：1 000 倍的稀释，封闭后的 PVDF 膜直接放入稀释的一抗溶液中，室温轻摇 3h 或 4℃过夜，使抗原抗体结合。反应完毕后，去掉第一抗体溶液，用 TBST 漂洗液洗膜 3 次，每次 10min，以洗去未结合的一抗。

（3）与第二抗体反应：将膜置于用封闭液作 1：1 000~1：10 000 倍稀释的二抗溶液中，室温轻摇 2h 或 4℃过夜，使二抗与结合待测蛋白的一抗反应；去掉第二抗体溶液，用 TBST 漂洗液洗膜 3 次，每次 10min，以洗去游离的二抗。

（4）显色反应：ECL 超敏发光液 A 和 B 按 1：1 比例混匀，将混合后的发光液均匀铺在膜上（以靶蛋白带为主），室温反应 3~5min，用滤纸吸去膜上多余的发光液，正面朝上用保鲜膜包好，放入化学发光成像仪中进行成像观察。

【结果】

如果所检测的特异蛋白质存在，则会出现相应条带。

【注意事项】

1. 从细胞中提取蛋白质时，细胞破碎要彻底，否则蛋白质释放不完全。

2. 聚丙烯酰胺凝胶的质量直接影响后续的实验结果，要特别注意几点：一旦加入 TEMED，应立即混匀并快速灌胶；凝胶要均匀且没有气泡；浓缩胶与分离胶界面要水平；过硫酸铵和 TEMED 的量不能过多，否则会导致胶易脆裂；拔梳子时要快，尽量保证点样孔平整。

3. 为防止蛋白质降解，提取蛋白质的全部操作应在冰浴的条件下完成，所用离心机须提前预冷。

4. PMSF 是一种蛋白酶抑制剂，能严重损害呼吸道黏膜、眼睛及皮肤，吸入、吞进或经皮肤吸收有致命危险，应注意个人防护，一旦眼睛或皮肤接触了 PMSF，立即用大量清水冲洗。

5. 操作时要戴手套，避免手直接接触凝胶、滤纸及 PVDF 膜，因为皮肤上的分泌物会影响转移及检测效果。

6. 剥胶时一定要小心,除去薄玻璃板后,将浓缩胶轻轻刮去,要避免把分离胶刮破。

7. 电泳、转膜时特别要注意正负极,电压、电流都不能过高;转膜时,膜、滤纸和凝胶的叠放顺序不要放错,同时每一层要用玻璃板赶走气泡。

7. 一抗、二抗的浓度一般要参照抗体说明书选择最适当的比例。

8. 洗膜时要注意尽可能将一抗和二抗洗净,有利于降低背景;还要注意一抗和二抗的匹配。

【思考题】

1. Western 印迹检测蛋白质的原理是什么?

2. Western 印迹转膜方法有哪些,其原理是什么?

3. Western 印迹技术的主要应用方面有哪些?

4. Western 印迹实验过程中应注意的事项有哪些?

(兰金萃)

实验五 *FABP2* 基因多态性分析

【目的】

掌握:PCR-RFLP 技术分析基因多态性的原理和方法。

熟悉:人 *FABP2* 基因在人群中的基因型和表型。

了解:人 *FABP2* 基因多态性分析的临床意义。

【原理】

肠型脂肪酸结合蛋白(intestinal fatty acid binding protein, I-FABP 即 *FABP2*)基因位于人染色体 4q28~q31,其第 2 外显子 54 位点存在单核苷酸多态性,即 GCT(Ala)→ ACT(Thr)。人群中有 3 种不同的基因型,即 GCT/GCT、GCT/ACT、ACT/ACT。相对应的也有 3 种表型,即野生型纯合子(Ala/Ala)、突变型杂合子(Ala/Thr)和突变型纯合子(Thr/Thr)。

本实验采用 PCR- 限制性片段长度多态性(restriction fragment length polymorphism, RFLP)技术分析 *FABP2* 基因型。首先用 *FABP2* 基因特异性引物 P1 和 P2 扩增 *FABP2* 基因第 2 外显子涵盖突变位点的基因片段,然后用 *Hha* I 酶切扩增产物,当 *FABP2* 基因 54 位点 GCT → ACT 时,其所在碱基序列片段将由 GCGCT → GCACT,*Hha* I 不能酶切(*Hha* I 识别、切割序列为 GCG↓C)。酶切产物再行琼脂糖凝胶电泳分析,根据酶切片段的大小进行 *FABP2* 基因分型。

【试剂】

1. 外周血分离白细胞和 DNA 提取试剂 见第十二章实验二。

2. PCR 扩增 *FABP2* 基因第 2 外显子基因多态区试剂

(1)引物:P1 5′-ACAGGTGTTAATATAGTGAAAAGG-3′

　　　　 P2 5′-ATTGGCTTCTTCAGTTAGTGAAGG-3′

由引物合成公司合成,并根据合成的引物浓度,用灭菌双蒸水将引物稀释至 5μmol/L 的浓度。该引物扩增产物长度为 300bp。

(2)*Taq* DNA 聚合酶 5U/μl:购自试剂公司。

（3）10×PCR缓冲液（含MgCl$_2$，浓度为25mmol/L）：购自试剂公司。

（4）dNTP混合物（dATP、dCTP、dGTP、dTTP各2.5mmol/L）：购自试剂公司。

（5）灭菌双蒸水。

3. 琼脂糖凝胶电泳检测PCR扩增产物试剂　5×TBE，10mg/ml溴化乙锭（EB），6×加样缓冲液，电泳级琼脂糖。详见第十二章实验一。

4. RFLP分析试剂　限制性核酸内切酶 *Hha* I：购自试剂公司，试剂公司附送相应的10×限制性核酸内切酶缓冲液（10×buffer）。

5. 琼脂糖凝胶电泳检测酶切产物试剂，同本实验试剂3。

【材料】

正常非肝素抗凝血标本。

【操作】

1. 外周血白细胞的分离和DNA提取

（1）采用经典酚三氯甲烷抽提法提取基因组DNA。详见第十二章实验二。

（2）紫外分光光度法测定DNA浓度，用灭菌双蒸水稀释至0.2μg/μl，此为PCR模板DNA。

2. PCR扩增 *FABP2* 基因第2外显子基因多态区

（1）反应体系

模板DNA（0.2μg/μl）	2.0μl
10×PCR缓冲液（含MgCl$_2$）	5.0μl
dNTP混合物（各2.5mmol/L）	4.0μl
P1引物（5μmol/L）	5.0μl
P2引物（5μmol/L）	5.0μl
Taq DNA聚合酶（5U/μl）	0.4μl
灭菌双蒸水	补足体积至50μl

（2）扩增条件：94℃预变性3min；94℃变性30s，56℃退火30s，72℃延伸1min，30个循环；72℃延伸8min。

3. 琼脂糖凝胶电泳检测PCR扩增产物　取PCR产物5μl，进行3%的琼脂糖凝胶电泳，经凝胶成像系统观察，并记录结果。

4. RFLP分析　取17μl的PCR产物，加入1μl 10U *Hha* I及2μl 10×限制性核酸内切酶缓冲液（10×buffer），在37℃孵浴3h后，于65℃保温5min，以灭活限制性内切酶。

5. 琼脂糖凝胶电泳检测酶切产物　取酶切产物10μl，进行3%的琼脂糖凝胶电泳，经凝胶成像系统观察，并记录结果。

【结果】

FABP2 基因PCR-RFLP分型结果。

野生型纯合子（Ala/Ala）出现2条带：100bp，200bp；

突变型杂合子（Ala/Thr）出现3条带：100bp，200bp，300bp。

突变型纯合子（Thr/Thr）出现1条带：300bp。

【注意事项】

1. 外周血白细胞的分离和DNA提取的注意事项同第十二章实验二。

2. PCR 扩增的注意事项同第十二章实验七。

3. 酶切 PCR 扩增产物的注意事项见第十二章实验五。

【临床意义】

FABP2 是脂肪酸结合蛋白超家族成员之一,其定位于小肠上皮吸收细胞,与食物中饱和、非饱和脂肪酸的吸收、靶向运输及代谢密切相关。研究揭示突变型 54Thr FABP2 可能与异常的脂代谢疾病如高脂血症、腹型肥胖、胰岛素抵抗等疾病相关。

【思考题】

1. 简述完成该实验应注意的问题。

2. 何谓限制性片段长度多态性?

3. 目前进行单核苷酸多态性分析还有哪些方法?

(常晓彤)

实验六　目的基因的克隆表达

【目的】

掌握:基因克隆与表达技术的基本步骤和原理。

熟悉:基因克隆与表达技术的注意事项。

了解:基因克隆与表达技术的应用。

【原理】

在质粒载体上进行目的基因克隆表达的基本步骤是:先将获得的载体与目的基因分别进行酶切;然后在体外将两者连接形成重组 DNA 分子;再用重组质粒转化细菌,通过抗药性平板初步筛选出重组转化子,再应用菌落 PCR 进行进一步的鉴定。确定为阳性菌落后再由诱导剂进行诱导表达,并运用SDS-PAGE 技术对表达的蛋白进行鉴定。

本实验选用的载体为 pGEX-6p2 质粒,目的基因为 *Cpn0308*(肺炎衣原体一种编码包涵体膜蛋白的基因),用限制性核酸内切酶 *Bam*HⅠ和 *Not*Ⅰ对载体和目的基因分别进行酶切,*Bam*HⅠ的识别位点是 G↓GATCC,*Not*Ⅰ的识别位点是 GC↓GGCCGC,载体和目的基因经酶切后产生相同的黏性末端。pGEX-6p2 经酶切后产生 4.95kb 的片段;*Cpn0308* 经酶切后产生 366bp 的片段。酶切产物经琼脂糖凝胶电泳分离,将分离得到的 pGEX-6p2 条带和 *Cpn0308* 条带进行纯化;在 T4 DNA 连接酶的作用下,纯化后的 2 个 DNA 片段通过黏性末端连接,形成重组 DNA 分子。

本实验选用大肠杆菌 XL1-Blue 为转化受体菌。重组质粒转化大肠杆菌后,需对转化菌落进行筛选鉴定。由于 pGEX-6p2 载体上带有 *Amp*^{r} 基因,故采用 Amp 抗性初步筛选出可能含有重组质粒的菌落,再进一步应用菌落 PCR 技术确定含有重组质粒的阳性细菌克隆。

对确定的阳性克隆进行扩大培养,在诱导剂 IPTG 作用下表达重组蛋白 GST-Cpn0308,并运用SDS-PAGE 技术对表达的蛋白进行鉴定。

【试剂】

1. 酶切载体和目的基因试剂　限制性核酸内切酶 *Bam*HⅠ和 *Not*Ⅰ,购于试剂公司,试剂公司附送相应的 10× 限制性核酸内切酶缓冲液。

159

2. 载体和目的基因片段回收、纯化试剂　DNA 片段胶回收试剂盒,购于试剂公司,其组成为:吸附柱、收集管、结合缓冲液(binding buffer)、洗脱液(wash solution)、EB 缓冲液(elution buffer)。

3. 连接反应试剂　T4 DNA 连接酶,购于试剂公司,试剂公司附送相应的 10×T4 DNA 连接酶缓冲液。

4. 大肠杆菌 XL1-Blue 感受态细胞的制备和转化试剂　见第十二章实验六。

5. 重组质粒的筛选试剂

(1)Amp 母液:取氨苄青霉素钠溶于去离子水中,配成 25mg/ml 溶液。过滤灭菌,分装储存在 –20℃。

(2)LB 液体培养基:配制见第十二章实验三。

(3)含 Amp 的 LB 固体培养基:配制见第十二章实验六。

6. 异丙基硫代 -β- 半乳糖苷(IPTG)　将 1g IPTG 溶于 4ml 去离子蒸馏水中,定容至 5ml,浓度为 200mg/ml 用 0.22μm 过滤器除菌,分装成 1ml 小份,–20℃保存备用,可保存 4 个月。

7. 琼脂糖凝胶电泳试剂　见第十二章实验一。

8. 蛋白电泳试剂:配制见第七章实验九。

9. DNA 分子量标准 DL 2000;DNA 分子量标准 DL 15000。

10. 标准蛋白 Marker。

11. 菌落 PCR 相关试剂　dNTP(2.5mol/L)、Taq DNA 聚合酶 5U/μl,10×PCR 缓冲液(含 $MgCl_2$,浓度为 25mmol/L)、dNTP 混合物(dATP、dCTP、dGTP、dTTP 各 2.5mmol/L),均购于试剂公司。

12. 通用引物　引物序列为:PGEX5′5′-GGGCTGGCAAGCCACGTTTGGTG-3′;PGEX3′5′-TATGGCTGATTATGATCAGT-3′。由引物合成公司合成,并根据合成的引物浓度,用灭菌双蒸水将引物稀释至 5μmol/L 的浓度。

13. 谷胱甘肽琼脂糖凝胶 TM 4B 微珠　购于试剂公司。

【材料】

1. pGEX-6p2 载体(自行提取纯化)

2. Cpn0308 基因(自行扩增纯化)

【操作】

1. 酶切载体和目的基因

(1)BamH I 和 Not I 酶切 pGEX-6p2 质粒反应体系(20μl)

BamH I(10U/L)	1μl
Not I(10U/L)	1μl
10×Tango TM 缓冲液	2μl
质粒	1μg
ddH₂O	补足体积至 20μl

混合均匀后,经离心机快速离心 2s,以集中样品,37℃水浴 1h。

(2)BamH I 和 Not I 酶切 Cpn0308 基因反应体系(20μl)

BamH I(10U/L)	1μl
Not I(10U/L)	1μl

10×Tango TM 缓冲液	2μl
Cpn0308	1μg
ddH$_2$O	补足体积至 20μl

混合均匀后,经离心机快速离心 2s,以集中样品,37℃水浴 1h。

2. 载体和目的基因片段回收、纯化 用 DNA 胶回收试剂盒回收、纯化载体和目的基因片段。

(1)上述酶切产物于 1% 琼脂糖凝胶电泳后,在紫外线灯下观察,并用手术刀片小心地分别将 pGEX-6p2 的 4.95kb 条带和 *Cpn0308* 的 366bp 条带从琼脂糖凝胶中切下,移入 1.5ml 的微量离心管中。

(2)按每 100mg 琼脂糖凝胶加入 100μl 结合缓冲液(binding buffer)的比例加入结合缓冲液,置 55℃水浴 10min,每 2min 颠倒混匀一次,使胶彻底溶化。

(3)将吸附柱放入 2ml 收集管中,将溶化的胶溶液转移到吸附柱中,室温放置 2min,8 000r/min 离心 1min。

(4)弃收集管中的液体,再将吸附柱放入原收集管中,加入 450μl 洗脱液,室温静置 1min 后,8 000r/min 离心 1min。

(5)重复步骤(4)。

(6)取下吸附柱,弃收集管中的液体,再将吸附柱放入原收集管中,12 000r/min 离心 1min。

(7)将吸附柱放入一个新的 1.5ml 离心管中,在柱膜中央加入 30μl EB 缓冲液,静置 5min 后,12 000r/min 离心 1min。

(8)在紫外分光度计上对胶纯化的 DNA 进行定量。

3. 载体质粒与目的基因片段的连接 目的基因片段和载体片段按 4:1(摩尔比)进行连接反应,连接反应体系(25μl)。

10×T4 DNA 连接酶缓冲液	2.5μl
目的基因片段	0.4pmol
载体 DNA	0.1pmol
T4 DNA 连接酶	1μl
dd H$_2$O	补足体积至 25μl

混合均匀后,经离心机瞬时离心,以集中样品,16℃反应 16~20h,取出,−20℃保存,用作转化实验。

4. 大肠杆菌 XL1-Blue 感受态细胞的制备和转化 取连接产物 2μl 加入已经制备的 −80℃保存的 20μl XL1-Blue 感受态菌体溶液中进行转化,详见第十二章实验六。

5. 重组质粒的筛选

(1)将 200μl 转化的菌液涂布于含终浓度为 50μg/ml Amp 的 LB 固体培养基表面,置 37℃培养箱 30min 后,倒置平板继续培养 12~16h。

(2)取出培养板,观察菌落生长情况。

(3)菌落 PCR:挑取选择性培养基上生长的单个菌落,挑其一半制作菌液为 PCR 扩增模板,以 pGEX-6p2 上下游引物为扩增引物,菌落 PCR 反应体系如下。

10×PCR 缓冲液	2.0μl
dNTP(2.5mol/L)	2.0μl
PGEX5′	0.3μl
PGEX3′	0.3μl
Taq DNA 聚合酶 (5U/μl)	0.4μl
pGEX–6p2–*Cpn0308* 菌液	15.0μl

将各反应体系混匀后瞬时离心,置于 PCR 仪进行 PCR 扩增。PCR 扩增参数具体如下:
94℃预变性 5min;95℃变性 60s,54℃退火 45s,72℃延伸 60s,30 个循环;72℃延伸 10min。

(4)琼脂糖凝胶电泳检测 PCR 扩增产物:取 PCR 产物 5μl,进行 1% 的琼脂糖凝胶电泳,经凝胶成像系统观察,判定是否为阳性克隆,并记录结果。

6. 目的基因表达

(1)确定为阳性克隆后将剩余半个菌落挑入 3ml LB 选择性液体培养基(Amp 50μg/ml)中,37℃继续震荡培养 14h。

(2)次日按 1:50 比例接种于 20ml LB 液体培养基,同样条件培养约 3h 至 OD$_{600}$ 达 0.8~1.0。

(3)加 IPTG 至终浓度为 0.1mmol/L,30℃诱导培养 3h。

(4)4℃,5 000r/min 离心 20min,弃培养液收集菌体。

(5)加入 1ml 裂解液,冰浴超声 6min 裂解菌体。

(6)4℃,5 000r/min 离心 20min,分别收集上清液和沉淀,上样进行 12% SDS-PAGE 分析,考马斯亮蓝染色后分析蛋白表达形式,确定 GST-Cpn0308 为可溶性蛋白,存在于裂解上清中,分子质量为 54kDa。

(7)同样条件大量培养工程菌,IPTG 诱导表达后收集菌体进行冰浴超声,收集 GST-Cpn0308 融合蛋白上清。

(8)于收集的上清中加入预处理的 50% 400μl 谷胱甘肽琼脂糖凝胶 TM 4B 微珠,室温转动吸附 60min,4℃,12 000r/min 离心 10min。

(9)吸弃上清,分别用 0.25% PBS-T 和 1×PBS 洗涤微珠 3 次,最后 1 次洗涤吸弃上清后,加 20ml 1×PBS 重悬微珠,得到纯化的 GST-Cpn0308 融合蛋白,–20℃保存待用。

【结果】

在含有 Amp 的筛选培养基上,不带有 pGEX-6p2 质粒 DNA 的细菌,由于无 Amp 抗性,不能存活;而含有 pGEX-6p2 空载体和含有重组质粒(带插入基因片段的阳性重组子)的细菌均能存活。经菌落 PCR 重新筛选,可获得阳性克隆。在诱导剂作用下重组质粒在工程菌中表达目的蛋白,结合 SDS-PAGE 技术可鉴定蛋白表达情况。

【注意事项】

1. 酶切载体和目的基因的注意事项见第十二章实验五。

2. 质粒载体与目的基因片段连接的注意事项

(1)在黏性末端连接时,除载体与目的基因连接构成重组体外,还有一定数量的载体自身环化形成空载体,这将产生转化菌中较高的假阳性克隆背景。为了增加重组的比例,一般将目的 DNA 片段的摩尔数控制在载体 DNA 摩尔数的 3~10 倍。

（2）选用质量好的 T4 DNA 连接酶，实验中取酶时，应将酶放在冰盒上，用完立即放回 -20℃冰箱保存。商品化的连接酶反应缓冲液购买后，最好先分装，-20℃保存，以减少反复冻融的次数。

（3）连接反应的温度在 37℃时有利于连接酶的活性，但在此温度下，黏性末端的氢键结合是不稳定的，因此，在实际操作时，一般采用 12~16℃，此时既可最大限度地发挥连接酶的活性，又有助于短暂配对结构的稳定。

3. 大肠杆菌 XL1-Blue 感受态细胞的制备和转化的注意事项见第十二章实验五。

4. 重组质粒的筛选　在含有 Amp 的筛选培养基上，不带有 pGEX-6p2 质粒 DNA 的细菌，由于无 Amp 抗性，不能存活；而含有 pGEX-6p2 空载体和 pGEX-6p2-Cpn0308 的细菌均能存活。需结合菌落 PCR 进行再次筛选。为确定插入的目的基因序列是否正确，还需要进一步的鉴定，如限制性酶切分析、DNA 序列测定等。方法是：将本实验得到的一个菌落接种于 5ml LB（含 100μg/ml Amp）液体培养基中，37℃摇床培养 8~12h，提取质粒，进行限制性酶切分析、DNA 序列测定等。

5. SDS-PAGE 的注意事项见第七章实验九。

【思考题】

1. 简述基因克隆与表达技术的基本操作步骤。
2. 重组质粒筛选方法有哪些？
3. 简述诱导表达外源基因的基本原理。

（贾晓晖）

第十四章　设计和创新性实验

设计和创新性实验是在学生已经掌握了一些基本知识和基本技能的基础上,在经过综合性实验的训练后,以实际问题为基础,以学生为中心,以教师为引导,学生通过自主设计实验,综合运用相关知识和技能解决实际问题。不仅可以提高学生实验技能、观察分析、数据处理、解决问题和归纳总结的能力,还能体现学生学习的个性化,培养其创新思维、科研能力和论文写作能力。

设计和创新性实验主要包括以下几个环节。

1. 布置实验任务　由带教教师结合实验室现有条件,提前 2~4 周给出系列实验课题或研究方向,学生根据自己的兴趣选定课题,由 5~6 名学生组成研究小组,推举组长 1 人。

2. 查阅文献,写出设计方案　依据实验教学条件,通过查阅相关文献资料(或生物信息学数据资源),每组写出详细的实验设计方案,包括选题的背景、意义、实验对象、实验材料(试剂配方和设备型号)、实验方法、技术路线、预期结果、数据的统计处理与分析、可能出现的问题及解决措施、可行性分析、创新点及本研究存在的问题和局限性,有的方案还需要写出生物信息学数据库、软件及在线分析工具等。

3. 举行论证答辩会　各实验小组制作 PPT 答辩课件,每组选派一名代表详细陈述选题的背景、意义、设计思路和方案。教师和学生对其设计方案全方位提出质疑,以保证方案的可行性、合理性、创新性和科学性。研究小组根据教师和同学的建议,进一步修改和完善设计方案。

4. 开放实验室完成实验　实验方案确定后,学生即可利用开放实验室,根据自己的时间合理安排实验,配制所用的试剂,调试仪器设备,根据需要下载生物信息学数据资源,熟悉生物信息学常用数据库、软件和在线分析工具的使用方法,在实验室指定的开放时间完成实验。带教教师需全程指导学生,帮助解决在实验中遇到的问题,并记录研究小组成员实验参与情况。

5. 实验经验总结　实验结束后各小组要归纳总结实验过程中出现的问题,采用何种方法加以解决,总结本实验研究的成功及不足之处。

6. 完成研究论文　实验结束后,每个小组撰写 1 篇论文,包括实验题目、中英文摘要、关键词、引言、材料与方法、数据库资源、结果、讨论和参考文献。带教老师根据论文的科学性、创新性、可行性、实用性及实验结果可靠性等评分标准给出成绩,作为设计和创新性实验考核成绩。

实验一 目的蛋白的分离、纯化及含量测定

【目的】

掌握：常用的目的蛋白质分离、纯化和含量测定的方法及其原理，能够通过查阅文献资料自主完成目的蛋白分离、纯化、含量测定的实验设计方案，并利用现有实验条件实施方案并完成研究论文。

熟悉：实验课题和研究方案设计的基本步骤和方法，常用的蛋白质分离、纯化和含量测定方法的注意事项。

了解：目的蛋白相关的研究进展。

【实验内容】

1. 目的蛋白样本的选择　血液制品、乳制品、动物蛋白、植物蛋白等。

2. 目的蛋白样本的前处理方法　根据目标蛋白来源、种类和理化性质选择合适的处理方法，如匀浆法、研磨法、超声波法、酶溶法、化学渗透法和反复冻融法等，选择的原则是该方法不会引起目的蛋白的变性失活。

3. 目的蛋白的分离、纯化　根据目的蛋白的理化性质选择合适的分离、纯化方法，如根据蛋白质溶解度不同的分离方法，包括盐析、等电点(pI)沉淀法、低温有机溶剂沉淀法；根据蛋白质分子大小差别的分离方法，包括透析与超滤、凝胶过滤法；根据蛋白质带电性质的分离方法，包括电泳法、离子交换层析法；根据配体特异性的分离方法 - 亲和色谱法；根据蛋白质密度与形态不同的分离方法 - 超速离心法等。

4. 目的蛋白的含量测定　根据目的蛋白的性质选择合适的测定方法，如双缩脲法、凯氏定氮法、紫外分光光度法、Bradford 法、BCA 法等。

【研究论文】

实验结束后，每个小组撰写 1 篇完整的研究论文，包括实验题目、中英文摘要、关键词、引言、材料与方法、结果、讨论和参考文献。

（张效云）

实验二 多糖的提取、纯化及含量测定

【目的】

掌握：常用的多糖提取、纯化与测定方法及其原理，能够通过查阅文献资料自主完成多糖的提取、纯化与含量测定的实验设计方案，并利用现有实验条件，进行方案实施，并完成研究论文。

熟悉：实验课题和研究方案设计的基本步骤和方法，常用的多糖提取、纯化和含量测定方法的注意事项。

了解：目的多糖的研究进展。

【实验内容】

1. 多糖样本的选择　动物、植物、微生物及海藻等。

2. 多糖样本的前处理方法　根据目的多糖的存在形式及提取部位,选择合适的前处理方法,如匀浆法、研磨法、超声波法等。

3. 多糖的提取　多糖提取方法主要有溶剂提取法(包括水提醇沉法、酸提取法、碱提取法、超临界流体萃取法)、酶解提取法(包括单一酶解法和复合酶解法)、物理强化提取法(包括微波辅助提取法、超声辅助提取法、高压脉冲法)等。采用不同提取方法获得的多糖,其组成、性质及结构差异很大,影响多糖活性,故根据多糖的研究目的及目标产物选择合适的方法,选择的原则是该方法不会引起多糖结构的改变。

4. 多糖的纯化　粗多糖的纯化包括去蛋白质的三氯乙酸法、Sevag 法、酶解法及串联阴阳离子树脂法等,去色素的活性炭吸附脱色法、双氧水氧化脱色法和吸附树脂脱色法等。多糖的进一步纯化可采用离子交换色谱法、凝胶柱色谱法、膜分离法、聚丙烯酰胺微球体法、快速蛋白液相质谱法等。

5. 多糖的含量测定　多糖含量的测定主要有两类:直接测定多糖含量的方法,如HPLC-MS、GC-MS 和酶法等;利用组成多糖的单糖缩合反应为基础建立的间接测量多糖含量的方法,如硫酸 - 苯酚法、硫酸 - 蒽酮法等。

【研究论文】

实验结束后,每个小组撰写 1 篇完整的研究论文,包括实验题目、中英文摘要、关键词、引言、材料与方法、结果、讨论和参考文献。

(张效云)

实验三　蛋白质的真核表达、分离及鉴定

【目的】

掌握:真核表达载体的构建;脂质体转染细胞的原理;mRNA 的表达鉴定;蛋白质的表达鉴定;基因克隆流程及相关技术。能够通过查阅文献资料自主完成目的蛋白质的真核表达、分离及鉴定的实验设计方案,利用现有实验条件实施方案并完成研究论文。

熟悉:实验课题和研究方案设计的基本步骤和方法,常用的真核表达载体及构建流程、转染方式及注意事项。

了解:蛋白质真核表达的应用及相关进展。

【实验内容】

1. 目的基因的获取

(1)实验材料选择:动植物组织、微生物、体外培养细胞等。

(2)RNA 的提取:根据实验材料与实验目的可选择 TRIzol 法、异硫氰酸胍 / 酚法、酚 / SDS 法、盐酸胍法等提取总 RNA,其中 TRIzol 法适用于从细胞和组织中快速分离 RNA。提取方法可参照第十二章实验四。

(3)逆转录获得目的基因 cDNA:实验方法参照第十二章实验八。根据目的基因序列设计特异性引物,在上下游引物的 5′- 端可根据需要添加与表达载体相适应的限制性内切酶酶切位点。

2. 目的基因与真核表达载体的构建

(1)真核表达载体的选择:根据实验目的与表达体系选择合适的真核表达载体,如带有

G418 筛选标记的 pCMVp-NEO-BAN 载体、含有绿色荧光蛋白标记的 pEGFP 及 pEGFT-Actin 表达载体、以病毒 SV40 启动子驱动的 pSV2 表达载体及 CMV 启动子驱动的 CMV4 表达载体等。

（2）目的基因的克隆：对目的基因和载体进行酶切、连接、转化重组子、筛选阳性重组质粒并鉴定。目的基因的克隆操作步骤可参照第十三章实验六。

3. 目的基因的真核表达

（1）真核表达系统：根据实验目的选择不同的真核表达系统，可以是酵母表达系统、昆虫细胞表达系统、哺乳动物细胞表达系统。

（2）转染：将带有目的基因的阳性重组质粒导入真核细胞，可以选择化学法（磷酸钙法）、物理方法（电穿孔）、病毒介导法及脂质体介导法等。

（3）转染细胞 RNA 和蛋白质提取：根据真核表达系统处理样本，如匀浆法、研磨法、超声波法、酶溶法、化学渗透法和反复冻融法等；RNA 的提取方法同上；蛋白质的提取，需根据蛋白质理化性质选择合适的分离提取方法，如盐析、等电点（pI）沉淀法、低温有机溶剂沉淀法、层析法、超滤法、超速离心法、电泳法等。

（4）蛋白质表达鉴定：可从两方面分析鉴定，一方面是 mRNA 表达水平鉴定，如 RT-PCR、qRT-PCR；另一方面是蛋白质表达水平鉴定，如 Western 印迹技术、ELISA、荧光显微镜观察等。

【研究论文】

实验结束后，每个小组撰写 1 篇完整的研究论文，包括实验题目、中英文摘要、关键词、引言、材料与方法、结果、讨论和参考文献。

（兰金苹）

实验四　基因序列分析

【目的】

掌握：能够查阅文献资料，确定待研究的目标基因。利用相关的搜寻依据对不同的数据库进行查询和开展目标基因的序列分析，并利用现有数据资源，进行方案实施，完成研究论文。

熟悉：生物信息学研究中基因序列分析常用数据资源的操作及其应用。

了解：生物信息学基因序列分析的应用。

【实验内容】

1. 数据库与网络资源　分子生物信息数据库种类繁多，主要有基因组数据库、核酸序列数据库、蛋白质序列数据库、生物大分子（主要是蛋白质）三维空间结构数据库以及对基因组图谱、核酸和蛋白质序列、蛋白质结构以及文献等数据进行分析、整理、归纳、注释，具有特殊生物学意义和专门用途的二次数据库。其中 DNA 序列数据库主要有 GenBank、EMBL 和 DDBJ 等；蛋白质序列数据库有 SWISS-PROT、PIR 和 MIPS 等；蛋白质和其他生物大分子的结构数据库有 PDB 等；蛋白质结构分类数据库有 SCOP 和 CATH 等。

2. 载体序列的识别和去除，可利用 NCBI 的载体污染序列去除系统 VecScreen，通过比对,清除载体污染序列。载体去除时的强、中、弱三种结果显示是判断是否有载体污染的根据,此外还需要参考所有的载体以及比对的结果信息,如果比对的相似污染序列和实际使用的载体不相符,则可以根据经验判断是否有载体序列污染。

3. 对目的基因序列进行相似性搜索,寻找同源序列。可利用 NCBI 的 BLAST 或 INPARANOID 等在线分析工具。序列比对的结果主要是依据 E 值接近零的程度来确定两条序列的相似程度。

4. 对目的基因进行染色体定位,可利用 NCBI、UCSC 或 ManpInsept 等工具完成,需获得染色体定位结果。

5. 对目的基因的 cDNA 序列进行开放阅读框分析。寻找核酸序列的开放阅读框是寻找编码蛋白质 DNA 序列的最简单方法,可利用 NCBI 的 Orffinder 或 DNAstar 等工具完成。

6. 目的基因启动子序列查找及启动子区域转录因子的预测。需要利用 UCSC 获得目的基因的启动子区域序列(通常设置转录起始位点上游 2 000bp,下游 1 000bp 为选定的启动子区域),再利用 PROMO 数据库获得目标基因启动序列的可结合的转录因子。也可以利用 CONSITE 在线分析工具对转录因子结合位点进行查询。

【研究论文】

实验结束后,每个小组撰写 1 篇完整的研究论文,包括实验题目、中英文摘要、关键词、引言、数据库与网络资源、结果、讨论和参考文献。

（王文栋）

实验五　沙眼衣原体的分子诊断

【目的】

掌握:常用的检测沙眼衣原体的 PCR 扩增靶基因序列主要有外膜蛋白基因、隐蔽性质粒 DNA 和 16S rRNA 基因序列。能够针对沙眼衣原体基因进行设计引物,自主完成实验设计方案,并利用现有实验条件,进行方案实施,并完成研究论文。

熟悉:引物设计的基本原理、Primer Premier 5.0 软件的使用方法及实时荧光定量 PCR 的技术原理与操作。

了解:沙眼衣原体的分子诊断的临床意义。

【实验内容】

1. 沙眼衣原体样本的选择,人类是沙眼衣原体的 2 个生物变种(沙眼生物变种和性病淋巴肉芽肿生物变种)的自然宿主,主要寄生于机体黏膜上皮细胞。沙眼衣原体不仅可致眼部疾病,也能够引发尿道炎、盆腔炎、异位妊娠、宫颈炎等各种综合征。

2. 引物的设计与合成。引物设计是 PCR 扩增实验的基本操作,通过 PCR 引物设计,找到一对合适的核苷酸片段,使其能有效地扩增模板 DNA,引物的优劣直接关系到 PCR 的特异性和成功与否。可利用 NCBI 的 Genebank 数据库查询、下载沙眼衣原体的基因序列,采用 Primer Premier 5.0 软件进行设计引物,并由生物公司合成 PCR 引物。

3. 沙眼衣原体 DNA 的提取。沙眼衣原体的原体和网状体内皆含有 DNA 和 RNA 两种核酸,其染色体为闭合环状双链 DNA,约 1.4Mb,整个基因组有 894 个编码蛋白的基因。可采用商品化试剂盒提取临床样本沙眼衣原体 DNA。

4. 沙眼衣原体的检测。可采用 PCR、实时荧光定量 PCR、巢式 PCR 和竞争性 PCR 等检测沙眼衣原体 DNA。

【研究论文】

实验结束后，每个小组撰写 1 篇完整的研究论文，包括实验题目、中英文摘要、关键词、引言、材料与方法、结果、讨论和参考文献。

（王文栋）

附　录

附录1　常用单位换算法

1. 长度单位

名称	缩写	换算法 /m
皮米	pm	$\times 10^{-12}$
埃	Å	$\times 10^{-10}$
纳米	nm	$\times 10^{-9}$
微米	μm	$\times 10^{-6}$
毫米	mm	$\times 10^{-3}$
厘米	cm	$\times 10^{-2}$
分米	dm	$\times 10^{-1}$
米	m	1

2. 体积单位

名称	缩写	换算法 /L
微升	μl	$\times 10^{-6}$
毫升	ml	$\times 10^{-3}$
厘升	cl	$\times 10^{-2}$
分升	dl	$\times 10^{-1}$
升	L	1

3. 质量单位

名称	缩写	换算法 /kg
皮克	pg	$\times 10^{-15}$
纳克	ng	$\times 10^{-12}$
微克	μg	$\times 10^{-9}$
毫克	mg	$\times 10^{-6}$
厘克	cg	$\times 10^{-5}$
分克	dg	$\times 10^{-4}$
克	g	$\times 10^{-3}$
千克	kg	1

4. 摩尔与摩尔浓度表示法

名称		浓度单位		
中文	英文	单位符号	符号	换算法 /（mol/L）
皮摩尔	picomole	pmol	pmol/L	$\times 10^{-12}$
纳摩尔	nanomole	nmol	nmol/L	$\times 10^{-9}$
微摩尔	micromole	μmol	μmol/L	$\times 10^{-6}$
毫摩尔	milimole	mmol	mmol/L	$\times 10^{-3}$
摩尔	mole	mol	mol/L	1

附录2　实验室常用酸碱的密度和浓度

名称	分子式	分子量	密度 /（g/ml）	百分浓度 /%（w/w）	摩尔浓度 /（mol/L）
硫酸	H_2SO_4	98.09	1.84	95.6	18
			1.18	24.8	3
硝酸	HNO_3	63.02	1.42	70.98	16.0
			1.40	65.3	14.5
			1.20	32.36	6.1
盐酸	HCl	36.47	1.19	37.2	12.0
			1.18	35.4	11.8
			1.10	20.0	6.0
磷酸	H_3PO_4	98.06	1.71	85.0	15
冰乙酸	CH_3COOH	60.05	1.05	99.5	17.4
稀氨溶液	NH_4OH	35.05	0.90	28.39	15
			0.904	27.0	14.3
			0.91	25.0	13.4
			0.96	10.0	5.6

附录3　化学试剂纯度分级表

标准和用途	生物试剂	一级试剂	二级试剂	三级试剂	四级试剂
我国标准	BR 或 CR	保证试剂 GR（绿色标签）	分析纯 AR（红色标签）	化学纯 CP（蓝色标签）	化学用 LR
					—
国外标准		AR	CP	LR	p
		GR	pUSS	Ep	pure
		ACS	Puriss	ч	—
国外标准		pA	чДА	—	—
		хчД	—	—	—

续表

标准和用途	生物试剂	一级试剂	二级试剂	三级试剂	四级试剂
用途	根据说明使用	纯度最高,杂质含量最少的试剂。适用于最精确的分析及研究工作	纯度最高,杂质含量较低,适用于精确的微量分析工作,为分析实验室广泛使用	质量略低于二级试剂,适用于一般的微量分析实验,包括要求不高的工业分析和快速分析	纯度较低,但高于工业用的试剂,适用于一般定性检验

附录4　酸碱指示剂

指示剂名称		配制方法	颜色		pH 范围
中文	英文	0.1g 溶于 250ml 的下列溶液	酸	碱	
甲酚红(酸范围)	cresol red(acid range)	水,含 2.62ml 0.1mol/L NaOH	红	黄	0.2~1.8
百里酚蓝(酸范围)	thymol blue(acid range)	水,含 2.15ml 0.1 mol/L NaOH	红	黄	1.2~2.8
	tropaeloin OO	水	红	黄	1.3~3.0
甲基黄	methyl yellow	90% 乙醇	红	黄	2.9~4.0
溴酚蓝	bromophenol blue	水,含 1.49ml 0.1 mol/L NaOH	红	紫	2.8~4.6
甲基橙	methyl orange	水	红	橙黄	3.1~4.4
溴甲酚绿	bromocresol green	钠盐:水,含 3ml 0.1 mol/L NaOH	黄	蓝	3.6~5.2
刚果红	Congo red	水,含 1.43ml 0.1 mol/L NaOH	红紫	红橙	3.0~5.0
甲基红	methyl red	水,或 80% 乙醇	红	黄	4.2~6.3
氯酚红	chlorophenol red	钠盐:水	黄	紫红	4.8~6.4
溴甲酚紫	bromocresol purple	60% 乙醇	黄	红紫	5.2~6.8
石蕊	litmus	水,含 2.36ml 0.1 mol/L NaOH	红	蓝	5.0~8.9
溴百里酚蓝	bromothymol blue	水,含 1.85ml 0.1 mol/L NaOH	黄	蓝	6.0~7.6
酚红	phenol red	水	黄	红	6.8~8.4
中性红	neutral red	水,含 1.6ml 0.1 mol/L NaOH	红	橙棕	6.8~8.0
甲酚红(碱范围)	cresol red(basic range)	水,含 2.82ml 0.1 mol/L NaOH	黄	红	7.2~8.8
间甲酚紫(碱范围)	m-cresolpurple(basic range)	70% 乙醇	黄	紫	7.6~9.2
百里酚蓝(碱范围)	thymol blue(basic range)	水,含 2.62ml 0.1 mol/L NaOH	黄	蓝	8.0~9.6
酚酞	phenolphthalein	水,含 2.62ml 0.1 mol/L NaOH	无色	粉红	8.3~10.0
百里酚酞	thymolphthalein	70% 乙醇	无色	蓝	8.3~10.5
茜素黄	alizarin yellow	乙醇	黄	红	10.1~12.0
金莲橙 O	tropaeolin O	水	黄	橙	11.1~12.7

注:指示剂通常以 0.1mol/L NaOH 或 0.1mol/L HCl 调节至中间色调。

附录5　待测溶液的颜色和选用滤光片的对应关系

溶液的颜色	滤光片的颜色	滤光片通过的光波长 /nm
绿色带蓝	红	610~750
蓝色带绿	橘红	595~610
蓝	黄	580~595
青紫	绿色带黄	560~580
紫	绿	500~560
绿	绿色带蓝	490~500
橘红	蓝色带绿	480~490
黄	蓝	435~480
绿色带黄	青紫	400~435

附录6　常用蛋白质分子量标准参照物

	蛋白质	分子量
低分子量标准参照	肌球蛋白(F3)	2 500
	肌球蛋白(F2)	6 200
	肌球蛋白(F1)	8 100
	溶菌酶	14 400
	马心肌球蛋白	16 900
	大豆胰蛋白酶抑制剂	21 500
	碳酸酐酶	31 000
中分子量标准参照	溶菌酶	14 400
	烟草花叶病毒外壳蛋白	17 500
	大豆胰蛋白酶抑制剂	21 500
	碳酸酐酶	31 000
	醛缩酶	40 000
	卵白蛋白	42 700
	谷氨酸脱氢酶	55 000
	牛血清白蛋白	67 000
	磷酸化酶 B	94 000
高分子量标准参照	醛缩酶	40 000
	过氧化氢酶	57 000
	牛血清白蛋白	67 000
	磷酸化酶 B	94 000
	β- 半乳糖苷酶	116 000
	肌球蛋白	212 000

附录7　常用DNA分子量标准参照物

λDNA/ HindⅢ	λDNA/ EcoRⅠ	λDNA/ HindⅢ+EcoRⅠ	λDNA/ BamHⅠ	pBR322/ HinfⅠ	pBR322/ BstNⅠ	pBR322/ PstⅠ	pBR322/ PstⅠ	pBR322/ HaeⅢ	
23130	21226	21227	16841	1631	1857	1444	4363	587	123
9416	7421	5148	7233	517	1058	1307		540	104
6557	5804	4973	6770	506	929	475		504	89
4361	5643	4268	6527	396	383	368		458	80
2322	4878	3530	5626	344	121	315		434	64
2027	3530	2027	5505	298	13	312		267	57
564		1904		221		141		234	51
125		1584		220				213	21
		1375		154				192	18
		947		75				184	11
		831						124	7
		564							
		125							

附录8　常用的电泳缓冲液

缓冲液	使用液	浓贮存液（每升）
Tris-乙酸（TAE）	1×：0.04mol/L Tris-乙酸 0.001mol/L EDTA	50×：242g Tris 碱 57.1ml 冰乙酸 100ml 0.5mol/L EDTA（pH 8.0）
Tris-硼酸（TBE）[a]	1×：0.5×0.045mol/L Tris-硼酸 0.001mol/L EDTA	5×：54g Tris 碱 27.5 硼酸 20ml 0.5mol/L EDTA（pH 8.0）
Tris-磷酸（TPE）	1×：0.09mol/L Tris-磷酸 0.002mol/L EDTA	10×：108g Tris 碱 15.5ml 85% 磷酸（1.679g/ml） 40ml 0.5mol/L EDTA（pH 8.0）
Tris-甘氨酸[b]	1×：25mmol/L Tris 250ml/L 甘氨酸 0.1% SDS	5×：15.1g Tris 碱 94g 甘氨酸（电泳级）（pH 8.3） 50ml 10% SDS（电泳级）
碱性缓冲液[c]	1×：50mmol/L NaOH 1mmol/L EDTA	1×：5ml 10mol NaOH 2ml 0.5mol/L EDTA（pH 8.0）

说明：

a.TBE 溶液长时间存放后会形成沉淀物，为避免这一问题，可在室温下用玻璃瓶保存 5× 溶液，出现沉淀后则予以废弃。以往都以 1×TBE 作为使用液（即 1∶5 稀释浓贮存液）进行琼脂糖凝胶电泳。但 0.5× 的使用液已具备足够的缓冲容量。目前几乎所有的琼脂糖凝胶电泳都以 1∶10 稀释的贮存液作为使用液。

进行聚丙烯酰胺凝胶垂直槽的缓冲液槽较小，故通过缓冲液的电流量通常较大，需要使用 1×TBE 以提供足够的缓冲容量。

    b.Tris- 甘氨酸缓冲液用 SDS 聚丙烯酰胺凝胶电泳。

    2×SDS 凝胶加样缓冲液：

    100mmol/L Tris·HCl（6.8）

    200mmol/L 二硫苏糖醇（DTT）

    4%SDS（电泳级）

    0.2% 溴酚蓝

    20% 甘油

不含二硫苏糖醇 DTT 的 2×SDS 凝胶加样缓冲液可保存于室温，应在临用前取 1mol/L 贮存液现加于上述缓冲液中。

    c. 碱性电泳缓冲液应现用现配。

附录 9　常用贮存液的配制

溶液	配制方法	说明
1mol/L CaCl₂ 溶液	在 200ml 蒸馏水中溶解 54g CaCl₂·6H₂O，用 0.22μm 滤器过滤除菌，分装成 10ml 小份贮存于 –20℃	【注意】制备感受态细胞时，取出一小份解冻并用蒸馏水稀释至 100ml，用 Nalgene 过滤器（0.45μm 孔径）过滤除菌，然后骤冷至 0℃
2.5mol/L CaCl₂ 溶液	在 20ml 蒸馏水中溶解 13.5g CaCl₂·6H₂O，用 0.22μm 滤器过滤除菌，分装成 1ml 小份贮存于 –20℃	
酚 / 三氯甲烷	把酚和三氯甲烷等体积混合后用 0.1mol/L Tris·HCl（pH 7.6）抽提几次以平衡这一混合物，置棕色玻璃瓶中，上面覆盖等体积的 0.01mol/L Tris·HCl（pH 7.6）液层，保存于 4℃	【注意】酚腐蚀性很强，并可引起严重灼伤，操作时应戴手套及防护镜，穿防护服。所有操作均应在化学通风橱中进行。与酚接触过的部位皮肤应用大量的水清洗，并用肥皂和水洗涤，忌用乙醇
0.1mol/L 腺苷三磷酸（ATP）	在 0.8ml 水中溶解 60mg ATP，用 0.1mol/L NaOH 调至 pH 至 7.0，用蒸馏水定容 1ml，分装成小份保存于 –70℃	
β- 巯基乙醇（BME）	一般得到的是 14.4mol/L 溶液，应装在棕色瓶中保存于 4℃	【注意】BME 或含有 BME 的溶液不能高压处理
10% 过硫酸铵溶液	把 1g 过硫酸铵溶解于终量为 10ml 的水溶液中，该溶液可在 4℃保存数周	
BCIP 溶液	把 0.5g 的 5- 溴 -4- 氯 -3- 吲哚磷酸二钠盐（BCIP）溶解于 10ml 100% 的二甲基甲酰胺中，保存于 4℃	
2 × BES 缓冲盐溶液	用总体积 90ml 的蒸馏水溶解 1.07g 盐溶液 BES[N, N- 双（2- 羟乙基）-2- 氨基乙磺酸]、1.6g NaCl 和 0.027g Na₂HPO₄，室温下用 HCl 调节该溶液的 pH 至 6.96，然后加入蒸馏水定容至 100ml，用 0.22μm 滤器过滤除菌，分装成小份，保存于 –20℃	

溶液	配制方法	说明
10mol/L 乙酸铵溶液	把 770g 乙酸铵溶解于 800ml 水中, 加水定容至 1L 后过滤除菌	
放线菌素 D 溶液	把 20mg 放线菌素 D 溶解于 4ml 100% 乙醇中, 1∶10 稀释贮存液, 用 100% 乙醇作空白对照读取 OD_{440} 值。放线菌素 D(分子量为 1255)纯品在水溶液中的摩尔消化系数为 21 900, 故而 1mg/ml 的放线菌素 D 溶液在 440nm 处的吸光值为 0.182, 放线菌素 D 的贮存液应放在包有箔片的试管中, 保存于 −20℃	【注意】放线菌素 D 是致畸剂和致癌剂, 配制该溶液时必须戴手套并在通风橱内操作, 而不能在开放在实验桌面上进行, 谨防吸入药粉或让其接触到眼睛或皮肤 药厂提供的用作治疗用途的放线菌素 D 制品常含有糖或盐等添加剂。只要通过测量贮存液在 440nm 波长处的光吸收确定放线菌素 D 的浓度, 这类制品便可用于抑制自身引导作用
0.5mol/L EDTA(pH 8.0)	在 800ml 水中加入 186.1g 二水乙二胺四乙酸二钠(EDTA-2Na·$2H_2O$), 在磁力搅拌器上剧烈搅拌, 用 NaOH 调节溶液的 pH 至 8.0(约需 20g NaOH 颗粒)然后定容至 1L, 分装后高压灭菌备用	【注意】EDTA 二钠盐需加入 NaOH, 将溶液的 pH 调至接近 8.0 时, 才能完全溶解
溴化乙锭(10mg/ml 溶液)	在 100ml 水中加入 1g 溴化乙锭, 磁力搅拌数小时以确保其完全溶解, 然后用铝箔包裹容器或转移至棕色瓶中, 保存于室温	【注意】小心: 溴化乙锭是强诱变剂并有中度毒性, 使用含有这种染料的溶液时务必戴上手套, 称量染料时要戴面罩
1mol/L $MgCl_2$ 溶液	在 800ml 水中溶解 203.4g $MgCl_2$·$6H_2O$, 用水定容至 1L, 分装成小份并高压灭菌备用	【注意】$MgCl_2$ 极易潮解, 应选购小瓶(如 100g)试剂, 启用新瓶后勿长期存放
30% 丙烯酰胺溶液	将 29g 丙烯酰胺和 1g N, N′- 亚甲双丙烯酰胺溶于总体积为 60ml 的水中。加热至 37℃溶解之, 补加水至终体积为 100ml。用 Nalgene 过滤器(0.45μm 孔径)过滤除菌, 查证该溶液的 pH 应不大于 7.0, 置棕色瓶中保存于室温	【注意】丙烯酰胺具有很强的神经毒性并可以通过皮肤吸收, 其作用具累积性。称量丙烯酰胺和亚甲双丙烯酰胺时应戴手套和面具。可认为聚丙烯酰胺无毒, 但也应谨慎操作, 因为它还可能会含有少量未聚合材料。一些价格较低的丙烯酰胺和双丙烯酰胺通常含有一些金属离子, 在丙烯酰胺贮存液中加入大约 0.2 体积的单床混合树脂(MB-1 Mallinckrodt), 搅拌过夜, 然后用 Whatman 1 号滤纸过滤以纯化之。在贮存期间, 丙烯酰胺和双丙烯酰胺会缓慢转化成丙烯酰和双丙烯酸
40% 丙烯酰胺	把 380g 丙烯酰胺(DNA 测序级)和 20g N, N′- 亚甲双丙烯酰胺溶于总体积为 600ml 的蒸馏水中。继续按上述配制 30% 丙烯酰胺溶液的方法处理, 但加热溶解后应以蒸馏水补足至终体积为 1L	【注意】见上述配制 30% 丙烯酰胺的说明, 40% 丙烯酰胺溶液用于 DNA 序列测定

溶液	配制方法	说明
X-gal	X-gal 为 5- 溴 -4- 氯 -3- 吲哚 -β-D 半乳糖苷。用二基甲酰胺溶解 X-gal 配制成的 20mg/ml 的贮存液。保存于一玻璃管或聚丙烯管中，装有 X-gal 溶液的试管须用铝箔封裹以防因受光照而被破坏，并应贮存于 –20℃。X-gal 溶液无需过滤除菌	
脱氧核苷三磷酸（dNTP）	把每一种 dNTP 溶解于水至浓度各为 100mmol/L 左右，用微量移液器吸取 0.05mol/L Tris 碱分别调节　每一 dNTP 溶液的 pH 7.0（用 pH 试纸检测），把中和后的每种 dNTP 溶液各取一份作适当稀释，在给出的波长下读取光密度计算出每种 dNTP 的实际浓度，然后用水稀释成终浓度为 50mmol/L 的 dNTP，分装成小份贮存于 –70℃	

碱基	波长 /nm	消光系数（ξ）/ [L/(mol·cm)]
A	259	1.54×10^4
G	253	1.37×10^4
C	271	9.10×10^3
T	260	7.40×10^3

溶液	配制方法	说明
1mol/L 二硫苏糖醇（DTT）	用 20ml 0.01mol/L 乙酸钠溶液（pH 5.2）溶解 3.09g DTT，过滤除菌后分装成 1ml 小份贮存于 –20℃	【注意】DTT 或含有 DTT 的溶液不能进行高压处理
NBT 溶液	把 0.5g 氯化氮蓝四唑溶解于 10ml 70% 的二甲基甲酰胺中，保存于 4℃	
磷酸盐缓冲溶液（PBS）	在 800ml 蒸馏水中溶解 8g NaCl、0.2g KCl、1.44g Na_2HPO_4 和 0.24g KH_2PO_4，用 HCl 调节溶液的 pH 至 7.4 加水定容至 1L，在 15lbf/in²（1.034Pa × 105Pa）高压下蒸气灭菌 20min。保存于室温	
10% 十二烷基硫酸钠（SDS）	在 900ml 水中溶解 100g 电泳级 SDS，加热至 68℃助溶，加入几滴浓盐酸调节溶液的 pH 至 7.2，加水定容至 1L，分装备用	【注意】SDS 的微细晶粒易扩散，因此称量时要戴面罩，称量完毕后要清除残留在称量工作区和天平上的 SDS，10% SDS 溶液无须灭菌
1mol/L 乙酸镁溶液	在 800ml 水中溶解 214.46g 四水乙酸镁，用水定容至 1L 过滤除菌	

溶液	配制方法	说明
2×HEPES 缓冲盐溶液	用总量为 90ml 的蒸馏水溶解 1.6g NaCl、0.074g KCl、0.027g $Na_2PO_4 \cdot 2H_2O$、0.2g 葡聚糖和 1g HEPES，用 0.5mol/L NaOH 调节 pH 至 7.05，再用蒸馏水定容至 100ml。用 0.22μm 滤器过滤除菌，分装成 5ml 小份，贮存于 -20℃	
3mol/L 乙酸钠（pH 5.2 和 pH 7.0）	在 80ml 水中溶解 408.1g 三水乙酸钠，用冰乙酸调节 pH 至 5.2 或用稀乙酸调节 pH 至 7.0，加水定容到 1L，分装后高压灭菌	
Tris 缓冲盐溶液（TBS）（25mmol/LTris）	在 800ml 蒸馏水中溶解 8g NaCl、0.2g KCl 和 3g Tris 碱，加入 0.015g 酚并用 HCl 调至 pH 至 7.4，用蒸馏水定容至 1L，分装后在 15lbf/in² (1.034Pa × 105Pa) 高压下蒸汽灭菌 20min，于室温保存	
1mol/L Tris	在 800ml 水中溶解 121.91g Tris 碱，加入浓 HCl 调节 pH 至所需值 | pH	HCl
---	---
7.4	70ml
7.6	60ml
8.0	42ml | 应使溶液冷至室温后方可最后调定 pH，加水定容至 1L，分装后高压灭菌	【注意】如 1mol/L 溶液呈现黄色，应予丢弃并制备质量更好的 Tris。尽管多种类型的电极均不能准确测量 Tris 溶液的 pH，但仍可向大多数厂商购得合适的电极。Tris 溶液的 pH 因温度而异，温度每升高 1℃，pH 大约降低 0.03。例如：0.05mol/L 的溶液在 5℃、25℃和 37℃时的 pH 分别为 9.5、8.9 和 8.6
1mol/L 乙酸钾（pH7.5）	将 9.82g 乙酸钾溶解于 90ml 纯水中，用 2mol/L 乙酸调节 pH 至 7.5 后加入纯水定容到 1L，保存于 -20℃	
乙酸钾溶液（用于碱裂解）	在 60ml 5mol/L 乙酸钾溶液中加入 11.5ml 冰乙酸和 28.5ml 水，即成钾浓度为 3mol/L 而乙酸根浓度为 5mol/L 的溶液	
IPTG 溶液	IPTG 为异丙基硫代 -β-D- 半乳糖苷（分子量为 238.3），在 8ml 蒸馏水中溶解 2g IPTG 后，用蒸馏水定容至 10ml，用 0.22μm 滤器过滤除菌，分装成 1ml 小份贮存于 -20℃	
20×SSC	在 800ml 水中溶解 175.3g NaCl 和 88.2g 柠檬酸钠，加入数滴 10mol/L NaOH 溶液调节 pH 至 7.0，加水定容至 1L，分装后高压灭菌	

溶液	配制方法	说明
10mmol/L 苯甲基磺酰氟（PMSF）	用异丙醇溶解 PMSF 成 1.74mg/ml（10mmol/L），分装成小份贮存于 -20℃。如有必要可配成浓度高达 17.4mg/ml 的贮存液（100mmol/L）	【注意】PMSF 严重损害呼吸道黏膜、眼睛及皮肤，吸入、吞进或通过皮肤吸收后有致命危险。一旦眼睛或皮肤接触了 PMSF，应立即用大量水冲洗。凡被 PMSF 污染的衣物应予丢弃。PMSF 在水溶液中不稳定。应在使用前从贮存液中现用现加于裂解缓冲液中。PMSF 在水溶液中的活性丧失速率随 pH 的升高而加快，且 25℃的失活速率高于 4℃。pH 为 8.0 时，20μmmol/L PMSF 水溶液的半衰期大约为 85min，这表明将 PMSF 溶液调节为碱性（pH > 8.6）并在室温放置数小时后，可安全地予以丢弃
100% 三氯乙酸溶液	在装有 500g TCA 的瓶中加入 227ml 水，形成的溶液含有 100%（m/V）TCA	
5mol/L NaCl 溶液	在 800ml 水中溶解 292.2g NaCl 加水定容至 1L，分装后高压灭菌	

附录10　核酸和蛋白质常用数据换算

内容	数据
质量换算	1μg=10^{-6}g 1pg=10^{-12}g 1ng=10^{-9}g 1fg=10^{-15}g
分光光度换算	1A$_{260}$ 双链 DNA=50μg/ml 1A$_{260}$ 单链 DNA=33μg/ml 1A$_{260}$ 单链 RNA=40μg/ml
DNA 摩尔换算	1μg 1 000bp DNA=1.52pmol=3.03pmol 末端 1μg pBR322 DNA=0.36pmol 1pmol 1 000bp DNA=0.66μg 1pmol pBR322=2.8μg 1kb 双链 DNA（钠盐）=6.6×10^5Da 1kb 单链 DNA（钠盐）=3.3×10^5Da 1kb 单链 RNA（钠盐）=3.4×10^5Da 脱氧核苷酸的平均分子量 =3 245Da

续表

内容	数据
蛋白质摩尔换算	100pmol 分子量 $1.0×10^6$ 蛋白质 $=10μg$ 100pmol 分子量 $5.0×10^4$ 蛋白质 $=5μg$ 100pmol 分子量 $1.0×10^4$ 蛋白质 $=1μg$ 氨基酸的平均分子量 $=126.7Da$
蛋白质/DNA 换算	1kbDNA=333 个氨基酸编码容量 $=3.7×10^4$ 蛋白质 10 000MW 蛋白质 $=270bp$ DNA 30 000MW 蛋白质 $=810bp$ DNA 50 000MW 蛋白质 $=1.35bp$ DNA 100 000MW 蛋白质 $=2.7kb$ DNA

附录11　不同 pH Tris 缓冲液的配制

所需的 pH（25℃）	所需的 0.1mol/L HCl 的体积 /ml
7.10	45.7
7.20	44.7
7.30	43.4
7.40	42.0
7.50	40.3
7.60	38.5
7.70	36.6
7.80	34.5
7.90	32.0
8.00	29.2
8.10	26.2
8.20	22.9
8.30	19.9
8.40	17.2
8.50	14.7
8.60	12.4
8.70	10.3
8.80	8.5
8.90	7.0

注：以上所需的 pH 的 Tris 缓冲液（0.05mol/L）的配制方法为将 50ml 0.1mol/L 的 Tris 碱与特定体积的 0.1mol/L HCl 混合，然后加水定容至 100ml。

附录 12　0.1mol/L 不同 pH 磷酸钾缓冲液配制方法

pH（25℃）	1mol/L K$_2$HPO$_4$ 的体积 /ml	1mol/L KH$_2$PO$_4$ 的体积 /ml
5.8	8.5	91.5
6.0	13.2	86.8
6.2	19.2	80.8
6.4	27.8	72.2
6.6	38.1	61.9
6.8	49.7	50.3
7.0	61.5	38.5
7.2	71.7	28.3
7.4	80.2	19.8
7.6	86.6	13.4
7.8	90.8	9.2
8.0	94.0	6.0

注：将 1mol/L 混合的贮存液用蒸馏水稀释至 1L。

附录 13　0.1mol/L 不同 pH 磷酸钠缓冲液配制方法

pH（25℃）	1mol/L Na$_2$HPO$_4$ 的体积 /ml	1mol/L NaH$_2$PO$_4$ 的体积 /ml
5.8	7.9	92.1
6.0	12.0	88.0
6.2	17.8	82.2
6.4	25.5	74.5
6.6	35.2	64.8
6.8	46.3	53.7
7.0	57.7	42.3
7.2	68.4	31.6
7.4	77.4	22.6
7.6	84.5	15.5
7.8	89.6	10.4
8.0	93.2	6.8

注：将 1mol/L 混合的贮存液用蒸馏水稀释至 1L。

附录 14　常用抗生素溶液

	贮存液 [a]		工作浓度 /(μg/ml)	
	浓度 /(mg/ml)	保存温度 /℃	紧密型质粒	松弛型质粒
氨苄青霉素	50(溶于水)	−20	20	50
羧苄青霉素	50(溶于水)	−20	20	60
氯霉素 [b]	34(溶于乙醇)	−20	25	170
卡那霉素	10(溶于水)	−20	10	50
链霉素	10(溶于水)	−20	10	50
四环素 [b]	5(溶于乙醇)	−20	10	50

注:镁离子是四环素的拮抗剂。对于以四环素为筛选抗性的细菌,应使用不含有镁离子的培养基(如 LB 培养基)。所有抗生素贮存液都应放置于避光容器中保存。

[a] 以水为溶剂的抗生素贮存液应用 0.22μm 滤膜过滤除菌。

[b] 以乙醇为溶剂的抗生素贮存液无需除菌处理。

（贾晓晖）